KB024572

세상에 이런 여행

세상의 모든 곳에서
그 너머를 바라보는 여행법
세상에
이런 여행
김부성 · 김희순 엮음
푸른길

이 책은 지리학을 전공한 53명의 여행기를 모은 것이다. 고려대학교 지리교육과에서 관광지리학 과목을 수강한 학부생과 대학원생이 여행한 경험에 졸업생도 글을 보탰다. 수업 시간에 배운 내용을 세계 각국의 다양한 지역을 직접 여행하고 체험한 것에 접목해 보자는 게 이 책의 취지였다.

대부분의 사람은 여행에서 아름다운 풍경을 보고 감탄하거나 이국적인 경험, 새로운 환경이 주는 신선함 등에 만족감을 느낀다. 반면 지리학자의 관점은 조금 다르다. 그 지역의 모든 교통수단을 타 보는 것을 여행의 목표로 삼기도 하고, 굴뚝에서 연기를 내뿜는 산업시설을 보고 감탄하기도 한다. 산 중턱에 부서져 있는 돌들을 보고 교과서에서 본 것이라며 감격하기도 한다. 귀하고 아름다운 것에 더하여, 사람이 사는 모습에 집중하는 지리학의 관점은 조금 낯설 수 있다. 그러나 지리학의 관점으로 세상을 보다 보면 아무렇지도 않던 경관이 지닌 의미가 새로이 떠오른다. 한 장소를 방문하면서도 무수히 많은 주제를 가진 여행을 하게 된다. 그런 여행을 틈새 여행이라고들 한다.

여행을 떠나기 전 우리는 블로그나 여행서 등에서 지역에 대한 정보를 얻곤 한다. 공들여 전해 주는 정보 덕에 손쉽게 여행할 수 있지만, 그 지역을 보는 전문가의 관점을 얻기란 쉽지 않다. 이 책은 대학 4년 동안, 혹은 그 이상의 시간 동안 '지역 읽기'를 업으로 삼았던 사람들의 관점으로 새로운 지역을 읽어 낸 여행기이다. 이곳 사람들은 왜 이런 모습으로 살고 있을까를 설명하는 법을 배운, 혹은 그것을 업으로 삼은 사람들이 지역을 보는 방식이 이 글에 녹아 있다.

53인의 지리학도가 쓴 85편의 여행기가 담겼다. 세계를 대륙별로 13장으로 구분하여 배치하였고, 직접 여행하여 기록한 내용을 자연(지질·생태·사막·섬·야생동물), 문화(문화유산·건축), 역사(다크투어리즘), 예술(문학·철학), 교육(학술·봉사·견학), 산업(MICE·교통), 음식, 종교, 스포츠, 도시(야경·슬럼), 농촌 등에 이르기까지 다양한 주제에 초점을 맞추어 서술하였다. 일반적인 관광 안내서와 달리 관광에 대해 새로운 시각과 주제로 접근하려고 시도하였기에, 색다른 여행을 원하는 독자들에게 유익한 정보와 흥미를 줄 것이다. 더불어 각 지역을 고찰한 내용 등은 지역지리서로 읽히기에도 좋을 것이다.

이 책의 원고는 코로나19 확산 이전인 2016년부터 2019년까지 수합되었다. 코로나19는 모든 영역에서 우리의 삶을 근본적으로 바꾸어 놓았지만, 가장 타격을 많이 받고 극적인 변화가 나타난 부문은 여행과 관광이 아닐까 한다. 아마도 당분간 우리는 예전처럼 '세상의 모든 곳'을 여행할 수는 없을 것이다. 전세버스를 타고, 깃발을 든 관광 가이드를 따라 유명 관광지를 누비는 단체 관광은 이젠 어려울 것이라고도 말한다. 코로나19가 우리 곁에 있는 한 앞으로는 개별 관광의 시대가 될 것이라는 조심스러운 예측도 이루어지고 있다. 따라서 책을 출간하는 이 시점에서, 지리학자들의 다양한 시각이 담긴 본 여행서가 앞으로의 여행에 이정표가 되었으면 하는 바람도 있다. 또한 당장 여행 떠나기가 힘든 현실에서 이 책이 조금이나마 위안이 되었으면 한다.

고려대 지리교육과 학부와 대학원을 거쳐 간 53인의 저자들에게 감사드리고 무엇보다 요즘 같은 어려운 시기에 원고를 흔쾌히 받아 주시고 오랜 기간 힘든 작업을 해 주신 푸른길의 김선기 사장님과 김다슬 선생님께 감사의 말씀을 전한다.

저자대표

김부성 · 김희순

차 례

제6장 인도

3. 유럽

제7장 중부 서부 유럽

제8장 남부 동부 유럽

4. 아메리카

제9장 북아메리카

제10장 중남아메리카

5. 아프리카, 오세아니아, 남극

제11장 아프리카

제12장 오세아니아

제13장 남극

1. 동아시아

제1장 일본

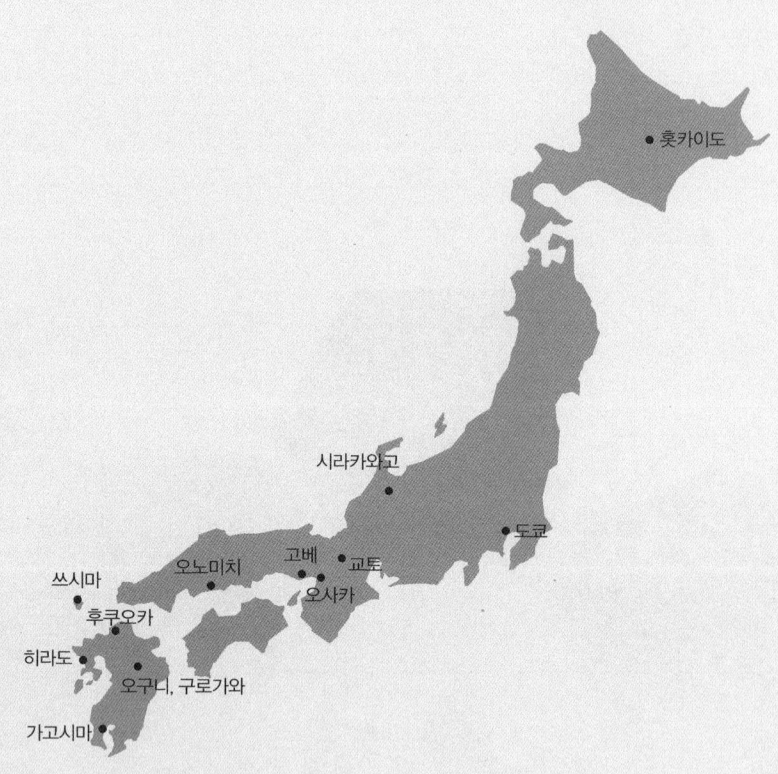

도쿄

레코드 천국에서의 상점 순례 … 음악여행

이제 음악도 관광상품이라는 이야기가 여기저기서 들려온다. 이미 해외에서는 그 지역의 유명한 공연이나 음악 축제를 소개하며 음악을 중심으로 한 관광을 선보이고 있다. 영국의 《가디언》은 〈음악관광이 영국 경제에 상당한 기록을 더하다〉 기사에서 "UK Music 조사에 따르면, 약 800만 명의 사람들이 음악 축제를 가거나 음반 표지에 나온 장소를 방문하는 데 14억 파운드를 소비했다"라고 전했다. 국내에서도 자라섬 재즈 페스티벌을 시작으로 음악 축제가 곳곳에 생기면서 음악과 관련한 관광산업이 발달했으며, 지방자치단체에서는 음악을 주제로 한 관광사업을 유치하기에 이르렀다.

도쿄가 레코드 천국이라고?

도쿄는 DJ라면 반드시 한 번쯤은 방문해야 할 도시라고 한다. DJ로 활동하는 친구 말에 따르면 세계 음악산업 규모가 가장 거대한 나라는 미국이고 그 다음이 바로 일본이라고 한다. 국제음반산업협회IFPI 자료에 의하면 2016년 일본의 음원시장 규모는 약 27조 3600억 달러로 전 세계에서 미국 다음으로 2

위를 자랑했으며, 세계 음원시장에서 17%나 되는 비중을 차지했다. 그중 음반 부문이 73%를 차지하고 디지털 부문은 20%를 차지했다. 디지털 부문이 점점 우위를 점해 가는 세계 추세와는 달리 아직까지 음반시장이 확실한 강세를 보이는 유일한 곳이라는 점도 일본의 특징이다. 음반을 일일이 수집하는 것을 로망으로 하는 DJ들에게 왜 일본이 꼭 방문해야 하는 도시인 건지 조금씩 이해가 가기 시작했다.

상상 이상의 규모를 자랑하는 도쿄 최대의 시가지, 시부야

설레는 마음을 안고 나리타 공항에 도착했다. 첫 도쿄 관광이라는 의미도 있었지만, 모든 일정이 내가 좋아하는 힙합 문화와 음악에 관련되어 있었기 때문에 더 설레는 마음을 감출 수 없었다.

숙소가 시부야역 인근에 있어서 닛포리역에 도착하고 난 뒤 곧장 시부야역으로 향했다. 시부야역에서 제일 먼저 눈에 띈 것은 스크램블 교차로를 지나면서 발견한 음악 페스티벌 광고였다. 빌딩 옥상에 설치된 대형 광고판에는 레드불 음료회사가 개최하는 'REDBULL MUSIC FESTIVAL' 광고가 나오고 있었다. 그 광고는 스크램블 교차로뿐만 아니라 시부야 골목 곳곳에서도 확인할 수 있었다. 도쿄는 첫인상부터 세계적인 규모에 걸맞은 음악산업을 보유한 나라라는 이미지를 품게 해 주었다.

타워레코드 시부야점

시부야에서 첫 번째로 향한 곳은 타워레코드 시부야점이었다. 음반 가게로는 세계 최대 규모라고 하는데, 실제로 보니 빌딩 전체가 가게라는 것이 믿기지 않을 정도로 웅장했다. 타워레

HMV 레코드숍에서 LP를 구경 중인 나

코드는 일본 내에만 80개 지점이 있을 정도로 거대한 음반 유통업체이며, 그중 시부야점이 가장 규모가 크다. 시부야역 하치코 출구에서 도보로 3분 거리에 위치한 빌딩은 음악을 사랑하는 사람이라면 그냥 지나칠 수 없는 시부야의 랜드마크이다. 종종 해외 시장에 진출한 국내 가수들의 음반판매실적이 언론에 공개될 때 타워레코드에서 얼마나 판매되었는지를 집계하기도 할 만큼 타워레코드는 음반시장 내에서 상징성이 크다.

타워레코드는 CD 위주의 음반을 판매한다. 동행한 DJ 친구의 주목적은 LP 음반을 구매하는 것이었으며, 나도 CD보다는 LP 음반에 더 관심을 두었기에 우리는 다음 장소로 향했다. 두 번째로 향한 곳은 DJ들의 성지라 불리는 HMV 레코드숍이었다. 이곳은 중고 LP를 전문적으로 취급한 최초의 레코드숍으로, 마니아들이 갈망하는 희귀한 음반을 구하는 데 있어 최적의 장소이다. '레코드의 성지'라는 칭호로까지 불린다. 우리는 숍을 들어가자마자 곧바로 2층으로 향했다. 좋아하는 힙합과 1970~1980년대 펑크, 소울, 디스코 음악들은 모두 2층에 진열되어 있었기 때문이다. 셀 수 없이 많은 LP를 구경하는 가운데, 디지털 음원으로는 수많이 들어 왔지만 실제 음반으로 구경해 보지는 못한 음원들을 보며 친구와 함께 감격에 젖었다. LP 한 장의 가격은 상태와 희귀성에 따라 천차만별인데, 거의 100엔에 가까울 정도로 저렴한 LP도 있는 반면 상태에 따라 5000엔을 호가하는 LP도 있다. 가게 2층 한쪽 벽에는 유명 DJ들이 자신의 친필 사인을 남겨 놓고 갔는데, 벽 한쪽이 가득 채워질 정도로 많은 DJ들이 다녀갔다.

시모키타자와에서 낡고 허름한 것들을 재발견하다

둘째 날에는 하라주쿠와 오모테산도에서 쇼핑을 즐긴 뒤 시모키타자와로 향했다. 시부야역에서 지하철 오다큐선이나 게이오이노카시라선을 타고 환승 없이 약 15분 정도면 시모키타자와역에 도착한다. 이 동네는 관동대지진 당시 다른 지역에 비해 피해가 거의 없었던 곳이라 도쿄 시가지의 과거 경관이 잘 보존되어 있다. 화려하지는 않지만 아기자기하고 소박한 일본만의 특징이 잘 드러나는 곳이기에 관광객이 많이 찾는 곳이다.

시모키타자와에서 유명한 것은 바로 구제품 상점이다. 중고 의류부터 여러 가지 중고 잡화를 파는 상점이 거리에 즐비하다. 물론 중고 음반도 빼놓을 수 없다. 우리는 아무런 사전 정보 없이 그저 분위기에 취해 시모키타자와 거리를 거닐다가 'Used Records'라고 입간판을 적어 놓은 2층의 한 레코드숍에 방문했다. 1970~1980년대 미국 펑크가 흘러나오고 바닥에서는 걸을 때마다 삐걱삐걱 소리가 나는, 그야말로 과거의 멋을 소박하게 간직한 레코드숍이었다. 감탄에 빠진 채로 숍을 구경하다가 인근에 위치한 다른 숍을 갔는데, 주인장이 좋아하는 음악 스타일은 달랐지만 나름대로의 매력을 가진 숍이었다. 이곳의 가게들은 마치 주인장이 자신이 좋아하는 것을 손님에게 오감으로 소개하는 듯한 느낌을 주었다.

〈BBOY PARK 2017 FINAL〉에 가다

드디어 기다리고 기다렸던 힙합 축제 〈BBOY PARK 2017 FINAL〉이 개최되는 날이 왔다. 우리는 가벼운 마음으로 요요기 공원으로 향했다. 요요기 공원은 국립 요요기경기장과 메이지신궁 사이에 위치한 넓은 공원이다. 행사장에 도착하자마자 가장 놀랐던 점은 축제 참여자들의 연령대였다. 보통 한국에서 힙합 축제를 하면 참여하는 사람은 대부분 20~30대 젊은 사람으로, 40대 이상은 거의 찾아보기가 힘들다. 그런데 이곳에서는 최소 40대는 되어 보이는 수많은 사람이 자기 가족과 함께 축제를 구경했다. 분위기는 시끌벅적하면서도 여유로웠다. 메인 무대에서는 랩 공연이 끊임없이 이어졌고, 육교 밑에서는 비보이의 경연대회가 계속해서 펼쳐졌다. 그리고 그 주변으로는 사람들이 마실 것이나 먹을 것을 들고 자신이 구경하고 싶은 이벤트 장소에 자유롭게 머물러 있었다.

메인 무대에서 일행과 찍은 사진

〈BBOY PARK〉는 일본에서 힙합 문화를 사랑하는 이들이 자발적으로 만든 행사라는 점이 가장 큰 매력이다. 올해가 마지막인 이유는 이제 굳이 축제를 열지 않아도 일본 전역에 힙합 문화가 잘 뿌리내렸으므로 축제는 역할을 다 하였다는 판단이 섰기 때문이라고 한다. 정말 그렇게 느꼈던 것이 한편에서는 여덟 살 꼬마 아이가 비보잉 춤을 추고, 다른 한편에서는 40대 중반은 되어 보이는 아저씨가 랩 공연을 펼치고 있었다. 문화에는 남녀노소 구분이 필요 없다는 말이 딱 어울리는 풍경이었다. 음악은 끊이지 않았고, 사람들은 지치는 줄도 모르고 흥겹게 몸을 흔들었다.

좋아하는 레이블을 찾아 떠나자

음악산업에서는 레이블이라는 음원생산업체가 존재한다. 같은 장르 음원을 생산하는 레이블이라고 하더라도, 각 레이블이 지향하는 스타일에 따라 음원도 천차만별이다. 나는 일본의 힙합 레이블 중에 〈Jazzy Sport〉라는 레이블을 가장 선호한다. 따라서 힙합 축제 일정을 정오 즈음에 마무리하고 〈Jazzy Sport〉에서 운영하는 뮤직숍에 들렀다.

이 레이블은 해외에서도 많은 사랑을 받고 있지만, 매장에는 사람이 크게 북적이지 않았다. 오히려 동네 주민들이 자신이 좋아하는 분야의 일을 하면서 그럭저럭 지내는 분위기였다. 소품 하나하나에서 전체적인 분위기까지 전혀 작위적이지 않았으며, 숍 자체도 동네와 잘 어울리는 분위기였다. 매장에는 이곳에서 생산된 음반뿐만 아니라, 이곳에서 직접 선별한 추천 음반이 진열되어 있었다. 그곳에서 시간 가는 줄도 모르고 음악을 골라 들으며 행복한 시간을 보냈다.

이기범 고려대 지리교육과 졸업

교토

천년의 역사를 품은 도시… 문화유산관광

천년의 수도가 남긴 것

교토는 '헤이안쿄平安京, 평화와 안정의 수도'라 불렸으며, 헤이안 시대794~1185년였던 794년부터 메이지 천황이 1868년 황궁을 도쿄로 이전하기까지 1000년 이상 일본의 수도 역할을 했다. 헤이안 시대는 섬세하고 세련된 궁중 문화가 발달하고 예술이 꽃피는 시기였다. 그뿐만 아니라 새로운 사원이 많이 설립되면서, 교토는 곧 중요한 종교 중심지가 되었다. 오랜 수도였던 교토는 일본

전통적인 건물이 남아 있는 교토의 주택가

의 정치·문화적 중심지였고, 특히 목조건축의 발달이 두드러진 곳이었기 때문에 일본의 목조건축기술의 발전 과정을 들여다보기에도 좋은 곳이다. 또 일본 천년의 역사를 품은 도시이므로 그에 걸맞게 많은 역사 유적이 있다. 사찰·신사·성 등이 2000여 개나 남아 있으며, 그중 17개의 건물이 '고대 교토의 역사기념물'이라는 이름으로 묶여 유네스코 세계문화유산으로 지정되었다. 고대 교토의 역사기념물은 가모미오야·가모와케이카즈치·우지가미 3개의 신사, 1개의 니조성, 니시혼간지·교오고코쿠지·뵤도인·고잔지·엔랴쿠지·사이호지·다이고지·긴카쿠지·킨카쿠지·덴류지·기요미즈데라·닌나지·료안지 13개의 사찰로 구성되어 있다.

긴카쿠지

교토에 있는 많은 역사 유적 중 긴카쿠지은각사와 그 앞에 있는 철학의 길에 갔다. 긴카쿠지는 쇼코쿠지에 속하는 선종 사찰로, 1482년 무로마치 막부의 제8대 장군인 아시카가 요시마사가 조부가 지었던 산장인 킨카쿠지금각사를 모방하여 자신의 은둔 생활을 위해 지은 건물이다. 긴카쿠지는 나무로 지어졌는데 생각보다 건물 자체는 소박하고 정갈했다. 인상 깊었던 곳은 정원이었다. 긴카쿠지의 중심 건물 앞에 있는 이 정원에는 흰 모래가 마치 바다같이 모양

긴카쿠지

긴카쿠지의 정원

철학의 길

을 이루고 있다. 이를 긴샤단銀沙灘이라고 한다. 흰 모래로 만든 모래더미인 고게쓰다이向月台도 정원에 있다. 고게쓰다이는 이름에서도 알 수 있듯이 밤에 달빛을 감상하기 위해 만든 것이라고 한다. 흰 모래에 달빛이 비치면 정말 아름다울 것이다. 이렇듯 모래 정원은 긴카쿠지의 명물로, 소박한 긴카쿠와 어우러져 정적인 아름다움을 보여 준다.

긴카쿠지 입구에서 난젠지까지 약 2km의 길인 철학의 길을 걸었다. 겨울이여서 조금 황량함에도 고즈넉한 정취를 충분히 느낄 수 있었다. 봄에는 벚꽃이 만개하고 가을에는 단풍이 들어 장관을 이룬다고 한다. 교토의 철학자였던 니시다 기타로가 이 길을 오가면서 사색을 즐겼다고 하여 철학의 길이라는 이름이 붙었고, 일본의 길 100선에 들 정도로 명소라고 한다. 언젠가 벚꽃이 피고 단풍이 지는 계절에도 이 길을 다시 한번 걸어보고 싶다는 생각이 들었다.

신윤아 고려대 지리교육과 졸업

도쿄, 교토, 고베, 가고시마

지진이 잦은 나라, 방재 강국이 되다 … 교육관광

AEPJ 프로그램

2016년 9월, 지진 안전국이라 불리던 한국에서 경주에 지진이 발생했다. 지리학도이기에 경주 지진이 어떻게 발생한 것인지 자세한 원리가 궁금한 것은 당연한 이치였다. 또한 지진이 발생한 후 우리나라 방재시스템의 문제점들이 여실하게 드러났다. '지진이 빈번하게 발생하는 일본은 과연 어떤 방재 시스템을 가지고 있을까?', '우리나라와는 어떤 차이가 있을까?'라는 질문이 머릿속에 마구 떠올랐다. 진리장학금 프로그램은 강의시간에는 알 수 없던 질문들의 답을 해결할 수 있는 좋은 기회였다. 비슷한 생각을 가진 같은 과 학우 8명이 모여 부랴부랴 연구를 기획했고, 정말 기쁘게도 고려대 진리장학금에 선발되었다. 우리는 우리의 연구를 Academic Exploration Program to Japan, 이름하야 'AEPJ 프로그램'이라고 하였다.

교육관광이란 관광자의 교양 함양이나 자기 계발을 목적으로 하는 관광형태이다. 방문한 지역에 직접 머물면서 배움이나 지식을 얻는 활동을 하기에 언어, 문화에 대한 호기심 충족과 미술, 음악, 건축, 민속, 자연환경 등 특정 분야에 대한 지식탐구를 실현할 수 있다. 역사문화체험이나 자연경관 감상 등이 교육관광에 속한다.

도쿄

● 도쿄대학

강의가 잡혀 있어 비행기에서 내리자마자 곧장 도쿄대학으로 향했다. 강의의 주제는 '해양 지진 연구의 중요성'이었다. 강의는 영어로 진행되었다. 영어를 잘하는 편이 아니라 걱정했지만 학교 강의 중 지형학 때 배웠던 용어가 자주 들려 그나마 다행이었다. 그래도 완벽하게 이해하기엔 무리가 있어 학우들의 도움을 받아 끙끙거리며 강의 내용을 이해했다.

도쿄대학 강의

강의가 끝난 후, 더욱 재미있는 시간을 가졌다. 바로 도쿄대학의 내진설계를 알아보는 시간이었다. 일본의 내진설계! 그 명성을 들어만 봤지 정작 한 번도 본 적이 없어 흥미롭던 시간이었다. 지면은 지진의 충격을 최소화하는 고무벨트로 되어 있었고, 지면과 건물 사이에는 완충작용 기둥이 있었다. 이 외에도 지하 계단, 가스관, 수도관 등이 지면과 떨어져 있었고 건물 지하에 계측기가 있어 진동을 감지하면 와이파이를 통해 정보를 전달했다. 철근 등으로 건축물을 견고하게 짓는 것을 내진설계라고 생각했는데 이러한 내부 시스템들 역시 내진설계라는 것을 깨닫게 되었다.

● 도쿄 스카이트리

서울에는 남산, 도쿄에는 스카이트리! 스카이트리는 서울의 남산처럼 도쿄 대표 관광명소이다. 스카이트리는 도쿄에 고층 건물이 늘어나 기존 전파탑이 전파를 수신하는 데 장애가 생겨 새롭게 지은 전파탑이다. 높이 634m로 전파탑으로는 세계에서 제일 높다.

전망대는 원형으로 설계되어 도쿄 시내를 내려다볼 수 있었다. 350m의 제1전망대와 450m의 제2전망대가 있었는데 우리는 제1전망대에 올라갔다. 스카이트리는 건설 도중 동일본 대지진을 겪어 타워 곳곳에 최첨단 내진기술을 집약하여 리히터 규모 9.0의 강진에도 견딜 수 있도록 설계됐다고 한다. 세계에서 가장 오래된 목조건축물이면서 1300여 년 동안 지진이나 태풍을 견딘 나라 시대의 호류지 5층 목탑의 구조 원리를 스카이트리에 적용했다. 이 사실을 알고 봐서 그런지 스카이트리 외부의 모습을 봤을 때 목조건축물의 모습이 그려졌다.

교토

● 시민방재센터

도쿄를 떠나 신칸센을 타고 교토로 향했다. 가는 길에 창밖을 내다봤을 때 어딘지 모를 마을에 눈이 소복하게 쌓여 있었다. 눈이 만든 풍경은 어디서나 아름다운 것 같다. 시골 마을이라 그런지 더욱 평화로워 보였다.

교토에서의 첫 일정은 바로 교토 시민방재센터였다. 일본에서는 어떻게 재난 대응 훈련을 하는지 알아보기 위해 방문했다. 이곳에서는 지진뿐만 아니라 태풍, 화재, 홍수를 체험해 보고 대응 훈련을 받았다. 직원 분께서 대응 방법을

강풍 체험을 하는 모습

천천히 알려주셨는데 막상 규모 7.0의 지진을 체험하니까 가상임을 알면서도 허둥지둥 대응했다. 화재 체험에서는 아파트에서 화재가 발생했을 때 비상구로 탈출하는 훈련을 했다. 마지막 홍수 체험에서는 건물 지하가 침수되어 수압으로 인해 출구가 열리지 않는 상황을 실습했다. 물의 높이가 7cm만 되어도 문을 열기가 힘들었고 그 이상에서는 문이 열리지 않았다.

● 목조가옥 거리

가옥 양식은 해당 지역의 환경을 가장 잘 반영한다. 일본에서는 전통가옥 양식의 대부분이 목조가옥인데 예로부터 지진으로 인한 피해를 최소화하기 위한 수단이었기 때문이다. 목조가옥으로 짓는 것은 콘크리트 건축물보다 약하다고 생각하지만 전통적인 기둥식 구조의 목조가옥은 일반 주택의 내진 설계에서 가장 안전한 공법이다. 목조가옥은 목재와 부자재가 결합하면서 목재 자체의 힘보다 약 12배 이상의 힘을 갖게 된다. 특히 지진이 발생하면 목재가 휘거나 변형되면서 지진의 운동에너지를 많이 흡수하며, 건물이 붕괴될 때 전체가 무너지지 않고 자재 간의 연결부위가 서로 지탱하는 역할을 해 콘크리트 건축물보다 안전한 공간이 많이 생긴다. 도쿄 스카이트리가 바로 이와 같은 장점에 착안하여 건설한 것이다. 또한 건물이 붕괴되었을 경우 재빠르게 다시 건축할 수 있다는 장점도 갖고 있다.

고베

● 메모리얼 파크

고베 메모리얼 파크는 메리켄 방파제의 일부가 지진으로 인해 파괴된 상태 그대로 보존하고 있어 지진의 참혹함을 잘 보여 준다. 다음 장의 사진에서 볼 수 있듯이 가로등이 다 기울었고 바닥은 금이 가고 갈라졌다. 그렇지만 이 기념공원은 당시 피해 상황뿐만 아니라 복구 과정과 부흥을 함께 보여 주어 극복의 희망 역시 전달하고 있었다.

고베 대지진은 약 6만 명의 목숨을 앗아가고 고베의 산업 활동을 모두 중단

메모리얼 파크의 모습

시킨 대재앙이었다. 당시의 아픔을 사진이나 글이 아닌 실제 현장으로 생생하게 보여 주어 안타까움이 더 크게만 느껴졌다.

가고시마

● 가고시마대학

고베에서 신칸센을 타고 꽤나 긴 시간을 달려 가고시마에 도착했다. 늦은 저녁에 숙소에 도착한 터라 잠을 청하고 다음날 새벽에 가까운 아침, 졸린 눈을 비비며 전차를 타고 가고시마대학으로 향했다.

가고시마대학에서는 교수님 세 분과 세미나를 진행하였다. 통역은 이곳에서 공부 중인 한국 학생이 도와주었다. 세미나에서는 이론적 이야기가 아닌 2016년 구마모토 지진의 생생한 이야기를 들을 수 있었다. 유쾌하신 교수님들 덕분에 즐거운 시간이었다.

가고시마 전차

일본은 동일본 대지진이 발생한 후쿠

시마 원전사고로 인해 전국 33기의 원전에 대한 전면 중단을 선언했으나 이후 안전 기준을 통과한 9기만 재가동하고 있다. 대폭 감소한 것에 대해 대단하다고 느꼈지만 원전사고를 겪고 난 뒤 당연한 대처라고 생각했다. 재해와 재난으로 인한 피해, 복구 과정, 복구를 위한 정책과 여론 등 당시의 상황을 생생하게 기록한 아카이브를 통해 지식을 후대로 전달하는 것이 매우 중요하다는 강의도 들었다. 교육을 통해서 지진 피해의 경각심을 느끼고, 앞으로 다시 발생할지 모를 지진에 대비하여 방재 대책을 세울 수 있다는 것이다. 대처 과정에서 미흡했던 점이나 후세에 물려줘야 할 점을 알려 주는 기준의 역할도 할 수 있다. 고베 메모리얼 파크를 보고 와서 아카이브의 중요성을 느끼고 있던 터라 매우 공감되는 주제였다.

이소연 고려대 지리교육과 졸업

오사카

상인과 서민이 만들어 낸 식도락의 도시 … 음식관광

먹다가 망한다는 그곳, 오사카

오사카부는 일본 혼슈 서쪽 지방에 위치하며, 도쿄 수도권에 이어 일본에서 두 번째로 큰 광역 도시권을 형성하고 있다. 약 880만 명의 인구 규모를 가진 오사카는 대도시가 만드는 화려한 경관, 유명 테마파크, 오사카성 등의 역사 문화유산으로 관광객을 끌어들이고 있다. 하지만 그중에서도 오사카 관광객에게 가장 매력적인 요소로 작용하는 것은 음식일 것이다. 전통적으로 오사카는 먹다가 망한다는 의미의 '쿠이다오레食い倒れ'라는 말이 있을 정도로 식도락 문화가 발달한 곳이었다.

오사카에 식문화가 발달한 데에는 복합적인 이유가 있다. 그중 하나는 오사카의 지형이다. 오사카는 일본 서부 지역 수운교통의 중심지이며, 각종 수산물을 얻을 수 있는 세토 내해와 접해 있다. 이러한 지리적 위치 덕에 오사카는 풍부한 식재료가 모이는 무역항으로서 역할을 다할 수 있었다. 배후에는 오사카평야가 있어 농산물이 많이 생산되었으며 뒤로는 산으로 둘러싸여 산에서 얻을 수 있는 재료도 풍성하였다. 즉 수륙에서 다양한 산물이 모이는 자연의 축복을 받았고, 수운의 발달로 근세 이후 일본 집산지의 거점이 되어 '천하의 부엌'이라고 불리면서 더욱 많은 식자재가 오사카에 모일 수 있었다.

이러한 풍부한 식재료를 바탕으로 오코노미야끼나 타코야끼로 대표되는 오사카만의 음식 문화를 이룬 것은 상인 계층이다. 상인 문화의 발달은 오사카가 다양한 식자재의 집산지였던 것과 관련이 깊다. 식재료 등의 물건을 매매하는 장사는 상품을 유통하는 유통업, 장사에 얽힌 금융업 등을 발달시켰다. 또한 역사적으로 무사가 별로 없었던 오사카는 권위나 체면을 따지지 않았다. 자유로운 분위기에서 합리성을 중시하는 상인들이 싸고 맛있는 것이 최고라는 실리주의 요리 문화를 만들어 갔다.

평범한 사람들의 비범한 음식, 타코야끼와 오코노미야끼

상인과 서민의 문화로 만들어 낸 오사카 식문화의 가장 대표적인 음식은 타코야끼와 오코노미야끼라고 할 수 있다. 도톤보리와 신사이바시 쪽을 걷다 보면 타코야끼를 파는 노점상을 많이 볼 수 있다. 고급스러운 요리는 아니지만, 길거리에서 부담 없이 즐길 수 있다는 점이 장점이다. 오코노미야끼 역시 서민 먹거리의 상징 중 하나이다.

도톤보리 일대와 도톤보리의 상징 글리코상

도톤보리는 오사카 식문화의 정점을 누릴 수 있는 곳이다. 관광객은 이곳을 빼놓지 않고 들르고 도톤보리의 상징인 글리코상 앞에서 사진을 찍는다. 화려한 불빛으로 가득한 이곳에는 강 양변을 따라 각종 음식점이 늘어서 있는데, 과연 식도락의 도시 오사카를 실감하게 한다.

난바와 도톤보리, 신사이바시로 이어지는 오사카 남쪽인 미나미 지역 상점가에 가면 도톤보리와는 또 다른 분위기를 만끽할 수 있

라멘

오코노미야끼

다. 아케이드 거리를 따라 위치한 신사이바시스지 상점가는 오사카에서 가장 인기 있는 쇼핑가로 380년의 역사를 지녔으며, 에도 시대 때부터 상점가로 유명한 지역이었다.

이렇게 오사카는 바다·평야·산이라는 자연적 환경에, 수운 교통의 중심지라는 지리적인 위치, 상인이 성장할 수 있었던 역사적 배경이 더해져서 독특한 식문화를 형성하였다고 볼 수 있다. 오사카만의 식문화와 상점들은 오사카로 관광객을 끌어들이는 데 중요한 매력 요소로 작용하고 있다. 오사카 역시 음식관광을 대표적인 관광산업 콘텐츠로 이용해 지역을 적극 홍보하고 있다. 눈으로 지역의 경관을 보고, 음식을 통해 지역민들의 삶을 체험할 수 있다는 말이 떠오르는 여행이었다.

정인하 고려대 지리교육과 졸업

오사카

세계의 부엌에서의 음식 순례 ... 음식관광

음식관광은 오사카를 여행지로 정한 내게 가장 알맞은 관광 테마였다. 식도락의 성지로 저명한 곳이기 때문이다. 세계의 부엌이라 불릴 만큼 다양한 음식이 고루 발달한 곳, 오사카에서 유명하다는 음식은 전부 맛보자는 계획으로 떠났다.

일본의 편의점

간사이 공항에 도착해서 주위를 두리번거리는데 처음 눈에 띈 게 바로 패밀리마트 편의점이었다. 일본에 가면 편의점을 하루에 수 번씩 드나들게 된다던 말이 실감났다. 우리나라 편의점에 비해 훨씬 많은 종류의, 그리고 양질의 음식이 그득했다. 더불어 일본 편의점의 차별성은 음식의 종류에 그치지 않았다. 가격도 쌌다. 맥주의 가격을 슬쩍 봤는데 우리나라에서 약 3000원에 판매되는 호로요이 맥주가 100엔 남짓이었다. 사실 편의점에 있는 음식만 꾸준히 먹어도 3박 4일이 거뜬할 듯했다.

리쿠로 오지상 치즈케이크

리쿠로 오지상 치즈케이크

일본에 가면 꼭 먹어 보라던 케이크가 바로 이 리쿠로 오지상 치즈케이크였다. 이 케이크는 일본의 3대 케이크 중 하나로 꼽힌다. 만 원대에서 몇만 원대까지 가격대가 저렴하다고 보긴 힘든 케이크 시장이지만, 이곳에선 이야기가 다르다. 저렴한 가격으로 가성비 좋은 케이크를 보급함으로써 치즈케이크의 대중화와 건강한 제빵 문화 형성에 긍정적으로 작용했다. 케이크의 위는 촉촉한 치즈 빵이, 아래에는 건포도가 한가득 자리하며 구운 뒤 바로 판매한다. 사실 국내에서 비슷한 케이크를 맛본 적이 있었다. 사람이 많이 몰리는 지역에서 대중화가 시작되어 이젠 이러한 케이크 전문점이 동네에 하나씩은 자리하고 있기 때문이다. 그래도 역시 오지상 치즈케이크는 본고장인 일본에서 먹어야 한다.

홉슈크림

홉슈크림

오지상 치즈케이크 바로 옆에 위치하고 있다. 홉슈크림 또한 오사카에 가면 꼭 먹어 보아야 할 음식으로 꼽힌다. 겉이 바삭한 빵 안에 다양한 맛의 슈크림이 들어 있어 슈크림 맛만 고르면 된다. 일행과 녹차크림과 커스타드크림, 그리고 크림치즈를 골라서 나눠 먹었다. 한 주먹 거리밖에 안 되는 조그만 걸 왜 사람들이 줄 서서 먹고 있을까 궁금했는데, 홉슈크림을 한 입 베어 무는 순간 유레카를 외쳤다.

타코야끼

아무리 생각해도 문제가 있는 음식이었다. 오사카가 허락한 유일한 마약이 분명했다. 타코야끼의 진수를 맛보았다. 상인이 현란한 손길로 타코야끼를 돌리고 있었다. 국내 포장마차와는 규모부터 달랐다. 분명 큰 상점이 아니었는데도 두꺼비집이 세 대나 있었다. 사실 타코야끼 실력자는 국내에도 많고 물론 국내에도 맛집이 다수 있겠지만, 아무래도 그곳은 타코야끼의 본고장이었다. 5분 즈음 기다렸을까, 주문한 타코야끼가 나왔다. 가쓰오부시가 잔뜩 올라간 타코야끼를 얻었다. 주신 긴 꼬치로 하나씩 맛보았는데, 그 안이 적당히 먹기 좋게 익어 있었다. 국내에서 타코야끼 가게를 잘못 고르면 종종 밀가루 반죽이 충분히 익지 않아 아쉬워하곤 했는데 이곳은 달랐다. 타코야끼 맛집을 잘 고른 것인지 의문이 들었지만 풍문에 의하면, 일본에서 어느 곳에 들어가서 먹든 타코야끼는 항상 성공한다고 한다. 바로 직전에 먹은 치즈케이크와 홉슈크림을 모두 잊은 채 타코야끼에 매진하다가 입천장이 모조리 벗겨졌지만 아무래도 괜찮았다. 게 눈 감추듯 타코야끼를 없애는 데 걸린 시간은 단 5분이었다. 신기한 건, 오지상 치즈케이크와 홉슈크림, 그리고 이 타코야끼가 모두 이치란라멘을 먹기 전 에피타이저였다는 사실이다. 그렇게 이치란라멘을 향했다.

타코야끼

이치란라멘

본점과 2호점이 멀지 않은 거리에 위치하고, 누가 봐도 이치란라멘 같은 간판이 도톤보리 한가운데 반짝이고 있어 쉽게 찾을 수 있었다. 다만 줄이 길었다. 본점과 2호점 모두 비슷하게 줄이 긴 것 같기에 그냥 본점에 줄을 서기로 했다. 그런데 줄 서기에 지쳐 있을 즈음에 한 상인이 와서 짧은 한국어로 2호점에 가는 게 어떠냐고 물었다. 2호점에서 온 사람 같았다. 본점과 2호점 사이에 긴밀하게 연락을 하는 건지, 둘 중 한 곳에 자리가 나면 한 사람이 다른 곳으로 파견을 가서 손님을 끌어오는 식이었다. 그래도 한 번 먹는 거 본점에서 먹자는 마음으로 기다렸고, 30여 분 있었을까, 안으로 들어갈 수 있었다.

이치란라멘에 차슈를 추가하고 반숙 계란도 추가했다. 여행 계획을 짤 때 본, 각종 블로그에 사람들이 올려 둔 팁 중 하나였다. 안내받은 자리로 들어갔는데 혼자 식사하기 좋은 환경이었다. 테이블이 따로 있는 게 아니라, 개인 식탁이 있고 일행이 있으면 옆에 있는 칸막이를 올리면 되었다. 음식은 바로 앞에서 종업원이 막을 걷어 내고 건네주었다. 건네받은 라면은 국물이 예술이었다. 그리고 맥주도 한 잔씩 시켰다.

스시

아침 일찍 주택 박물관에 들러 기모노 체험을 한 뒤 근처에 있는 하루코마스시에 가기로 했었는데, 하루코마스시가 금일 휴업이었다. 슬픈 마음을 뒤로한 채 또 다른 스시 집을 찾아 헤매다가, 우연히 오른쪽으로 고개를 돌린 곳에 스시 집이 있었다. 홀리듯이 들어갔는데 결론부터 이야기하자면 최고였다. 어쩌면 하루코마스시보다 좋은 선택이었는지도 모르겠다.

스시도 먹는 순서가 있다고 한다. 맛이 담백한 것부터 맛이 진한 순서대로 먹고, 다음 스시가 나오기 전이나 다 먹은 후에는 깔끔히 입맛을 정리해 주는 것이 좋다. 처음에는 도미나 광어 같은 흰살 생선으로 시작해서 다랑어, 참치 같은 붉은살 생선은 나중에 먹고, 마지막에 김에 말아 나오는 노리마키 스시를 먹으면 더욱 풍미 좋게 스시를 즐길 수 있다. 방문했던 스시 집 역시 이와 같은 순서로 내주었다.

자판기 아이스크림과 로손편의점 롤케이크

일본의 명물은 단연 편의점이라고 생각하지만, 자판기도 아주 훌륭하다. 자판기에서 다양한 맛의 물과 탄산음료는 기본이고 아이스크림마저 판매한다. 자판기만큼이나 나를 놀라게 한 것은 로손편의점에서 산 롤케이크이다. 일본을 여행한 사람들이 꾸준히 하던 말이 편의점에서 푸딩과 롤케이크와 모찌는 꼭 먹어야 한다는 이야기였다. 로손편의점의 롤케이크는 빵이 쫄깃하고 크림이 지나치게 느끼하지 않았다. 한큐백화점의 도지마롤보다도 맛있었다.

한큐백화점

둘째 날 저녁에는 한큐백화점에 갔다. 헵파이브 관람차를 타기 전에 들른 곳이었는데, 먹거리가 즐비하는 곳이라고 해서 기대가 컸다. 또한 한큐백화점에서 파는 도지마롤이 그렇게 맛있다고 해서 도지마롤을 찾아 한참을 헤맸다. 헤매는 동안 주위에 맛있어 보이는 케이크와 도넛 등이 하도 많아서 멈추지 않고 걷기 다소 힘겨웠다. 크림이 안에 꽉 들어찬 도지마롤을 마주하자 잠시 지쳤던 기분도 잊고 얼른 맛보고 싶다는 생각만 들었다. 진한 우유 맛이 그대로 느껴지는, 기분 좋은 롤케이크였다. 개인적으론 로손편의점의 롤케이크가 더 입맛에 맞았지만, 도지마롤 역시 안 먹었으면 섭섭할 뻔했다.

유니버설 스튜디오 버터맥주

유니버설 스튜디오에 가려고 꼭두새벽에 일어나 겨우 지하철을 타고 도착했다. 원래 이곳에 가는 사람들은 입장권과 더불어 익스프레스4 티켓 등을 따로 산다고 했다. 놀이기구를 보다 빨리 탈 수 있도록 하는 티켓이다. 그러나 자금난에 시달리던 터라 놀이기구에 미련을 두지 않고 이곳저곳 둘러보다 탈 수 있는 기구만 타고 돌아오기로 결심했다.

그렇게 놀이기구 세 개를 탔다. 처음 탄 기구는 해리 포터존에 있었다. 3D 안경을 쓰고 해리 포터가 《해리 포터와 마법사의 돌》 편에서 했던 경기를 우리가 간접적으로 체험하는 것이었다. 기구를 티고 나와서 버터맥주를 마시러 갔다. 다녀온 사람들이 하나같이 맛없다면서, 살면서 한 번쯤 먹어 보기에는 괜찮은 맛이랬다. 마셔 봤는데 딱 그런 맛이었다. 《해리 포터》 영화에서 잘도 마셔대던 그들이 위선적으로 느껴졌다. 그냥 관상용 맥주였던 것 같다. 결국 맥주를 다 마시지 못하고 화장실에 따라 버린 뒤, 컵은 가져가도 된다고 해서 가져왔다. 이 컵은 여행 마지막 밤에 편의점에서 사 온 맥주를 따라 마시는 용도로 사용할 수 있었다.

유니버설 스튜디오와 버터맥주

쿠크다스 아이스크림

국내에서도 SNS를 통해 많이 이슈가 되었던 아이스크림이다. 일본의 유명 관광지인 기요미즈데라 사원 안에 판다고 해서 가는 김에 사 먹으려고 했는데 길을 착각하여 기요미즈데라에 가지 못했다. 당연히 아이스크림도 맛보지 못했다. 못 먹고 돌아가게 되어 낙담하고 있었는데 운명처럼 지하철역에서 이 아이스크림을 마주했다. 쿠크다스콘에 아이스크림, 누가 봐도 실패할 수가 없는 조합이다. 쿠크다스콘이 얼마나 부드럽던지, 콘 사이를 아이스크림이 비집고 나올 정도였다. 손이 끈적해지길래 봤더니 콘 사이로 새어 나온 아이스크림이 손에 묻고 있었다. 그래도 행복했다. 맛있었기 때문이다. 손이 어떻게 되든지, 그것은 상관할 바가 아니었다.

도톤보리 고깃집

마지막 일정으로는 고기를 먹기로 했다. 계획대로라면 도톤보리에 있는 고베스테이크를 가기로 했었는데, 안타깝게도 스테이크집이 그날 문을 닫았다. 그러나 지난 스시 식당에서의 경험으로 자신감을 얻은 우리는 다른 고깃집을 찾아 나서기로 했고, 도톤보리를 활보하다 현지인 식당 느낌이 폴폴 풍기는 고깃집에 들어가게 되었다.

메뉴판이 온통 일본어인 게 한국인이 자주 찾지 않는 식당임이 분명했다. 소 그림이 그려져 있고 부위를 그림으로 표시해 둔 것 같았는데, 정육점 사장도 아니고 그 부위를 전부 알 리가 없었다. 결국 구글 번역기를 이용해 직원과 소통했는데 생각보다 음성 인식이 성공적으로 이루어져서 고기를 주문할 수 있었다. 많은 돈을 들이지 않았고 거창한 음식을 먹지 않았지만, 오사카를 좀 더 친밀하게 알게 된 것 같은 여행이었다.

양효주 고려대 지리교육과 졸업

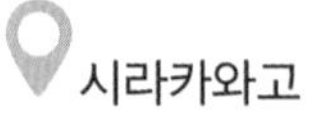

시라카와고

눈의 낭만으로 가득한 곳… 건축여행

산으로 둘러싸인 섬, 시라카와고

시라카와고白川村는 일본 중앙에 해당하는 기후현岐阜県에 위치한다. 마을은 산으로 둘러싸인 전형적인 산골 마을이다. 농경지는 0.4%에 불과하고 나머지는 모두 산림이다. 오랜 세월 동안 자연 그대로의 모습을 지켜 온 덕에 상당한 면적이 국립공원으로 지정, 관리되고 있다. 이 마을은 '히다飛騨'라고 알려진 지역에 속해 있어 '히다의 시라카와고'라고 불리기도 한다. 시라카와고는 히다에서 특히 험준한 산지에 위치하는데, 가파른 골짜기를 따라 흐르는 쇼가와庄川 강변에 마을이 자리 잡고 있다.

시라카와고는 강설량이 많은 것으로 유명하다. 눈은 주로 12월에서 3월 사이에 내리는데 2~3m의 강설은 보통이고 많을 때는 4~5m에 이르기도 한다. 때때로 눈 때문에 외부와 연결이 끊기며 고립되는 경우가 많아 일본 문학작품에서도 종종 시라카와고를 '내륙의 섬'으로 묘사하곤 한다. 눈이 너무 많이 내려 가기 힘든 강설 '오지'인 셈이다.

12세기 작성된 교토 귀족의 일기에서 시라카와고가 언급되었다는 사실로 미루어 마을의 역사는 오랜 것으로 추정된다. 유서 깊은 역사에도 불구하고 마을의 존재가 알려진 것은 최근의 일이다. 눈이 가져오는 낭만적 감상과 독특한 형태의 가옥들이 뿜어내는 남다른 경관이 세간의 주목을 끌었기 때문이다. 이성보다 감성이 앞서는 세대에게 아름답고 특이한 한 장의 사진은 관광의 충분한 동기 부여가 되는 모양이다.

마을을 먹여 살린 양잠업

산골의 작은 마을이 오랜 시간 유지된 것에는 양잠업의 전통이 한몫을 차지한다. 에도 시대로 거슬러 오르는 양잠업의 유산은 18세기 제 윤곽을 잡았다고 전해진다. 눈이 많은 산골의 겨울에는 낮 시간을 알차게 보낼 수 있는 소일거리와 몸을 적당히 움직일 만한 생활공간이 절실하다. 이러한 의미에서 누에치기는 한정된 실내 공간에서 낮 시간을 보내면서 짭짤한 소득까지 보장하는 쏠쏠한 아이템이었던 것이다.

결국 이 지역의 전통가옥이 짧지 않은 시간을 이겨 낼 수 있었던 데에는 많은 눈을 견뎌 낼 수 있다는 장점에, 양잠에 유용하다는 강점을 더했기 때문인

시라카와고 전경

갓쇼즈쿠리 전경

갓쇼즈쿠리 초가지붕

것으로 보인다. 합장한 모습의 가옥 갓쇼즈쿠리合掌造り는 나무 골격에 경사가 급한 지붕을 가지고 있다. 겨우내 이어지는 강설을 이겨 내기 위한 구조이다. 천장이 높고 초가지붕을 두껍게 만든 점도 독특한 인상의 가옥을 만드는 데 큰 역할을 담당한다.

갓쇼즈쿠리가 일본의 전통가옥과 다른 점은 높은 천장이 만든 다락방을 작업공간으로 사용한다는 점이다. 처마 아래 다락방은 층고가 높아 보통 2~4개의 층으로 나누어 사용할 수 있다. 통풍이 잘되는 이 공간은 누에를 키우는 데 효과적이라고 한다. 누에를 기르는 데에는 온도와 습도 조절이 중요한데, 특히 뽕이 마르지 않을 정도로 건조한 상태를 얼마나 잘 유지하느냐가 성패를 가르는 관건이라고 한다. 때문에 바람이 잘 통하는 갓쇼즈쿠리의 다락방은 양잠의 최적 조건을 제공하였던 것이다.

양잠업의 성장은 갓쇼즈쿠리의 규모도 대형화하였다. 양잠의 성격상 가내수공업 형태를 띤 것이 일반적이었고, 양잠의 규모를 키우는 데 가족 구성원 수가 영향을 미칠 수밖에 없었다. 결국 여러 세대가 같은 공간에 거주하는 방법으로 가족의 수를 늘릴 수 있었고, 이는 자연스레 누에 생산 증대로 연결되었다. 이에 따라 갓쇼즈쿠리의 지붕은 높아지고 가옥의 크기도 커진 것이다. 30~40명의 대가족이 하나의 갓쇼즈쿠리에 거주한 경우도 빈번했다고 하니 그 규모의 여간함을 짐작할 수 있다.

그러나 일본에 닥친 근대화의 열풍은 양잠업의 쇠퇴에 영향을 끼쳤다. 놀라운 생산성을 지닌 방직기와의 경쟁에서 밀린 산골의 가내수공업은 시대의 흐름을 이기지 못하고 그 자리를 내주었다. 이 즈음 변화의 바람을 감지한 마을 공동체는 나름의 생존 전략을 모색하는데 시라카와고의 선택이 남달랐다. 이들은 산업화·도시화가 진행되면서 획일적으로 세계화되는 분위기를 거슬러 오히려 전통을 강화하는 방식을 취하였다. 지역성을 유지하고 강화하는 것이 경쟁력을 가져다줄 것이라 판단한 것이다.

평범한 사람들이 사는 특별한 가옥

이들은 독특한 마을경관이 가옥에서 나온다고 판단하였다. 그래서 전통가옥을 최대한 전통방식을 활용하여 유지하였다. 주택 개량을 최소화하여 전통가옥을 보존하였고, 살림집으로서의 특성을 극대화하기 위하여 생활환경의 변화를 도모하지 않았다고 한다. 지붕잇기와 보수에 마을 전체가 힘을 다하였고, 유지·보수·관리의 시스템을 구체화하였다.

무엇보다도 이 마을의 성공 요소는 마을 사람들이 전통가옥에 직접 산다는 데에서 찾을 수 있겠다. 물론 일부는 실제 거주주택을 따로 보유하고 있거나 주로 체험형 숙박시설로 이용하는 경우가 많다고는 해도, 견본주택이나 전시관이 아닌 살림집으로 적극적으로 사용하면서 리얼리티와 진정성을 어필할 수 있었다. 생활에서 발생하는 불편함을 최소화하되 전통 생활방식을 최대한 유지한다는 원칙을 고수한 것이 긍정적인 지역정체성 형성에 일조했다고 생각된다. 근본적으로 안에서부터의 변화를 마을공동체가 함께 만들어 갔다는 점이 지속가능한 마을 만들기에 원초적 동력이 되었던 것으로 보인다.

아울러 세계문화유산 지정을 추진한 일도 관광자원으로서의 매력을 높이는 역할을 하였다. 무엇보다도 마을공동체에서 소화할 수 있는 부분과, 관광객에게 어필할 부분을 나누어 입체적으로 마을재생을 도모했다는 점이 성공의 포인트였다고 판단된다. 일상적 도시 생활과는 차원이 다른 시간과 공간의 색다름과, 세계문화유산을 직접 방문했다는 뿌듯함을 동시에 경험할 수 있다는 장점이 부각된 셈이다. 이러한 정서적 만족감이 일본의 이름 모를 오지를 찾게 하는 동기이자 보상이 될 수 있었다. 그리고 대내외적인 협력으로 지속가능한 개발의 모범사례가 되었다는 점은, 지역재생의 방향성을 찾지 못해 갈팡질팡하는 우리에게 많은 시사점을 제공해 준다.

장규진 고려대 대학원 지리학과 졸업

오노미치

빈집재생으로 마을을 밝히다 …… 견학여행

비탈의 도시, 오노미치

일본 히로시마현 동부에 위치한 오노미치尾道시는 인구 14만 명의 중소도시로 세토 내해와 접한 지리적 특성으로 인해 1168년 개항 이후 해운, 상업, 조선업의 중심지 역할을 수행해 왔다. 북쪽의 산과 남쪽의 바다에 끼여 평지가 적고 산비탈이 많은 지형으로 시내 중심부를 관통하는 동서로를 따라서 시가지가 형성되었으며 늘어나는 인구를 수용하기 위해 사면 지역에 마을이 형성되었다. 이로 인해 산비탈 주택과 사찰, 좁고 경사진 도로 등이 많아 '비탈의 도시'로도 불리며 오노미치만의 독특한 경관을 형성하고 있다. 특히 근대화 전까지 800년 이상의 역사가 있는 마을로, 무역으로 부를 축적한 거상들이 고급 주택, 사찰 등 다양한 건축물을 남겨 옛 모습을 간직한 거리 풍경은 오노미치의 지형과 어우러져 아름다운 경관을 만들어 낸다.

그러나 현대에 들어 수심이 얕은 지역적 특성으로 항구 가치가 저하되고 1960년대 인근 후쿠야마시의 급속한 도시화로 지역 중심지의 역할을 상실하면서 인구 감소가 가속화되었다. 전 일본 사회는 고령화 및 인구 감소로 빈집

오노미치 경사지 골목 풍경

이라는 새로운 문제 상황에 직면하게 되는데, 특히 오노미치 경사지의 경우 지형이 험준하여 차량 진입이 안 되는 등 건축공사가 어려웠고 이로 인해 빈집이 급속하게 증가하였다.

빈집을 활용한 도시재생

빈집의 증가가 지역적 과제로 대두되자 오노미치시는 2008년부터 비영리 시민단체인 'NPO법인 오노미치 빈집재생 프로젝트'와 협업하여 도시재생사업을 추진하였다. NPO법인은 2007년부터 약 20채의 빈집을 직접 매입, 임대하여 재생 후 운영 중에 있으며 오노미치시에서 수탁하여 운영 중인 빈집뱅크를 통해 100채 이상의 빈집을 새로운 입주자와 매칭해 주었다. 이렇게 빈집 입주가 활발할 수 있는 배경에는 저렴한 임대료가 큰 역할을 하였다. 기존의 건물주가 고령화되어 집을 관리하기가 힘들어진데다 험준한 경사로 신축이 불가능한 경우가 많아, 빈집을 상속받은 2세는 직접 관리하는 대신 매우 저렴하거나 무상에 가깝게 임대하는 방식을 선택한 것이다. 입주자 또한 저렴한 가격에 임대하여 자신의 취향에 따라 자유롭게 개조할 수 있기 때문에 빈집을 선택하였으며, 개수비용은 기본적으로 임차인 부담이지만 오노미치시와

NPO법인의 도움으로 다소 저렴하게 공사할 수 있다. 오노미치 특유의 슬로우라이프 스타일과 저렴한 임대료, 빈집의 창의적 활용이라는 매력 덕에 크리에이티브 계층의 입주자가 많이 유입되는 편이며 이로 인해 새로운 커뮤니티가 형성되고 다양한 문화예술 활동이 활발히 일어나고 있다.

가우디하우스

NPO법인이 직접 재생한 빈집프로젝트로는 '가우디하우스', '기타무라양품점', '아나고노 네코토', 'U2' 등이 있는데 주로 게스트하우스, 전시공간, 카페, 소매점 등으로 운영 중이다. 특히 가우디하우스는 오노미치 빈집재생의 상징으로 빈집활용 마을 만들기 추진의 거점으로 운영하기 위해 최초로 매입한 건물이다. 다이쇼 시대 말기 오노미치를 비롯한 항구도시에서 유행했던 서양식 건축양식 기법이 적용되었으며, 가우디의 파밀리아 성당처럼 앞으로 빈집재생 활동이 계속해서 이어져 나갈 것이라는 의미를 담아 붙여진 이름이다. 기타무라양품점은 현재 NPO법인 사무소로 사용하고 있는 건물로 '집 만드는 것을 배우는 집'이라는 콘셉트로 1년 12회의 워크숍에 걸쳐 100명 정도의 손으로 직접 고쳐 만든 건물이다. 현재 아이와 엄마들을 위한 체험공간 '우물가 살롱' 및 양품점으로 사용하고 있다. 그 밖에 오래된 아파트를 공방, 사무실 겸 갤러리, 게스트하우스로 바꾸거나 버려진 마을회관이나 창고를 전시회, 콘서트, 워크숍 등이 가능한 복합 문화공간으로 재생하는 프로젝트 등을 진행하였다. 또한 빈집을 직접 활용하는 것뿐만 아니라, 빈집재생 과정에서 파생되는 여러 체험 프로그램을 운영하여 경사지의 공터를 채소밭으로 만들거나, 빈집재생 벼룩시장을 개최하는 등 다양한 문화적 아이템을 통해 지역교류를 촉진하고 있다.

쿄우모지 회관

빈집재생으로 젊은 이주자가 증가하고 새로운 커뮤니티를 기반으로 다양한 문화활동이 활발해졌다. 이러한 변화는 기존에 오노미치가 가진 경관자원과 더불어 관광객 유입에 주요 동력으로 작용하였다. 언덕 마을의 미로 같은 옛 거리와 산비탈, 전통 사찰 등의 고유한 경관과 더불어 낡고 버려진 빈집의 창의적 활용, 1970~1980년대를 생각나게 하는 레트로 공간 분위기는 마을관광에 묘미를 더한다. 낡고 방치된 빈집을 오노미치의 풍경을 만드는 자원과 개성으로 바라봄으로써 빈집재생이 단순히 건물재생에 그치지 않았다. 사람과 사람 사이를 연결하고, 젊은이를 불러 모으고, 새로운 문화를 만드는 원동력으로 작용한 것이다. 오노미치는 빈집재생을 통해 작지만 더욱 매력적인 동네로 바뀌고 있다.

유인희 고려대 도시재생협동과정

후쿠오카

작지만 알찬 선물세트 … 도시관광

후쿠오카, 작지만 화려한 도시

후쿠오카는 일본 규슈 지방에 있는 도시이다. 인구 규모 면에서 일본에서 5번째로 크며 규슈 지방에서는 중심 역할을 하는 중요한 도시이다. 후쿠오카 여행의 최대 장점은 한국과 매우 가깝다는 점이다. 그래서인지 후쿠오카는 일본의 다른 대도시들에 비해 상대적으로 싼 가격에 여행이 가능하다. 그리고 후쿠오카에 도착해서도 관광지들이 비교적 가까운 거리에 위치해 있어 도보로 여행할 수 있고, 100엔 버스라는 싼 가격의 버스가 활성화되어 있어 교통편에 돈을 많이 아낄 수 있다.

캐널시티, 도시재생 지역에서 후쿠오카의 상업 중심지로

후쿠오카에서 제일 처음 가기로 마음먹은 곳은 캐널시티이다. 캐널시티에 도착하자마자 든 생각은 '화려하다'였다. 한국의 경우와 빗대어 표현하자면 고양시 스타필드에 도착한 듯한 느낌이었다. 외관도 굉장히 화려했고 안에 있는 시설물도 굉장히 눈에 띄었다. '캐널시티 하카타 프로젝트'라는 이름으로 재개발된 이곳은 도심재개발복합용도 프로젝트로 탄생한 곳으로 유명하다고 한다. 20년이라는 굉장히 오랜 기간 동안 공들여 완성한 공간인 만큼 굉장히 치밀하게 세워졌다는 생각이 많이 들었다. 캐널시티에서는 30분에 한 번씩 화려한 분수쇼를 한다. 듣기만 해도 신나는 음악을 틀고 음악에 맞춰 분수쇼를 하며 시민들이 이곳에서 여가 생활을 충분히 만끽하게끔 해 준다.

지하 속 쇼핑천국, 텐진 지하상가

후쿠오카에서 유독 눈에 띈 풍경은 텐진역을 중심으로 자리 잡고 있는 수많은 백화점이었다. 한눈에 보기에도 다섯 개 정도의 백화점이 연이어 있었다. 텐진 지하상가를 돌아다니다 보면 커다란 캐리어를 끌고 다니며 열심히 핸드폰을 찾고 있는 사람들이 많이 보인다. 텐진역 지하상가의 가장 큰 장점은 바로 무더운 더위를 피할 수 있다는 점이었다. 후쿠오카의 여름은 서울의 여름과는 비교가 되지 않을 정도로 더웠다. 너무나도 더워서 별다른 이유 없이 편의점에 들어가거나 큰 마트를 들어가 에어컨 바람을 쐬곤 했다. 하지만 텐진 지하상가에 들어가면 이러한 걱정은 하지 않아도 돼서 굉장히 편했다. 또 대부분의 백화점이 다 연결되어 있기 때문에 굳이 야외로 나가지 않아도 텐진역 곳곳을 돌아다닐 수 있었다. 텐진 지하상가가 여러 백화점에 연결되어 있는 것도 좋았지만 특히 백화점끼리도 서로 연결되어 있는 경우가 많아 좋았다. 아마도 이렇게 많은 상가들이 서로 연결되어 있는 건 여름에 무더운 후쿠오카의 기후 때문이 아닐까 잠시 생각했다.

바닷가에 비친 야경, 모모치 해변과 후쿠오카타워

오전과 오후 시간을 텐진 지하상가와 캐널시티를 오가며 보내고 저녁 어스름이 지기 시작했을 무렵, 후쿠오카타워를 가기 위해 버스에 올라탔다. 후쿠오카타워는 모모치 해변공원이 바로 앞에 펼쳐진 곳에 위치하고 있다. 후쿠오카에서는 유명한 관광지가 대부분 붙어 있어 어느 한 곳을 가면 마치 보너스

후쿠오카타워

모모치 해변

처럼 다른 곳도 함께 누릴 수 있다. 텐진 지하상가와 비슷하게 말이다. 후쿠오카타워에서도 모모치 해변과 마리존 해양리조트를 한꺼번에 볼 수 있었다.

모모치 해변에 도착해서 조금 걷다 보면 예쁜 마리존 해양리조트가 보인다. 그리고 그 뒤에는 후쿠오카타워가 높게 솟아 있다. 타워로 올라가는 엘리베이터를 기다리는 동안 들리는 목소리는 온통 한국말이었다. 한 쌍의 일본인 커플을 제외하고는 모두 한국인이었고 텐진역으로 돌아가는 버스도 한국인과 중국인으로 만원이었다. 이러한 모습을 보면서 확실히 후쿠오카가 관광도시로 유명하다는 생각이 들었다.

후쿠오카의 가로수길, 다이묘 거리

후쿠오카에는 다양한 상업시설이 있다. 다이묘 거리도 그중 하나이다. 다이묘 거리는 지난번 방문하였던 캐널시티와는 또 다른 분위기를 자아냈다. 캐널시티는 정말 시민들이 여가 시간을 즐기고 여유로운 쇼핑을 하도록 매우 조직적으로 구성되어 있다는 느낌이 드는 반면, 다이묘 거리는 젊은 감성의 개성 있고 재미있는 건물이 많았다. 다이묘 거리를 한마디로 설명하자면 한국의 가로수길 같았다. 다이묘 거리만의 특별한 것들을 느끼고 싶어서 골목 안으로

아크로스 후쿠오카

들어가 여러 건물과 예쁜 상점을 구경했다. 눈을 끄는 아기자기한 가게와 아이디어가 독특한 캐릭터 가게가 많았기 때문에 사람들이 다이묘 거리를 돌아다니며 여가 생활을 즐기는 듯했다. 이곳은 여행객이 아닌 현지인들도 굉장히 사랑하는 곳 같았다.

식물들이 외관을 감싸고 있는 건물을 후쿠오카에서는 꽤나 자주 볼 수 있다. 특히 아크로스 후쿠오카라고 하는 건물은 아주 특이했는데 건물의 외부가 계단식 정원으로 꾸며져 있었다. 한쪽에서 보면 평범한 건물로 보이지만 그 반대편을 보면 대각선 모양으로 계단식 정원이 쭉 이어져 있다. 이러한 건물은 친환경적 건축을 지향하는 프로젝트의 결과로 탄생한 것이라고 한다.

짧은 여행 기간이었지만 다양한 매력을 지닌 후쿠오카를 충분히 즐길 수 있었다. 작지만 다양한 매력을 지닌 이 도시를 많은 이들이 끊임 없이 찾는 이유를 알 것 같다.

이예슬 고려대 지리교육과 졸업

히라도

규슈올레를 걷다 … 농촌관광

규슈올레길의 진수, 히라도

올레는 본래 제주 산간 마을의 골목을 이르는 지역 방언이다. 큰길에서 마당까지 키 낮은 돌담으로 연결된 올레는 바람 많은 제주 집에 아주 요긴하다. 산티아고 순례길에서 착안한 제주의 걷기 여정을 '올레길'이라 칭한 것은 골목이 주는 아기자기함과 걷는 즐거움이 안기는 건강을 아우른다는 점에서 센스 넘치는 작명이라 하겠다.

규슈올레는 제주올레와 궤를 같이한다. 걷기 여행을 통해 지역이 지닌 묘한 매력을 찾고 더불어 활력과 동력, 치유를 얻을 수 있는 점에서 그렇다. 규슈올레 중 자연의 아름다움과 문화경관의 다채로움을 동시에 경험할 수 있는 지역으로, 히라도平戸를 꼽고 싶다.

규슈올레 표식

히라도는 규슈 북쪽에 위치한 인구 2만 명의 작은 섬으로 나가사키현에 속하고 제주와 가깝다. 히라도성과 히라도항을 중심으로 시가지가 형성되어 있다. 히라도항은 과거 포르투갈·네덜란드·영국 등과 교역을 했던 주요 무역항이었다. 16세기 성황을 이루던 히라도항은 나가사키항과 사세보항이 개항하면서 무역 중심지로부터 점차 멀어졌고 지금은 과거의 영화를 품은 작은 어항으로, '平戸'라는 이름 그대로 평화로운 마을을 형성하고 있다.

히라도 걷기를 준비하는 이들은 대부분 가와치토오게川内峠를 꿈꾸며 발걸음을 옮긴다. 부드러운 산능선을 따라 걸으며, 너른 바다를 조망하는 호사를 누릴 수 있기 때문이다. 가와치토오게는 히라도 북쪽에 있는 언덕의 하나인데, 올레 숲길을 빠져나와 잠시 쉬어 갈 수 있는 장소이다. 탁 트인 언덕에서 전망을 감상하며 땀을 식힐 수 있는 곳으로 유명하다. 언덕이라지만 큰 나무가 없어 초원에 가깝다. 주변의 학생들이 여기까지 와서 축구를 할 정도이다.

그러나 이렇듯 아름다운 풍광도 누구에게나 허락되지는 않는다. 하루에도 수십 번 변하는 날씨와 전후좌우를 가리지 않는 바람 때문에 사진 속 낭만에 그치는 경우가 많다. 또 봄을 맞기 전에 초원의 갈대를 태워 새싹이 돋을 짬을 준다고 하니, 여간해서는 가와치토오게의 진풍경을 온전히 보기가 어려울 수 있다. 그럼에도 이 언덕이 주는 자연의 아름다움은 이전의 수고로움을 단번에 씻어 낼 수 있을 정도로 매력적인 것은 분명하다. 일본 관광청에서 일본의 아름다운 도로 100곳 중 하나로 선정하기도 했다는데, 창문을 열고 한껏 드라이브를 즐기는 데도 제격일 것 같다.

선교사들의 흔적, 성 사비에르 성당

가와치토오게를 따라 히라도의 능선을 걷고 걸으면 이내 히라도 시내에 접어든다. 박석된 길을 따라 잠깐 내려오면 전혀 새로워서 쌩뚱맞을 성당 하나를 만난다. 성 사비에르 기념 성당은 일본에 기독교를 처음 전파한 프란시스코 사비에르Francisco Xavier를 기리는 곳이라 한다. 본래 '히라도 가톨릭 성당'으로 건립되었다가 1931년 현재의 위치로 옮겨졌단다. 독일 고딕 양식으로 건축된 이 건물은 건축양식뿐 아니라 높이와 규모, 색상 등에서도 단연 두드러진

히라도 언덕의 성 사비에르 성당

다. 히라도의 주요한 랜드마크라고 한다.

주목할 만한 점은 이 언덕에 위치한 종교시설과 그 안에 무덤들이다. 성당 바로 아래 사찰 두 곳이 붙어 있었다. 사비에르 성당 앞마당에는 가톨릭 순교자들의 넋을 기리는 조형물이 있고, 바로 아래 사찰 뒷마당에는 부도들이 자리하고 있었다. 이 묘한 대비를 어떻게 이해해야 할지 모르겠지만, 뱃일이 생업인 사람들의 원초적 불안과 전통문화와 유입 문화 사이의 혼란스러움이 느껴졌고 그럼에도 얼굴을 맞대고 살아가는 키 작은 사람들의 모습이 그려졌다. 복잡다단한 이들의 역사가 이 조용한 마을을 어떻게 휘저어 놓았을지, 여러 가지 상상이 꼬리에 꼬리를 물었다.

성당 뒤로 포장도로를 따라 5분 정도 걸으면 위세 가득한 일본 가옥을 만난다. 마쓰우라 사료박물관松浦史料博物館이다. 마쓰우라 가문에 관한 자료와 소장품을 전시하는 곳으로, 나가사키현에서 가장 오래된 박물관이다. 건물은 이 가문이 실제 거주하던 주택이었다고 한다. 마쓰우라 가문은 800년대부터 이어 오는 명문가로, 1550년 포르투갈 선박이 입항한 이래 외교와 무역을 통해 히라도의 발전을 이끌어 왔다.

박물관에 소장된 전통 투구와 갑옷, 다양한 가재도구, 여러 가지 서화와 미술품, 이곳에서만 볼 수 있다는 영주의 혼례품 등이 흥미롭다. 하지만 가장 눈길을 끈 것은 건물, 그 자체였다. 마을이 내려다보이는 언덕에 위치한, 언덕에 올라서도 돌계단을 따라 올라야 닿을 수 있는 영주의 저택은 그 모습만으로도 기세가 당당하다. 집 안 정원에서는 돌담 너머 히라도항 전체를 살필 수 있다. 무역의 중심이 이 작은 항구를 떠나 사세보와 나가사키로 옮겨 갔어도 히라도는 여전히 마쓰우라의 품에 있음을 말해 주고 있었다.

아시아 무역의 중심지였던 히라도항

히라도올레가 히라도항에서 끝나는 것으로 기획되었지만, 히라도의 여정은 여기에서 시작된다. 히라도는 나라 시대 이래로 아시아 본토와 일본 사이의 배가 드나들던 항구였다. 가마쿠라 시대와 무로마치 시대에 마쓰우라 가문이 고려, 송나라와 교역하였다. 센고쿠 시대와 에도 시대 초기에 히라도는 해외교역특히 명나라와 네덜란드 동인도회사의 중심지였다. 1550년에 포르투갈을 시작으로 17세기 초에 영국, 네덜란드와 연결되었다. 1609년에 네덜란드 상관이 설치되었고 쇼군으로부터 교역권을 얻어 일본과 네덜란드 간의 무역이 시작되었다.

교역이 한창 활발할 때 네덜란드 상관은 현재의 히라도항 전역에 걸쳐 있었다고 한다. 그러나 이후 도쿠가와 막부의 쇄국 정책으로 1641년에 히라도의 네덜란드 상관은 나가사키의 데지마로 옮겨진다. 그럼에도 불구하고 히라도 곳곳에는 동서교역의 산물들이 감춰져 있다. 네덜란드의 무역상사 터와 그 부속시설인 담과 우물, 영국 무역상사 터 등은 관광자원으로 이용되기 위해 변신을 경험하고 있다.

히라도 네덜란드 상관은 네덜란드 동인도회사에 의해 설립된 동아시아의 무역 거점이었다. 네덜란드와 국교가 성립되었을 때 건립되어 무역업무 전반을 담당하던 곳이다. 1641년 상관이 나가사키로 옮겨 가면서 허물어졌던 것을 2011년에 복원하여 당시 자료를 전시하는 박물관으로 사용하고 있다. 이 건물은 1639년에 완성된 거대한 석조 창고로, 일본 최초의 서양식 건축물이다. 외관 및 구조는 네덜란드의 건축양식을 따랐으나, 지붕 등 일부분은 일본 건축양식을 사용하였다.

상관을 둘러싼 언덕에는 잿빛 석축이 세워져 있다. 교역이 활발하던 시절 네덜란드 상관 내부가 보이지 않도록 하기 위해서 만든 돌담이라고 한다. 네덜

히라도항 전경

히라도 네덜란드 상관
(출처: ©Houjyou-Minori_Wikimedia Commons)

란드를 의미하는 오란다オランダ가 붙은 돌담, 상관 사람들이 이용했던 우물인 오란다이도, 상관 건축을 담당했던 석공들이 만들었다는 돌다리 오란다바시 등 곳곳에 숨겨진 개항의 흔적들이 답사의 재미를 준다.

시간의 여유가 없어 가지 못했던 히라도성도 빼놓기 아쉬운 명소이다. 히라도성은 18세기 초에 완성된 전형적인 일본 성으로 일본의 여느 성과 같이 천수각에서 바라보는 조망이 매우 뛰어나다고 한다. 히라도항을 비롯한 올레길의 주요 명소는 물론 히라도 대교, 동해 상에 있는 무인도 코지마의 원시림까지도 찾아볼 수 있다고 한다.

히라도 답사는 흐뭇한 미소로 마무리된다. 일본 특유의 친절이 올레의 마지막에 자리하고 있기 때문이다. 답사의 시작점이자 종착점인 히라도 관광안내소 부근에 히라도 온천 우데유うで湯, 아시유あし湯가 있다. 우데는 팔, 아시는 발이라는 뜻이다. 다시 말해 손을 씻고 발을 닦을 수 있는 족욕탕인데 무료이다. 공공장소의 무료 족욕탕은 일본에서도 매우 드문 경우라고 한다. 그런데 이곳 미인 온천이라 불리는 히라도 온천은 제한 없이 맘껏 즐길 수 있다. 시설과 수질 관리가 비교적 잘 이루어지고 있어 히라도 주민들도 자주 이용한다고 한다. 겨울에는 엉덩이도 따듯하게 깔개를 이용할 수 있다. 물론 마시면 안 된다. 음용불가!

장규진 고려대 대학원 지리학과 졸업

오구니, 구로가와

인간을 품은 아소산 … 농촌관광

규슈의 살아 있는 심장, 아소산

대한 해협을 사이에 두고 경상남도와 마주하고 있는, 한국에서 두 시간 남짓이면 도착하는 규슈는 일본 열도를 구성하는 네 개의 주요 섬 중 최남단에 위치하며 남한 면적의 42% 정도 되는 섬이다. 온천 여행으로 유명한 규슈의 중심부에는 온천을 만들어 내는 원천이자 규슈의 심장과도 같은 활화산 아소산이 자리하고 있다.

아소산은 둘레 128km의 거대한 활화산이다. 분화구의 함몰로 만들어진 아소산의 칼데라는 세계에서 두 번째로 큰 규모로 그 높이는 1592m이다. 현재에도 크고 작은 폭발이 이어지는 유황 냄새 가득한 곳이다. 현재 아소산의 모습은 약 10만 년 전에 화산활동으로 생성된 것으로 다섯 개의 분화구로 구성되어 있다. 아소산은 잘 정비된 산책로를 따라 도보로 올라가거나 케이블카를 이용해 올라가면 된다. 규슈를 방문한다면 누구나 접근이 가능하다. 아소산의 중턱에 이르면 유황 냄새와 연기로 가득한 이소산의 활동성에 놀라게 된다. 정상에 도착하여 유황 연기로 가득한 분화구를 내려다보고 있노라면 빨려들어 갈 것 같은 신비한 느낌과 약간은 무서운 감정을 금할 수가 없다.

분화구 주위에서 구입한 유황계란을 까먹으면서 아소산을 내려오다 보면 야트막한 능선을 따라 케이블카를 타고 내려오는 사람들과 가까운 거리에서 손인사를 나눌 수 있다. 활화산 위에서의 이러한 재미있는 광경과 아소산의 절경이 조화를 이루면서 평화로운 한 장면 위에 놓일 수 있게 된다.

온천 증기로 가득찬 오구니 마을

아소산에서 북쪽으로 20km 떨어진 곳에 증기 마을로도 유명한 오구니 마을에 들러 보는 것을 추천한다. 인구 9700여 명에 불과한 이 산간 마을은 지역 자원인 삼나무를 이용한 조형미 넘치는 건축물로 일약 관광도시로 떠올랐다. 이 건축물들을 보기 위해 연간 100만 명 이상의 사람이 마을을 찾는다고 한다.

오구니 마을로 들어서면 가옥, 농경지를 포함하여 마을 전체가 온천 연기로 뒤덮여 장관을 이룬다. 자세히 보면 길가의 작은 개울에서도 연기에 피어오르고 만져 보면 온천수인 것을 확인할 수 있다. 방문객의 놀란 표정과 기념 사진 뒤로 평화로운 마을 주민의 일상이 펼쳐진다. 도로의 아스팔트 구멍 사이로도 수증기가 뚫고 올라오는 정도이기에 마을 아래에 온천수가 콸콸 흐르고 있는 온천 마을인 것을 알 수 있다. 신기한 것은 농경지 바로 옆 주변에도 뜨거운 온천수가 흘러 수증기가 올라오고 있는데도 농사가 이루어지고 있다는 사실이다. 아마도 화산재로 인해 토양이 비옥한 때문일 것이다. 마을 사람들은 찜 요리를 해 먹거나 난방에도 이용하는 등 지열과 수증기를 적극 활용하는 것으로 유명하다. 각 가정에는 당연히 자연 온천장이 있고 료칸을 운영하지 않더라도 온천은 주민들의 일상생활 속에 깊숙이 자리하고 있다. 이 독특하고 자연친화적인 모습을 보기 위해 수많은 관광객이 이 오지 마을을 방문한다고 하니 이들에게 아소산은 어떤 존재일지 궁금해진다.

아소산 자락의 작은 마을, 구로가와

오구니와 멀지 않은 아소산 자락에 또 하나의 작은 온천 마을 구로가와가 있다. 구로가와는 대규모 상업적 온천 마을로 유명한 유후인에 비하면 작은 온천이 즐비한 아담한 시골 마을이다. 계곡을 사이에 두고 온천이 쭉 이어진 운치 있는 마을에 들어서면 유카타를 입은 사람들이 전부 대나무 조각을 들고 돌아다니는 것을 보게 된다. '데가타'라고 하는 대나무패인데, 구로가와의 24개의 노천 온천 중 세 곳을 골라 이용할 수 있는 이용권이다. 구로가와는 유후인의 상업적 화려한 느낌과 오구니의 정겨운 느낌을 반씩 닮은 모습이다. 거리 곳곳은 기념품을 파는 예쁜 상점이 즐비하고 전통 료칸과 전통 가옥이 아담히 이어져 있다. 계곡 물길을 따라 산책하다 보면 길을 걷는 것만으로도 힐링이 되는 듯하다.

규슈에는 살아 있는 화산 아소산, 그리고 이 산이 만들어 낸 온천, 또 이것에 기대어 살아가는 인간이 공존한다. 폭발의 위험에도 불구하고 이 산이 주는 선물에 감사하며 살아가는 주민들의 모습에서 아소산이 인간을 품은 것인지, 인간이 아소산을 품은 것인지 모호하다는 생각을 하게 되었다.

성혜진 고려대 대학원 지리학과 졸업

쓰시마

멀고도 가까운 해외 여행지 … 섬관광

한 시간만 가면 해외여행!

흔히들 일본을 가깝고도 먼 나라라고 한다. 그렇다면 쓰시마대마도는? 가깝고도 가까운 해외 여행지이다. 한국의 부산에서 쓰시마까지는 49.5km에 불과하지만 일본 본토의 후쿠오카에서는 132km나 떨어져 있어 오히려 우리나라가 더 가깝다. 부산 국제여객터미널에서 배를 타면 1시간 10분 만에 쓰시마의 히타카츠항에 도착한다. 쓰시마 북쪽 해안의 한국전망대에서는 맑은 날에 부산항의 일부가 보이고 운이 좋으면 밤에는 부산의 야경과 불빛도 보인다고 할 정도이다.

우리나라와 가까운 건 분명한데 가깝다는 표현을 중복해서 쓴 이유는? 우리나라와 관련된 볼거리가 많기 때문이다. 전통적으로 한반도와 대륙으로부터 문화적 영향을 많이 받기도 했지만, 쓰시마는 한반도와 일본 열도 사이에서 치열한 외교와 교류를 통해 살아남은 곳이다. 당연히 한국과 관련된 장소가 많고 이런 곳들은 한국 관광객의 관심을 자아내기에 충분하다. 실제로 쓰시마는 관광사업에 대한 의존도가 높으며, 주 고객은 한국 관광객이다. 쓰시마는 서울시

이즈하라의 조선통신사길

편백나무나 삼나무로 구성된 울창한 삼림

보다 조금 큰 면적에 불과할 뿐더러 더구나 그 면적의 89%가 산지이다. 농사를 지을 만한 넓은 경지도 없고 울창한 삼림자원을 제외하면 공업용 자원도 거의 없다. 주변 나라들과 교역에 섬의 운명을 걸어야 할 상황이었다.

하나의 도시, 쓰시마

직접 답사를 가서야 알았다. 쓰시마섬 자체가 하나의 시市였다. 보통 우리는 쓰시마섬 또는 대마도라고 호칭하기에 이런 사실은 직접 가 봐야 알 수 있을 것 같다. 과거 일본의 봉건체제에서 쓰시마는 전국의 수많은 번藩 가운데 하나였다. 그러나 1868년의 메이지 유신 이후 단행된 이른바 폐번치현廢藩置縣 정책에 따라 쓰시마는 지방 봉건영주가 독자적으로 다스리던 번에서 일본 중앙정부의 지배를 받는 하나의 행정구역으로 그 지위가 낮아진다. 그리고 2004년 3월 1일자로 이즈하라, 마쓰시마, 도요, 미네, 가미아카타, 가마쓰시마 여섯 개 마치町가 통합되면서 쓰시마시로 승격되었다.

그렇다면 쓰시마는 어느 현 소속일까? 본토와의 거리상으로 본다면 쓰시마는 일본 규슈의 후쿠오카에 가깝다. 쓰시마 사람들의 생활권을 고려해 보았을 때도 후쿠오카가 더 유리하다. 해상교통도 후쿠오카와 연결되어 있다. 하지만 쓰시마에 막상 가 보니 자동차 번호판에는 나가사키라고 쓰여 있었다. 산업기

반이 약하고 이제는 중앙정부에 예속된 한 고을에 불과하다 보니 나가사키현에서 제공하겠다는 지역발전기금을 포기할 수 없었다고 한다. 행정구역은 나가사키이지만 사실상의 생활권은 후쿠오카, 그리고 그들은 후쿠오카를 연고지로 하는 소프트뱅크 호크스 야구팀을 응원한다. 사실 규슈의 프로 야구팀은 여기밖에 없긴 하지만 말이다.

쓰시마와의 만남, 그리고 적응

부산 국제여객터미널에서 배를 타고 히타카츠항에 내렸다. 아무리 가깝지만 외국은 외국인지라 입국 수속을 거쳐야 한다. 제일 먼저 찾은 곳은 렌터카 업체이다. 쓰시마에 머물 동안 나의 발이 되어 줄 렌터카를 사전 예약해 두었기에 도착하자마자 수령하러 갔다. 일본 사람들이지만 충분히 의사소통이 되었다. 앞서 말한 대로 쓰시마의 주 수입원은 한국 관광객의 지출이다. 따라서 한국 관광객을 위한 맞춤형 서비스가 잘 준비되어 있었다. 차량의 네비게이션도 한국어로 되었다. 다만 불편한 건 핸들이 우리와 반대라는 것이다. 이건 어쩔 수 없다.

쓰시마, 어디를 가 볼까?

히타카츠와 가까운 한국전망대부터 찾았다. 한국전망대 옆에는 1703년 한국 역관 108명이 암초 때문에 배가 침몰하여 전원 사망한 것을 추모하는 비석이 있고, 내려다보이는 와니우라 해안은 과거 한반도로 가는 일본인들을 심사하는 일종의 출입국관리사무소가 있던 곳이다. 이래저래 한국과 연관 깊은 장소이다.

처음에 답사를 준비할 때는 아무래도 한국과 관련이 있는 장소를 답사 대상지로 우선해 선정하기 마련이다. 한국전망대 외에도 이즈하라에 있는 덕혜옹주의 결혼기념비, 조선통신사 기념비와 조선통신사 거리, 조선통신사들이 묵었던 사찰, 백제에서 전해진 것으로 추정되는 일본에서 가장 오래된 은행나

리아스식 해안의 진수, 쓰시마의 해안선

무, 러일전쟁 관련 유적지들….

그러나 점차 쓰시마섬의 독특한 자연환경과 인문환경에 더욱 관심이 갔다. 리아스식 해안의 진수를 맛볼 수 있는 에보시다케烏帽子岳 전망대, 시대별로 굴착한 운하들인 고후나코시小船越·오후나코시大船越·만제키万關, 신생대 퇴적층이 굳어진 아지로網代의 연흔, 쓰시마 전체를 거의 뒤덮다시피 한 울창한 삼나무와 편백나무 숲, 북서풍으로 형성된 바닷가의 풍향수, 거친 바람으로 인한 화재를 막기 위한 이즈하라 무사가옥지구의 돌담과 이시야네石屋根라 불리는 돌지붕 창고, 독특한 가옥과 벌통, 꼬불꼬불하고 비좁은 도로, 옛 쓰시마 번주 관련 유적들… 심지어 일본어와 나란히 표기되어 걸려 있는 한국어 간판들, 인구 3만 2000명에 걸맞지 않는 대형마트들, 독특한 먹거리와 맛집도 모두 내 눈에는 답사의 대상이었다.

천종호 고려대 대학원 지리학과 졸업

골프와 스키의 성지 … 스포츠관광

쾌적한 기후의 홋카이도

홋카이도는 일본에서 가장 북쪽에 위치해 있다. 겨울이 되면 오호츠크해 습기를 머금은 해풍이 불어 눈이 많이 내린다. 하지만 여름에는 장마가 거의 없으며 기온도 일본에서 시원한 지역 중 하나이다. 따라서 홋카이도는 스포츠의 성지라고 불릴 정도로 많은 사람이 스포츠를 즐기러 방문한다.

홋카이도의 많은 스포츠 중 골프는 전 세계적으로 유명하다. 특히 한국인이 여름에 가장 많이 찾는 골프장 중 하나이다. 여행 기간 동안 골프를 치다 보니 왜 홋카이도로 찾아오는지 그 이유를 알게 됐다. 첫 번째 이유로는 교통이 편리하기 때문이다. 공항에서 90분 정도 소요되는 거리에 위치해 있으며 JR철도 노선, 고속도로가 잘 정비되어 있어 삿포로를 비롯해 주요 도시까지의 교통편이 매우 편리하다. 두 번째 이유는 잔디의 매력이다. 한국의 골프장은 거친 잔디로 골프를 치기 어려운 반면, 홋카이도 골프장은 대부분 양잔디를 이용한다. 양잔디는 눈에 강한 서양 잔디와 비교해 봤을 때 잎이 가는 것이 특징이다. 그린에서 빠르고 부드러운 터치감을 느낄 수 있기에 초보자들도 쉽게 골프를

루스츠 리조트 경관

칠 수 있다. 마지막으로는 날씨 때문이다. 한국 여름은 덥고 긴 장마로 인해 골프를 즐기기가 어려운 반면 홋카이도는 장마가 거의 없으며 날씨 또한 덥고 습하지 않아 골프를 치기에는 최적의 날씨이다. 그리고 사계절이 뚜렷하여 계절마다 서로 다른 모습으로 풍경이 변화한다. 골프를 즐기는 시간 외에도 홋카이도의 다른 명소에서 사계절의 매력을 느낄 수 있다.

스포츠관광의 성지

홋카이도는 스포츠관광의 성지라고 볼 수 있다. 특히 한국인들이 가장 많이 찾는 골프장은 루스츠무라의 고원에 있는 루스츠 리조트이다. 골프장 외에도 4개의 호텔과 12개의 레스토랑, 다양한 기념품을 판매하는 19개의 숍이 있으며 호텔 간에는 모노레일로 이동하면서 산책을 즐길 수 있다. 또한 여름에서 가을 동안은 60개 이상의 놀이기구를 운영하면서 매달 다른 이벤트를 진행한다. 꼭 스포츠를 즐기지 않더라도 가족 여행으로 오기 좋은 곳이다.

루스츠 골프장은 유명 프로골퍼가 설계하고 직접 감수했다. 홋카이도 최대 규모로 4코스 72홀이며 대자연과 함께 골프를 즐길 수 있다. 여행 둘째 날에 1코스와 2코스를 아침저녁으로 라운딩했다. 1코스는 타워 코스로 일본을 대표하는 오자키 마사시 프로가 대자연을 무대로 지역성을 살린 코스이다. 그린과 선명하게 대조를 이룬 흰색 자작나무 숲이 인상적이다. 2코스인 이즈미카와 코스는 코스 넘어 우뚝 솟은 거대한 산봉우리가 특징이다. 초급자가 쉽게 즐길 수 있는 코스이다. 다음 날에는 3코스와 4코스를 즐겼다. 3코스인 리버 코스는 네 개의 코스 중 가장 어려운 코스로 골프의 진수를 느낄 수 있다. 너무 어려워서 초보자인 나는 적응하기가 어려웠다. 마지막 우드 코스는 자연 해저드와 아름다운 자연경관을 최대한 활용한 전략성 높은 코스 레이아웃을 보여준다. 너무 아름다워 골프장보다는 자연경관을 보러 온 기분이었다.

가족과 함께하면 더욱 좋은…

리조트의 매력은 골프장에서 끝나지 않는다. 또 다른 매력은 온 가족이 함께 다양한 레저활동을 즐길 수 있다는 것이다. 카누, 승마, 열기구, 래프팅 등 홋카이도의 자연을 만끽할 수 있는 다채로운 프로그램이 준비되어 있다. 루스츠 리조트는 홋카이도의 중심에 위치해 있어 홋카이도의 관광명소를 찾기에도 제격이다. 신선한 우유로 만든 버터와 치즈의 제조공정을 견학할 수 있는 후라노 치즈공방, 우리나라 사람들에게도 친숙한 홋카이도의 명물 삿포로 맥주로 축제를 벌이는 삿포로 비어가든, 삿포로의 여름밤을 장식하는 도요히라가와 불꽃대회, 수많은 해바라기를 감상할 수 있는 호쿠류초 해바라기 축제 등 다양한 이벤트를 많이 즐길 수 있다. 그리고 8월에는 약 3주간 불꽃놀이를 진행하여 리조트 안에서뿐만 아니라 골프를 하는 중에도 볼 수 있다.

레저활동뿐만 아니라 놀이동산도 있다. 리조트 안에 있는 놀이동산이라 크기가 작을 것 같지만 규모가 엄청나다. 롤러코스터와 관람차 등 우리나라 주요 놀이동산과 비교해도 손색이 없을 정도로 놀이기구가 많고 테마를 갖추어 꾸며 놓은 모습 또한 훌륭하다. 골프를 치고 가족과 저녁 시간에 다른 활동을 하고 싶다면 놀이동산을 방문하는 것도 좋다.

김중호 고려대 지리교육과 졸업

오키나와

섬 속의 이야기 ... 섬관광

또 다른 일본, 오키나와

오키나와 하면 떠오르는 이미지는 에메랄드 빛의 바다와 해변이다. 일본이면서 일본이 아닌 듯한 섬, 그곳은 일본인들도 푸른 바다와 이국적인 느낌을 원한다면 꼭 가 보라고 권유하는 곳이다. 하와이와 비슷한 맑고 푸른 바다가 있고, 밤하늘에 총총 박힌 별을 볼 수 있는 곳, 일본인도 꼭 가 보고 싶은 휴양지로 꼽는 곳인 오키나와. 혹자는 오키나와 여행을 두고 '또 다른 일본'을 찾아가는 길이라고 말한다.

오키나와는 정확히 말하면 단순히 섬이 아니라 섬들이다. 가장 큰 섬인 나하를 중심으로 160여 개의 섬이 흩어져 있으며 그중 사람이 사는 유인도는 48개 정도 된다. 일본이지만 아열대기후를 즐길 수 있는 지역이고, 타이완에서 불과 200km 떨어져 있어 일본 본토보다 타이완이 훨씬 가깝다. 따라서 19세기까지만 해도 오키나와는 타이완의 영향을 받은 중국 문화권에 속했고, 이후 주변 국가와 교역하면서 독특한 문화를 이루어 나가다가 제2차 세계대전을 겪으면서 미국의 지배 시기가 있었으며 이후 일본에 복속되었다. 본토에서 떨어진 섬나라이기에 가질 수 있는 문화가 가득한 곳, 이곳에서는 연신 사진을 찍고 유명한 관광지를 비쁘게 돌아다니는 치열한 여행은 잊어도 좋다. 푹 쉬면서 섬에 녹아 있는 오키나와만의 문화를 느끼고 토속음식을 먹으면 지친 몸과 마음이 편안해 질 것이다.

오키나와의 비치

오키나와를 찾는 이들은 일본 본토와는 다른 오키나와의 모습을 느끼고자 여행을 시작한다. 우선 빠질 수 없는 것이 비치에서의 휴식이다. 오키나와의 비치는 해수욕과 같은 단순한 놀이를 즐기는 곳이 아니다. 연인끼리 아름다운 석양을 보며 감탄할 수도 있고, 가족끼리 바비큐 파티를 즐길 수도 있는 하나의 아름다운 문화공간이 된다.

선셋 비치는 더비치타워 오키나와 호텔 앞에 펼쳐진 인공 비치로, 마하마 아메리칸 빌리지 내에 위치해 있다. 이름 그대로 아름다운 석양을 즐길 수 있는 이곳은 일상에 지쳐 바라보던 노을과는 다른 오키나와만의 노을을 볼 수 있는 명소다.

아하렌 비치는 오키나와 본섬에서 최고의 투명도를 자랑하는 곳으로 수심 1m의 스노클링으로도 열대어가 보일 정도이다. 바다의 색뿐 아니라 주변 섬과 어우러진 풍경도 매우 아름다운데, 더 좋은 것은 전체 약 800m의 백사장에서 각종 해양 스포츠를 즐길 수 있다는 점이다.

미이바루 비치는 오키나와 남부를 대표하는 천연 비치로 여러 모양의 기암괴석이 자연 그대로의 아름다운 경관을 보여 준다. 이곳에서는 넓고 잔잔한 물결에서 해수욕과 해양 스포츠를 즐기는 여행객도 심심치 않게 볼 수 있을 것이다.

이케이 비치는 인기 드라이브 코스인 해중도로의 끝에 위치한 섬이다. 도로 끝에 위치한 이케이섬 입구의 이 비치에서는 가족 여행객들이 해양 스포츠를 즐기고 해변에서 바비큐 파티를 즐기기도 한다.

해양 스포츠

천혜의 자연환경을 가진 오키나와의 바다에서 해양 스포츠 즐기는 것을 빼놓으면 너무나 아쉽다. 어딜 가나 바다를 쉽게 접할 수 있는 만큼 이곳에서는 해양 스포츠를 즐길 기회도 많다. 대부분의 리조트나 게스트하우스에서 해양 스포츠를 즐길 수 있도록 전문 업체를 연결해 주기에 여행객들은 어렵지 않게 해양 스포츠를 즐기러 갈 수 있다. 그중 몇 가지를 소개해 보려 한다.

시 워커Sea Walker는 3월부터나 가능하다. 시 워커는 우주인의 헬멧 같은 유리관을 쓰고 바닷속으로 들어가 산책하는 바다 체험이다. 물속에서는 두 명씩 짝을 지어 다이버 안전요원의 보호를 받으면서 물고기에게 먹이를 주거나 수중 사진을 찍는다. 오키나와 섬의 맑은 바닷속을 들여다보는 체험, 그 투명함을 느껴보는 것도 좋을 것이다.

트롤링은 먼 바다에 배를 타고 나가 사람의 몸과 맞먹는 크기의 물고기를 낚는 것이다. 호텔이나 리조트에서 트롤링 패키지를 제공하는데 이를 이용하면 보다 편리하게 즐길 수 있으며 해양자원이 풍부한 섬의 매력을 한껏 느낄 수 있다.

파라세일링은 구명조끼를 입고 특수한 낙하산을 매고 달리는 보트와 연결하여 하늘로 날아오르는 스포츠이다. 상공에서 방해물 없이 오키나와 바다를 시원하게 내려다볼 수 있고 내려올 때는 바다에 풍덩 빠지는 짜릿함도 느낄 수 있다.

비치와 해양 스포츠 외에도 섬이 가지는 매력은 섬만의 한적함이 아닐까. 오키나와에는 다수의 산호초 섬이 있는데 이곳 중에는 과거 무인도였다가 유인도가 된 섬도 존재한다. 민나섬은 모토부반도에서 7km 떨어진 거리에 위치한, 둘레 약 5km에 불과한 작은 섬으로 100여 년 전부터 사람이 살기 시작하여 현재 50여 명의 주민이 상주한다. 고속여객선을 타고 이 섬으로 들어가면 사람이 사는 곳이 맞나 싶을 정도일 것이다. 소박한 민박과 배 시간에 맞추어 영업하는 매점, 그리고 한시적으로 영업하는 식당이 존재할 뿐이다.

미야코 제도

미야코 제도는 본격적인 섬 여행을 하고 싶은 사람들이 많이 찾는 곳이다. 본섬과 주변 여덟 개의 유인도로 구성된 이 섬은, 바다로 흘러들어 가며 오염시키는 강이 없어 정말 투명하디 투명한 바다를 자랑한다. 각각의 섬은 교각, 페리 혹은 항공기로 연결되어 있으며 섬의 인구는 약 5000명 정도이다. 아열대기후를 나타내는 오키나와에서도 따뜻한 곳으로 꼽힌다.

미야코섬의 매력은 뭐니뭐니 해도 바라보기만 해도 좋은 멋진 바다가 아닐까 싶다. 이 섬 곳곳에서 매력적인 바다를 느낄 수 있는데, 미야코섬에서 바다를 즐기려는 사람이라면 스나야마의 새하얀 모래사장과 코발트블루의 바다가 어우러진 풍경을 보자. 섬의 시청 중심으로 발달한 시내에서 가까워 비교적 교통이 편리하기 때문에 푸른 하늘과 저녁 노을을 즐기려는 사람들이 많이 모이는 곳이다.

마에하마 비치도 미야코 제도에서 빼놓을 수 없는 명소다. 요나하마에하마 비치는 해안선의 길이가 7km에 달하는 백사장인데, 그중 일부가 마에하마 비치다. 이곳은 동양 제1의 비치로 꼽힌다. 유명한 바닷가라 하여 우리나라의 해운대 해수욕장을 떠올릴 필요는 없다. 이곳은 백사장이 넓어 성수기와 비수기 할 것 없이 사람이 붐비지 않는다. 해안으로 흘러드는 쓰레기도 거의 없어 매우 깨끗하다. 비치 오른쪽에는 호화로운 리조트와 호텔이 위치하고 있으며 맞은편에는 또 다른 섬인 구리마섬이 보인다. 비치에서 각종 수상레저를 즐길 수도 있다. 하지만 미야코섬의 바다를 느끼기 위해서라면 매점에서 파라솔을 빌려 눕거나 백사장 위에 자유롭게 누워 가만히 경치를 감상하는 것은 어떨까.

이한슬 고려대 지리교육과 졸업

제2장 중국

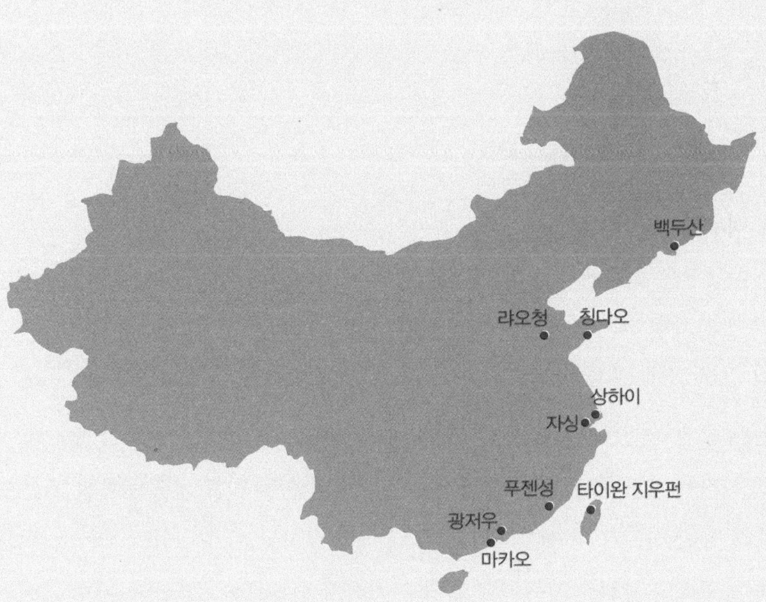

무지개 빛깔 매력을 지닌 산 … 자연관광

백두산

백두산은 공항에서 멀리 떨어져 있기는 하지만 주차장에서 정상까지 걸어서 올라가면 4~5시간 동안 백두산을 관망할 수 있기 때문에 시간을 내서 가볼 만한 관광지이다. 또한 천지를 둘러싸고 동서남북 네 가지 코스를 통해 정상에 오를 수 있다. 그리고 각 코스마다 계절별로 장관이 연출되기 때문에 어느 시기에 가도 좋다. 다만 경사가 높은 코스가 있는 만큼 겨울에 가면 특정 코스로 등반 하는 것이 제한될 수 있으니 미리 알아보고 가야 한다. 내가 다녀온 북파 코스의 장점은 자동차로 정상 근처까지 이동하여 10~15분 정도 걸어가서 정상에 도착하는 코스와 장백폭포 옆길을 이용하여 천지에 올라가는 코스 두 가지가 존재한다. 즉 하루에 정상에도 오르고 천지를 눈앞에서 볼 수 있다는 장점이 있다. 이 외에 동, 서, 남으로 세 가지 코스가 더 존재하며 동파 코스의 경우에는 북한을 통해서 가야 하는 코스이다.

● 입구

백두산임을 알리는 입구에는 큰 문과 매표소가 위치한다. 방문 당시 입구 앞쪽에 산을 오르는 사람을 위해 먹을 것과 마실 것을 파는 상점이 즐비했다. 또한 관광객을 대상으로 돈을 내면 호랑이와 사진을 찍게 해 주는 사람들이 있어서 기념으로 한 장 찍었다. 현재는 깔끔한 모습으로 재정비하여 상인들이 사라진 모습을 볼 수 있다.

백두산 입구

● 장백폭포

북파 코스에서 백두산 입구를 지나 차로 올라가면 도착할 수 있는 장백폭포다. 높은 절벽에서 내리는 물을 보면 마음이 시원하게 뻥 뚫리는 기분을 느낄 수 있다. 백두산 정상부는 습도가 높고 비가 자주 내리기 때문에 옷이 젖을 수 있어 편안한 복장으로 가는 것이 좋다. 폭포 주변에서 우비를 파는 상인이 많기 때문에 따로 우산이나 우비를 준비할 필요는 없다.

장백폭포

● 천지

백두산 북파 코스에서 장백폭포 뒤쪽의 코스를 오르면 평지가 쭉 펼쳐져 있다. 평지를 10분 정도 걸어가면 천지에 도달할 수 있다. 이 코스를 통해 천지에 도달하면 높은 경치에서 산 전체를 관망할 수는 없지만 천지에서 보트를 타거나 넓은 평지를 걸으며 구경할 수 있다는 장점이 있다. 백두산 정상을 차를 이용해 다녀온 뒤 다시 폭포로 내려온 후 걸어서 천지를 향하면 백두산의 이모저모를 구경할 수 있다.

● 정상

천지

북파 코스에서 차로 정상부까지 이동 후 10~15분 정도 걸어서 백두산 정상에 도착할 수 있다. 이곳은 백두산 천지를 전체적으로 조망할 수 있는 곳이다. 이곳에 비가 오거나 안개가 끼는 경우가 많아서 흔히 알려진 사진과 같은 경치를 볼 수 있는 확률은 50% 정도라고 한다. 이곳에서 왼쪽 편을 보면 북한 쪽을 통해서 백두산을 관광 온 사람들도 볼 수 있다. 맑은 날씨에는 천지에 반사된 하늘과 산 능선이 어우러진 멋진 경치를 구경할 수 있다.

광개토대왕릉비

광개토대왕릉비

비록 중국 땅에 있지만 명백히 우리의 역사적 유물이다. 그 비석의 모습에서 고구려의 기상을 느낄 수 있었다. 그러나 아쉬운 점은 공항에서도 멀리 떨어져 있으며 다른 관광지와도 떨어진 곳에 위치하고 있다는 점이다. 그러므로 렌터카 혹은 패키지투어를 이용하여 방문할 것을 추천한다. 방문 당시에는 광개토대왕릉비가 개방되어 있었지만 현재에는 훼손 방지를 위해 유리로 보호되어 있다.

윤동주 생가

연길시는 표지판 및 많은 간판에 한글과 한자가 같이 쓰여져 있다. 연길시에 위치한 윤동주 생가의 비석 역시 한글과 한자가 같이 쓰여져 있다. 윤동주 생

윤동주 생가

가 인근에는 동성중학교가 위치한다. 이 두 곳은 한국 독립운동의 흔적을 엿볼 수 있는 관광지로 동성중학교 내부에는 독립운동과 관련된 사료들이 전시되어 있으며, 윤동주의 묘와 비석이 위치하고 있다.

중조국경지대

연길 시내에서 멀지 않은 곳에 위치한 중조국경지대는 중국과 북한의 경계 지역이다. 두만강을 따라 산책로, 공원 등을 갖추고 있어서 여유롭게 걸으면서 강 건너의 북한 지역을 구경할 수 있다. 북한과 인접해서 구경할 수 있다는 점 때문에 대부분의 관광객은 한국인이다. 연길 시내에서 가깝기 때문에 부담 없이 다녀올 수 있으므로 연길시를 방문한다면 가 볼 만한 관광지이다.

유샘 고려대 지리교육과 졸업

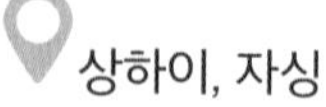

상하이, 자싱

독립운동의 발자취를 따라서 … 다크투어리즘

다크투어리즘이란 재난 지역이나 참상지를 보면서 반성과 교훈을 얻는 여행으로 특별목적관광의 한 형태이다. 문화유산관광과 순례관광의 성격을 포함하며, 교육적 목적을 지닌 관광이며 암흔관광, 블랙스폿, 사거관광이라고 불린다. 죽음, 재난, 재해 관련 장소, 전쟁 등 비극적 역사의 현장을 회상하고 관련한 교훈을 교육한다.

독립운동의 심장, 대한민국임시정부청사

이번 여행을 통해 독립운동의 근거지였던 대한민국임시정부청사와 독립운동 흔적이 남아 있는 사적지를 방문함으로써 애국심을 고취시킬 수 있었다. 처음으로 갔던 곳은 상해 신천지 주변에 위치한 대한민국임시정부청사였다. 그곳에는 독립운동 당시 독립을 위해 힘쓰셨던 분들의 흔적이 남아 있었다. 당시 찍은 사진부터 오래된 물건, 그리고 그곳에서 계획하고 실행했던 여러 활동에 대한 설명까지 많은 독립투사의 흔적을 찾아볼 수 있었다. 하지만 관리 측면은 조금 안타까웠다. 국내가 아닌 해외에 있는 건물이기에 관리가 소홀히 되고 있는 것은 아닌지, 무슨 문제가 발생했을 때 해결은 원활하게 진행되는지 등이 걱정되었다.

다음으로 갔던 곳은 자싱에 위치한 김구 선생님 피난처였다. 김구 선생님은 윤봉길 의거 직후 미국인 목사 피치George. A. Fitch 집에 은신하였다가 목사 부부의 도움으로 자싱으로 피신하였다. 김구 선생님은 이곳에서 광동 출신 중국인으로 행세하며 처녀 뱃사공 주애보와 지냈으며 '장진구', '장진'이란 가명을 사용하였다. 근처 임시정부 요인들조차 김구 선생님이 자신들 가까이에 살고 있는 것을 몰랐다고 한다. 피난처에는 작은 장롱 두 개 정도와 작은 침대가 놓여 있었다. 생활하기 편한 환경이 아니었기에 많이 안타까웠다.

다음 답사 장소는 상하이 창닝취에 있는 만국공묘였다. 만국공묘는 상하이에서 독립운동가로 활동하다 돌아가신 한인들의 묘가 모여 있는 곳이다. 이곳에 한국인으로 추정되는 묘는 14기가 있으며, 여기에는 우리가 잘 아는 박은식 선생님, 신규식 선생님, 김인전 선생님, 안태국 선생님, 노백린 선생님의 묘가 포함되어 있다. 국가를 위해 헌신하다 먼 타지에서 돌아가신 여러 독립운동가분의 묘를 하나하나 보고 경례를 함으로써 그들의 독립활동과 희생정신을 기리고 추모하는 시간을 가졌다.

윤봉길 의사의 결의가 살아 있는 홍커우 공원

마지막 답사 장소는 윤봉길 의사 의거 현장인 상하이 시가지 북동쪽에 자리하고 있는 홍커우 공원현 루쉰 공원이다. 1932년 4월 29일 홍커우 공원에서는 천장절 기념식과 상하이사변 승리축하식이 열렸다. 이때 윤봉길 의사는 일본인으로 가장하여 기념식에 잠입하였고, 오전 11시 40분경 도시락 폭탄을 바닥에 내려놓고 물통 폭탄을 연단을 향해 던졌다. 이 의거로 상해의 일본거류민단장 가와바타는 즉사하고 상해 파견군사령관 시라카와는 중상을 입고는 5월 24일 사망하였다. 또 많은 일본의 요인이 중상을 입었다. 이후 윤봉길 의사는 현장에서 잡혀 일본 군법회의에서 사형을 선고받았고, 12월 19일 총살형으로 순국

하였다. 이곳 홍커우 공원에는 윤봉길 의사의 의거를 기억하고자 윤봉길 의사 기념관이 세워졌으며, 그 안에서는 의거와 관련된 영상을 상영하고 의거와 관련된 물품들을 전시하고 있었다. 윤봉길 의사의 의거지로 추정되는 장소를 보고 기념관에서 여러 설명을 들으면서 독립운동에 목숨을 바쳤던 윤봉길 의사의 결의를 느낄 수 있었다. 그리고 이곳에서 가장 기억에 남는 것은 우연히 만났던 중국인 할아버지였다. 할아버지께서는 한국인을 만날 때마다 물을 묻힌 붓으로 길바닥에 '영원히 기념, 당대 영웅, 윤봉길 의사' 라는 글귀를 적어주심으로써 윤봉길 의사의 의거를 기념해 주셨다.

독립투사들의 독립운동을 그려낸 영화 〈밀정〉에서 배우 송강호극중 이정출는 이런 말을 한다. "넌 이 나라가 독립이 될 것 같냐? 어차피 기울어진 배야" 이 대사에서 알 수 있듯이 그 당시 독립운동을 지속적으로 하는 것은 쉽지 않은 일이었다. 하지만 대한민국의 독립을 이끌었던 독립투사들은 독립운동을 끝까지 포기하지 않았고, 그때의 독립투사들이 있기에 우리는 지금과 같은 삶을 누릴 수 있음을 잊어서는 안 될 것이다.

최경일 고려대 지리교육과 졸업

랴오청

2000년의 역사와 문화가 흐르는 물과 운하의 도시

…문화역사관광

산둥성의 중심지, 지난시

지난 공항은 규모도 작고 비교적 조용한 분위기였다. 공항의 직원들은 남녀 모두 진한 녹색의 군인 느낌이 나는 단복을 착용하고 근무 중이었다. 다들 무표정에 말도 없는 편인지라 엄숙한 분위기마저 느껴졌다.

이렇게 지난 공항을 나와 한 시간 반 정도 더 차를 타고 내륙 쪽으로 고속도로를 따라 이동하면 랴오청시에 도착한다. 차를 타고 가는 도중, 창밖으로 끝없이 펼쳐지는 논밭들 사이로 황토 빛의 강줄기 하나가 지나간다. 바로 4대 문명의 발상지 중 하나인 황하이다. 하지만 실제의 황하는 상상했던 황하와는 사뭇 다른 모습이었다. 거대하고 웅장한 기운마저 느껴질 것 같던 상상 속의 황하와는 달리, 실제 황하는 어딘지 모를 정겨운 느낌마저 느껴질 정도로 소박하고 아담한 분위기였다. 새삼 매일 아침 지하철을 타고 건너는 한강이 얼마나 큰 강인지를 느꼈다. 지하철을 타고 다리를 건널 때 하폭 양끝이 한눈에 전부 담기기 힘든 한강에 비해 황하는 하폭의 양끝이 한눈에 담기고도 주변의 논밭까지 모두 시야에 들어왔다.

황하의 모습

그렇게 계속 차를 타고 가다 보면, 끝이 없을 것 같던 논과 밭이 사라지고 어느새 눈에 띄게 높은 건물들이 보이기 시작한다. 랴오청시의 신시가지에 들어온 것이다. 3년 전 방문했을 때만 해도 낮은 층의 건물도 찾아보기 힘들었던 랴오청시가 벌써 이렇게나 높은 층의 건물이 빽빽이 들어선 것을 보면서, 중국이 얼마나 빠른 속도로 발전하고 있는가를 실감할 수 있었다.

짐을 빠르게 풀고 다시 밖으로 나와 차를 탔다. 차를 타고 향한 곳은 중국에서 가장 큰 인공 호수로 꼽히는 동창호였다. 두보와 이백이 함께 바라보며 시조를 읊기도 했다는 동창호는, 1400년 전 징항대운하와 함께 만들어진 인공 호수로 이 운하와 인공 호수를 만드느라 수나라가 멸망했다고도 한다. 실제로 접한 동창호의 모습은 그러한 얘기들에 부합할 정도로 어마어마한 규모를 자랑했다. 얼핏 봐서는 끝이 보이지 않을 정도로 거대해서 흡사 바다와 같은 모습이었다. 이렇게 거대한 호수를 자연이 아닌 사람의 손으로 만들어 냈다는 사실도 흥미로웠고, 1400년 전에 만들었다는 것도 다시 한번 과거 중국의 문화가 얼마나 발전했었는지를 느낄 수 있게 해 주었다. 이렇게 거대한 인공 호수뿐만 아니라 많은 하천이 랴오청시를 가로지르고 있어서 랴오청시는 예부터 '물의 도시'라고 불렸다고 한다.

거대한 동창호의 중간에는 고성이 위치하고 있다. 동창호가 고성을 감싸고 있는 형태라고 볼 수 있다. 차를 타고 다리를 건너 고성의 안으로 들어가면 옛 모습을 한 건물이 주욱 늘어서 있다. 최근 이곳을 관광지구로 개발하기 위해 고성 복원 공사를 시작했다고 하니 곧 공사가 완료되면 더욱 옛스러우면서도 현대적 깔끔함까지 겸비한 관광지구로 탄생하지 않을까 하는 생각이 들었다.

↑ 광활한 동창호의 모습
↓ 동창호의 가운데, 고성에 위치한 광악루

고성의 중앙에는 홀로 우뚝 광악루가 솟아 있다. 중국 3대 누각 중 하나로 손꼽히는 광악루는 현존하는 명나라 누각 중 최대 크기라고 한다. 그 높이가 약 33m에 달한다고는 하지만, 실제로 본 광악루는 그다지 크게 느껴지지 않았다. 워낙 현대인들은 고층 건물에 익숙해져서일까, 웬만큼 높은 걸로는 별로 높다고 느끼지도 못하는 건가 하는 생각이 들었다. 하루가 다르게 성장하는 도시를 묵묵히 바라보는 광악루는 어떤 마음일까 하는 생각이 들었다. 언젠가 다음에 방문하는 지난시는 분명 오늘 내가 보고 있는 모습과는 많이 다를 것이다.

김소림 고려대 지리교육과 졸업

아시아 최대 규모의 전시회 칸톤페어 ... MICE관광

정보와 지식이 전세계적으로 부가가치를 창출하는 주요한 원천으로 자리하면서 상호교류의 중요성은 지속적으로 증가하고 있다. 이에 최신 정보 및 기술의 교환을 가능하게 하고, 효과적으로 기업의 상품과 가치를 소개하는 전시회의 중요성 역시 지속적으로 높아지고 있다. 이런 세계적 흐름 속에서 주 광저우 대한무역투자진흥공사KOTRA에서 해외인턴으로 근무할 기회를 있었다. 이때 한국 기업이 칸톤페어Canton Fair라는 아시아 최대 규모의 전시회에 참가하는 것과 관련한 업무를 하면서 전시회에 큰 관심을 갖게 되었다. 전시산업은 전시회 개최로 인한 생산 및 고용 유발과 같은 경제적 효과 외에도 관광·숙박·교통 등에 큰 파급 효과를 미쳐 지역 발전에 기여한다. 또 지역 문화의 발전을 도모하고 시민의식을 향상시키는 등 사회·문화적 효과도 수반한다.

육해공 교통의 중심지, 광저우

광저우는 주장삼각주 북단에 위치하고 있다. 중국의 3대강인 주장珠江이 광저우시를 흘러 지나가며, 시장西江·베이장北江·둥장東江 세 하천이 광저우에서 합류한다. 또한 바다 넘어 홍콩과 마카오를 마주하고 있다. 이와 같은 탁월한 지리적 위치로 인해 광저우는 육해공 교통이 골고루 잘 발달되어 있으며 베이징, 상하이, 우한과 더불어 중국의 4대 교통 허브로 알려져 있다. 또한 주장삼각주경제권의 핵심도시인 광저우는 화난 지역의 대표적인 공업 중심지로 제강, 선박, 시멘트 공업, 가정용 전기제품, 식료품, 화학공업, 견방직 공업이 발달해 있다. 게다가 오랜 역사를 통해 축적된 다양한 문화역사 유적과 현대적 도시경관이 어우러져 있어 관광자원이 풍부하며, 이에 비교적 잘 구축되어 있는 교통·숙박·쇼핑·오락 시설 등이 더해져 개혁개방 이래 관광산업이 빠른 속도로 성장한 중국의 대표적인 관광도시로 평가되고 있다.

중국 전시산업의 리더, 칸톤페어

이처럼 광저우는 전시회 개최에 중요한 영향을 미치는 지리적인 위치, 경제적 중심성, 편리한 지역교통체계, 도시 기능 등으로 인해 중국에서 전시산업이 가장 일찍 발달한 지역 중의 하나로 자리매김하였으며, '삼권삼대三圈三帶'로 불리는 중국의 전시컨벤션경제벨트 중 주장삼각주 지역의 핵심도시로 중국 전시산업의 발전을 이끌고 있다.

1957년 '중국수출상품교역회'란 명칭으로 개최된 칸톤페어는 그 후 매년 춘계·추계로 나뉘어 두 번 진행되고 있다. 2017년 추계 칸톤페어를 기준으로, 총 213개 국가 및 지역에서 19만 1950명의 바이어가 참가하였으며, 누적 수출매출은 전년 대비 8.2% 증가한 1986억 5000만 위안미화 301억 6000만 달러을 기록했다고 알려져 있다. 넓은 전시장을 가득 메운 세계 각국에서 온 인파와 참가업체의 수에 정말 놀랐다. 실제로 칸톤페어 개최는 광저우에 경제·관광, 사회·문화, 도시 발달 등 다양한 측면에 큰 효과를 가져오며 지역 발전에 큰 영향을 미쳤다. 칸톤페어의 사례는 우리나라 역시 세계적인 브랜드 파워를 지닌 전시회를 적극적으로 개발 및 개최할 필요가 있다는 점을 시사한다.

이 외에도 중국에는 베이징이 핵심인 환발해 전시컨벤션경제벨트, 광저우

↑ 칸톤페어가 개최되는 파저우전시장의 일부 모습
↓ 인산인해를 이루는 전시장

각기 다른 동을 연결해 주는 에스컬레이터와 미니버스 ↑
다양한 무역 상담이 이루어지는 전시장 내부 ↓

가 중심인 주장삼각주 전시컨벤션경제벨트, 선양·다롄·하얼빈이 중심이 되는 동북 전시컨벤션경제벨트, 우한·정저우·시안을 중심으로 한 중서부 전시컨벤션경제벨트, 청두·충칭·쿤밍이 중심인 서남부 전시컨벤션벨트가 있다.

✐ 김민지 고려대 대학원 지리학과 졸업

푸젠성

세계문화유산 토루 … 건축여행

자연과 인간이 어우러진 공간, 토루

2008년 세계문화유산으로 선정된 푸젠 토루福建 土樓는 공동생활과 방어의 목적을 지닌 흙으로 만든 독특한 형태의 주택이며, 주변 환경과 조화를 이루는 인류정주 공간의 뛰어난 예이다. 푸젠 토루는 한족의 일파인 객가인이 당송 시대에 북방민족의 침입을 피하여 중원 지역에서 남부로 이주해 정착하여 만든 건축물 중의 하나이다. 송원 시대(11~13세기)에 건축되기 시작한 것으로 보이며, 명나라 초기와 중기(14~15세기)에 발전했고, 17~20세기 전반기가 절정기였다. 푸젠 토루는 둥근 원형 토루가 대표적이다. 1~2m 정도 두께의 흙벽과 나무골조를 기반으로 2~5층 높이로 쌓아 만든다. 초창기는 장방형이나 정방형으로 만들어졌으나 농업의 발달로 인한 부의 축적, 통풍, 자연재해 예방, 방어의 극대화, 균등한 공간배치, 시공의 편리함 등 다양한 요인으로 점차 원형으로 건설되었다.

앞서 언급했듯이 푸젠 토루는 12세기 이래 중국 남부로 이주해 온 객가인들에 의해 지어졌으나 20세기에도 건축되었다. 1912년에 지어진 전청루振成樓

가 그 예이다. 푸젠 토루로 불리는 독특한 집합주택은 객가인 전체의 거주 관습은 아니고, 푸젠성 일부 산간 지역의 객가인이 환경적인 이점을 살리고 외부로부터의 습격을 막기 위해서 만든 것이다. 외관의 모습이 핵 사일로(발사대)를 닮아 미중 국교 수립 전에 미국이 위성사진을 잘못 판독하여 중국 공산당이 중국 대륙 각지에 대규모 핵기지를 건설하고 있다고 오해를 받은 적도 있다.

세계의 문화유산, 푸젠성 토루

토루의 형태는 주로 원루, 방루, 오봉루 세 가지로 나눌 수 있다. 1980년대까지 총 3700여 동의 토루가 남아 있었다. 그중 원루는 1190여 동, 방루는 2160여동이 있고, 오봉루는 250여 동이 있었다. 기타 유형의 토루는 125동이 남아 있었다. 평면적으로는 관통식 토루와 단원식 토루 두 가지 유형으로 나눈다. 관통식 토루는 객가토루라고도 부른다. 객가토루는 앞에서 설명한 객가인이 만들어서 생활하는 주거이다. 단원식 토루는 민난토루라고도 부른다. 민난토루는 민난인들이 주로 사는 주거이다. 객가토루는 주로 융딩현永定縣, 난징현南靖縣, 룽옌시龍岩市등에 위치하고 민난토루는 핑허현平和縣, 화안현華安縣, 자오안현詔安縣 등에 위치한다.

이 중에서 모두 46채의 토루가 '푸젠성 토루'라는 이름으로 2008년에 유네스코 세계문화유산으로 지정되었다. 푸젠성 토루는 1308년에 건립되었다고 하는 유창루, 명나라 시대의 승계루, 청나라 시대의 이의루·화귀루·연향루, 중화민국 시대의 전청루·진복루, 중국 공산당 시절의 문창루까지 총 700년에 걸쳐 건립, 형성되어 온 커뮤니티이다. 본래 토루는 공동으로 건축하고, 소유하는 것이 일반적이지만 청나라 시대 이후 개인이 토루를 건축하는 사례가 늘어났다고 한다. 그중에서도 36채의 토루가 한꺼번에 모여 있는 초계 토루군은 특히 유명하다. 14세기 명나라 시대 건설된 서씨 집안의 토루를 시작으로 주위에 하나씩 토루가 세워진 끝에 현대의 대형 아파트단지에 밀리지 않는 대

명나라 시대 대표적 토루인 승계루

36채의 토루가 있는 초계 토루군

형 토루단지가 만들어졌다. 일반적으로 직경이 약 50m인 원형의 토루에는 약 100여 개의 방이 있다. 30~40가구가 지낼 수 있으며, 최대 200~300명까지 함께 살 수 있다.

푸젠성 토루 탐방은 보통 샤먼廈門에서 출발한다. 샤먼은 중국과 영국 사이의 아편전쟁으로 개항하게 된 곳으로, 동남아로 진출한 화교의 고향이다. 국제적으로는 아모이Amoy로도 알려져 있는 샤먼은 중국의 5대 경제특구의 하나이며 이국적인 풍광을 자랑한다. 중국에서도 살기 좋은 도시로 알려져 있다. 샤먼에서 페리를 타고 5분 정도면 갈 수 있는 구랑위鼓浪嶼는 섬 전체가 유네스코 세계문화유산으로 등록된 곳이다. 제2차 세계대전 당시까지 샤먼의 외국 조계지였던 이 섬은 19세기부터 20세기 초반까지 14개 국가의 식민지였다. 그 때문에 섬 안 곳곳에 역사를 확연하게 보여 주는 수많은 식민지 건물이 산재해 있다. 2017년 유네스코 세계문화유산에 등재되었으며, 선정된 이유는 중국 전통문화와 지방 문화 그리고 외래문화의 상호교류 흔적이 사회생활, 건축, 예술 등 여러 방면에서 잘 나타나 있고, 근현대 동아시아와 동남아 지역의 특징을 잘 간직하고 있기 때문이었다.

샤먼에서 융딩현은 서쪽으로 200km쯤 떨어져 있다. 도로 사정이 좋은 편이지만, 산길이 많아 세 시간 이상 걸린다. 토루군은 융딩현에서 다시 동남쪽으로 40여 km 떨어져 분산되어 있는 데다가 토루군으로 가는 대중교통이 발달되지 않아서 개별 여행은 쉽지 않다. 난징현은 융딩현 다음으로 토루가 많은 지역이다. 난징현과 융딩현은 토루 여행객을 유치하는 데 있어 서로 경쟁하는 분위기다. 난징현은 대형 매표소를 세우고 전라갱田螺坑 토루군·유창루裕昌樓·탑하촌塔下村을 묶어 A코스, 운수요·화귀루·회원루를 묶어서 B코스로 티켓을 판매한다. 두 코스로 가는 셔틀버스도 운영하고 있다. 토루에 거주하는 주민들이 여행객을 상대로 농가의 가정식 요리를 판매하고 있다.

A코스의 세 풍경구는 서로 4km 정도씩 떨어져 있어 걸어서 가긴 어렵다. 매표소인 여객 서비스 센터에서 셔틀버스 티켓을 판매하니 이를 이용하여 전라갱 토루군, 유창루, 탑하촌 순으로 관람하면 동선이 긴밀하게 연결된다. 전라갱 토루군 전망대에 오르면 발밑으로 다섯 채의 토루가 옹기종기 붙어 있는 풍경이 눈에 들어온다. 토루 관광을 홍보하는 광고에 자주 등장하는 풍경으로, 가운데 네모난 토루를 중심으로 네 채의 원형 토루가 호위 병사처럼 사방에 하나씩 건설돼 있다. 이 광경을 음식에 빗대서 사각 토루는 탕湯이라 하고, 원형 토루는 반찬을 뜻하는 채菜라 하여, 사채일탕四菜一湯

토루 기념품

이라 부르기도 한다. 전설에 의하면 비탈 아래 전라우렁이를 먹고 자라는 오리가 있었다고 한다. 오리를 기르는 소년이 우렁각시를 도운 덕으로 재산을 모아서 1796년에 가운데 네모난 모양의 보운루를 지었다. 더 번성해진 소년은 머지않아 화창루를 세웠고, 1930년대에 진창루와 서운루, 1960년대에 문창루를 차례로 지었다는 이야기가 전해진다. 가운데 네모난 보운루를 중심으로 세 토루는 원형이고 문창루는 타원형이다. 토루는 1층에는 공동우물과 주방, 기념품 가게 등이 있고, 2층에는 곡식을 저장하는 식량창고가 있으며, 3층 이상은 주민들이 생활하는 공간으로 구성되어 있다.

전라갱 토루군 전망대에서 4km 떨어진 유창루는 1308년에 지어진 가장 오래되고 높은 토루 중의 하나로 원형 토루이다. 안으로 들어가면 2~3층 복도의 기둥들이 옆으로 휘어진 것이 눈에 띈다. 1972년 지진이 발생했을 때 한쪽이 기울어진 것으로 동도서왜루東倒西歪樓라고 부른다. 유창루의 높이는 18.2m로 5층이며 지름은 36m에 달하고 각 층에 방이 50여 개씩 총 270개이다. 또 하나 독특한 점은 집집마다 1층 주방에 작은 우물이 있다는 것이다. 다른 토루는 공동우물을 사용하는 데 비해, 유창루는 집 안에 우물이 있어서 생활하기에 편리하다고 한다. 지금도 주민들이 살고 있다.

유창루 내부

탑하촌은 S자 모양으로 흐르는 개울을 중심으로 형성된 시골 마을이다. 20여 채의 크고 작은 토루가 형성된 마을로 200여 년의 역사를 자랑한다. 마을 한가운데를 관통하는 개울에서 주민들이 채소를 씻고 말리는 등 토루에서 살아가는 사람들의 생활을 볼 수 있다. 장씨張氏 집성촌으로 총 1000여 명이 거주하며 장수촌으로도 유명하다. 마을 안에는 유덕루, 순창루, 장씨가묘張氏家墓 등의 볼거리와 국제 게스트하우스가 있고 카페와 찻집도 여럿 있다.

김부성 고려대 지리교육과 명예교수

마카오

동·서양 문화의 조우 … 문화역사관광

동양과 서양이 조우하던 곳, 마카오

홍콩에서 서쪽으로 64km 떨어진 섬 마카오. 중국의 특별행정구, 화려한 카지노, 카레이싱으로 상징되는 마카오는 포르투갈의 식민지 문화와 역사를 너무나 잘 간직하고 있는 동양 속의 작은 유럽이자 매력적인 관광도시이다. 과거와 현재가 공존하고 동양과 서양이 만나는 교차로라고 할 수 있는 마카오는 그런 의미에서 작지만 거대한 도시이다.

본래 마카오는 중국 광둥성의 작은 어항이었다. 아시아로의 항로를 개척하던 포르투갈 선원들이 젖은 화물을 말린다는 구실로 처음 마카오에 발을 내디뎠다. 이후 마카오는 포르투갈의 아시아 진출기지로서, 중국과 유럽 간의 유일한 창구로서 역할을 하였다. 마카오를 통해 중국으로 유입된 주된 세력은 예수회 선교사들이었는데, 그들은 청나라 황제의 마음을 사기 위해 유럽의 천문학, 유클리드 기하학, 근대적인 지도투영법, 대포주조기술 등을 들여왔다. 특히 동서양 지리학의 가교 역할을 한 마테오리치도 마카오를 통해 중국에 도착하였다. 1841년 영국이 홍콩에 식민지를 개설하기 전까지 마카오는 동서양

교류의 중추적 창구로서 역할을 담당하였다.

1999년 중국으로 반환되기 전까지 아시아의 마지막 남은 유럽의 식민지였던 까닭에 현재도 마카오는 유럽의 문화와 동양의 문화가 자연스럽게 공존한다. 그만큼 조금은 색다른 분위기를 느낄 수 있는 특별한 역사적 장소이기도 하다. 마카오의 역사는 대항해 시대 국제무역의 중심지에서부터 세계적인 유흥의 도시라 불리는 현재에 이르기까지 화려한 변화를 거듭해 왔다고 할 수 있다.

동양 속의 작은 유럽

마카오의 화려한 네온사인 뒤에는 그만큼이나 빛나는 눈부신 문화유산들이 있다. 마카오는 작지만 도시 전체가 하나의 박물관이라고 할 수 있을 만큼 역사적 장소들이 잘 보존되어 있다. 포르투갈의 식민지였던 역사로 인해 포르투갈식의 경관이 도시 구석구석에 잘 남아 있다. 450년 동안이나 지속되었던 포르투갈의 지배가 남긴 흔적들은 우리나라가 경험했던 일제강점기의 파괴적이며 폭력적인 식민지 역사와는 사뭇 다름이 느껴졌다. 그들의 전통적인 문화 속에 다양한 방식으로 포르투갈 문화가 녹아 있었으며, 동서양의 결합으로 표현할 수 있을 만큼 적어도 문화적으로 잘 융합되어 있는 모습이었다.

특히 포르투갈 식민지 흔적은 마카오의 근대 건축물에서 찾아볼 수 있다. 식민 정부의 의회로 사용되었던 민정청사는 대표적인 식민통치의 상징적인 건물이다. 마카오의 중심이자 우리나라의 시청 앞 광장 같은 느낌의 세나도 광장에 서면 마치 포르투갈의 어느 도시에 서 있는 듯한 착각이 들 정도이다. 광장의 크기는 유럽 도시에 비해 작지만 광장을 둘러싸고 있는 수많은 유럽풍의 건물은 '동양 속의 작은 유럽'이라는 마카오의 별명을 떠올리게 한다.

세나도 광장의 이국적인 느낌은 포르투갈풍의 칼사다Calcada라고 불리는 도로 포장에서 물씬 느낄 수 있다. 조그만 석회석 조각들을 붙여 기하학적 물결 모양을 표현한 포르투갈식의 도로 포장을 의미하는 칼사다는 마카오에서도 소통의 장으로 기능하는 듯 현재에도 다양한 국적의 동·서양 관광객으로 넘쳐난다. 그런 의미에서 마카오 속의 포르투갈 문화는 지금도 살아 있는 듯 하다. 동양의 작은 섬에서 진하게 느껴지는 유럽의 향기, 이 광장은 역사를 품은 마카오에 입문하는 장소라고 할 수 있다.

동서양의 매력이 담긴 마카오의 성당들

유럽풍의 도시를 거닐면서 다분히 중국풍의 문화를 느낄 수 있는 육포 거리에서 구입한 도톰하고 부드러운 육포를 씹다 보면 마침내 거대한 문화유산, 성 바울 성당을 마주하게 된다. 마카오반도는 2005년 유네스코 세계유산에 '마카오 역사지구'라는 이름으로 등재되면서 널리 알려지게 되었다. 성 바울 성당은 마카오 역사지구의 가장 중심이 되는 문화 유적지이다. 66개의 계단을 올라가면 바로크 양식의 기품 있고 화려한 천주교 성당의 유적, 성 바울 성당을 만나게 된다. 1835년 화재로 인해 목조 위주였던 성당의 후면은 전소되고 성당의 전면부만 남게 되었는데 그 일부의 모습만으로도 압도당할 만큼 아름답다. 성 바울 성당의 전면에 새겨진 다양한 문양을 하나하나 살펴보면 성경 속의 이야기와 상징적 기록들이 섬세하게 조각된 것에 다시 한번 감탄하게 된다. 또한 그중 일부에서는 동양적인 유교, 불교 문화에서 접할 수 있는 사자상 등의 모습도 찾을 수 있어 신비로운 느낌을 더해 준다. 이 성당의 건축에 이탈리아의 수도사, 중국인 조각가, 일본인 교인들이 참여했다는 사실을 떠올리게 하며 실로 동서양의 조화를 보여 주는 건축물이 아닐까 생각하게 된다.

마카오에는 포르투갈의 영향으로 많은 성당이 있지만 가장 오래된 성당 중 하나인 성 안토니오 성당의 방문을 추천하고 싶다. 소박하면서도 아담한 성당의 모습은 마카오를 잘 반영하는 듯 정감 있게 다가온다. 특히 한국 천주교 최초의 사제였던 김대건 신부가 공부했던 성당이라는 사실은 이곳을 더욱 특별하게 느껴지게 한다. 실제로 성 안토니오 성당 내부에는 갓을 쓰고 도포를 입은 김대건 신부의 동상이 있는데, 다양한 문화에 대해 개방적이며 동서양 문화의 조우를 체감할 수 있는 마카오의 깊이와 매력을 느낄 수 있는 장소라고 생각된다.

마카오 역사지구의 가장 남단에 위치한, 마카오에서 가장 오래된 건축물이자 가장 오래된 사원인 아마 사원에는 마카오의 지명과 관련된 역사가 녹아 있다. 이 사원은 1488년 어부와 바닷길을 오가는 사람들의 여신 '아마A-Ma'를 위해 건설되었다. 포르투갈의 한 선원이 이곳에 처음 도착했을 때 현지인에게 이곳이 어디냐고 묻자 이 사원의 이름을 따서 아마가오A-Ma-Gao, 아마만라고 대답했다고 한다. 이후 이곳은 포르투갈식 발음으로 전승되어 지금과 같은 '마카오Macao'라는 이름으로 정착되었다.

조그만 규모의 아마 사원 입구 광장은 세나도 광장의 기하학적 물결 모양의 칼사다를 떠올리게 한다. 아주 먼 옛날 동서양이 조우했던 역사적인 장소에 걸맞은 동서양 건축물의 조화가 아닐까 한다. 사원의 내부는 동글동글한 향이 매달려 있다. 향내가 진동하는 중국의 여느 사원가 크게 다르지 않지만 포르투갈풍의 여러 건물을 보고 난 후 만나게 되는 사원의 모습은 새삼 독특하게 다가왔다.

아마 사원의 꼭대기에 올라가면 시원한 바다가 펼쳐진다. 그 바다를 바라보고 있노라면 포르투갈 상인들을 통해 유럽과 중국을 잇는 화려한 국제무역의 통로로 번영했던 마카오가 눈앞에 펼쳐지는 듯하다. 태풍과 해일을 막아 달라는 간절한 기도와 함께, 낯선 포르투갈인들로 인해 변화될 마카오의 운명의 소용돌이 속에서 평안하게 살아남길 바라는 옛 마카오인들의 기도가 어렴풋이 들려온다.

✎ 성혜진 고려대 대학원 지리학과 졸업

칭다오

독일의 조차지, 중국 최고의 맥주 ... 음식관광

독일 조차지로 세상에 나온 작은 어항

칭다오라는 이름을 들으면 우리의 뇌는 자연스레 두 가지 음식을 떠올리게 된다. 바로 맥주와 양꼬치이다. 어느 방송 광고 때문인지는 몰라도 맥주와 양꼬치를 연상했을 때 우리는 파블로프의 실험처럼 자동적인 반사를 일으키게 되는 것이다. 빠알간 숯불 위에서 지글지글 소리를 내며 이리저리 돌아가는 고기의 맛있는 냄새, 갓 냉장고에서 꺼내 차가운 표면 위로 물방울이 송송 맺힌 초록빛 병과 황금빛 물결은 계절과 상관없이 많은 사람에게 사랑받는 조합이다. 그렇게 칭다오 여행은 맥주와 양꼬치를 아주 저렴한 값에 마음껏 즐길 수 있을 거라는 생각 반, 우리나라와 가까워 비교적 저렴한 경비로 가볍게 다녀올 수 있기에 부담 없이 다녀오자는 생각 반으로 시작되었다.

우리가 흔히 칭다오라고 부르는 이 도시는 한자로는 푸를 청靑, 섬 도島를 쓰고 있어 청도라고 불리기도 한다. 칭다오는 산둥성 동부에 위치하고 황해와 접해 있으며 산둥반도 남해안 자오저우만의 어귀에 있다. 또한 자오둥 지구의 최대 상공업 도시로 중국에서 중점적으로 개발한 항구이다. 수심이 깊어 겨울

칭다오의 독일식 건축물

에도 얼지 않을 정도여서 큰 배가 드나들기 유리하다. 1897년 독일군이 침입하기 전에는 작은 어촌에 지나지 않았지만 독일이 자오저우만의 조차권을 얻어 칭다오 조계지를 설치하면서부터 상업 용도와 군사 용도 모두 쓰일 정도로 항구가 발전하게 되었다. 그 과정에서 시가지 개발은 물론이고 칭다오와 지난을 연결하는 자오지 철도가 건설되었으며 이에 힘입어 중국의 주요 무역항으로 부상하게 되었다. 그러나 제1차 세계대전 중 일본에게 점령되면서 1927년 1차 산둥파병과 1928년 2차 산둥파병 등 일본 제국의 중국 침략기지로 활용되었으나 열강의 압력과 중국인의 반발로 인해 중국에 반환되기도 했다. 그 후로 국민당 정부 아래서 12개 직할시 중 하나로 지정되어서 지역 중심지로 발전하게 되었으며 현재에까지 이르게 된다.

현재 칭다오의 인구는 약 949만 명에 달하는데 한국인과 조선족의 인구수도 꽤 되는 편이다. 물론 칭다오의 전체 인구에 비하면 소수에 불과하지만 그럼에도 이 둘을 합친 인구는 한국의 웬만한 중소도시급 인구 정도에 이른다. 면적은 약 1만 1067km^{2}로 우리나라와 가까운 지리적인 특성 때문에 우리나

칭다오 맥주 박물관

라 기업이 1990년대 초반부터 아주 많이 진출해 있다. 대한민국 영사관은 물론 코리아타운도 조성되어 있어 생각보다 한국인에게 친근하고 친숙한 도시였음을 알 수 있었다.

칭다오 여행의 백미, 맥주 박물관

칭다오에 도착해서 가장 먼저 방문한 곳은 바로 맥주 박물관이다. 우리나라 사람들에게 가장 유명한 중국 맥주가 칭다오 맥주인 만큼 칭다오 맥주의 역사에 대해 알고 마시면 훨씬 그 맛이 좋을 것 같았다. 칭다오 맥주 박물관은 1903년 독일인과 영국인이 시작한 칭다오 맥주회사의 공장과 설비를 보존하여 2001년에 개관했다. 앞에서 언급했다시피 칭다오는 독일에 의해 통치된 적이 있었는데, 독일이 중국을 점령하기 위한 첫 번째 관문으로 선택한 곳인 만큼 철저한 도시계획을 바탕으로 전형적인 유럽형 도시를 구축하게 된다. 도로 및 건축 분야에서 지금까지 보존되어 문화재적 가치를 유지하면서 실제로 쓰이는 건물이 많은데, 바로 이 맥주 박물관이 그중 하나였다. 독일의 지배를 받았던 피지배 국가 중국은 독일인이 남겨 놓은 사회기반 및 문화 시설을 현재는 독자적으로 관리·보존하고 있을 뿐만 아니라 이를 활용하여 세계적인 문화 상품으로 자리매김할 수 있도록 하였다.

맥주 박물관은 공장 내부를 견학하는 곳과 시음하는 곳으로 구분되어 있었다. 우리나라의 맥주 공장에서 투어를 운영하는 것처럼 공장 내부를 둘러본 다음에 시음장으로 이동해 다양한 맥주를 맛볼 수 있었다. 입장료에는 두 잔의 시음 쿠폰이 포함되어 있었다.

양꼬치엔 역시 칭다오!

맥주 박물관을 견학하면서 칭다오 맥주에 대한 더욱 자세한 설명을 들을 수 있었다. 칭다오의 맑고 풍부한 수자원과 세계 최고의 독일 맥주 양조법이 결합해 유명한 칭다오 맥주가 탄생되었다고 한다. 독일은 16세기에 보리, 홉, 물만을 재료로 맥주를 생산해야 한다는 맥주 순수령을 제정했는데, 칭다오 맥주는 이러한 전통을 현대적으로 계승하여 지금까지 맛있는 맥주를 만들어 내고 있다고 한다. 특히 칭다오 맥주는 독특하게도 제조할 때 쌀을 첨가한다고 한다. 라거를 만드는 맥아, 흑맥주를 만드는 볶은 맥아, 여기에 발효시키는 효모와 함께 쌀이 들어가서 연한 꽃향, 자스민향이 난다고 한다. 그리고 우리나라에서 먹을 수 있는 칭다오 맥주는 한 종류밖에 없지만 중국에서는 좀 더 다양한 종류를 판매한다고 해서 입맛을 다시기도 했다. 게다가 칭다오에서는 '칭다오 맥주' 외에도 여러 가지 상표의 맥주가 생산되고 있었다. 현재 우리나라에서 유통되는 칭다오 맥주는 이곳 사람들에게는 그리 질이 좋거나 유명한 맥주가 아니라고 해서 아쉬움이 크기도 했다. 또한 칭다오에서는 매년 8월이면 국제 맥주축제가 열리는데, 맥주의 종주국인 독일 뮌헨의 옥토버페스트에 버금가는 세계 4대 맥주축제 중 하나로 자리매김하고 있다고 한다.

견학을 마치고 대망의 시음이 시작되었다. 1차 시음은 공장에서만 맛볼 수 있는 원액 맥주였다. 발효를 적게 시켜서 유산균이 많은 상태였다. 이 원액 맥

칭다오 먹거리 골목

주는 적어도 3일 이내에 먹는 것이 좋다고 한다. 그만큼 신선하여 유통 기간이 짧은 것 같다. 그리고 2차 시음은 발효 후의 생맥주였는데 이 맥주가 한국인에게는 좀 더 친숙한 맛이었다. 그러나 두 번의 맥주 시음 중 확실히 1차 시음 때 맛본 원액 맥주가 더 진하고 깊은 맛이었으므로 각자의 취향에 맞게 골라 마시면 좋을 것 같다.

맥주 박물관 관람을 끝내고 나오니 어느덧 저녁 시간이 되었다. 박물관에서 맥주를 살짝 맛본 아쉬움 때문인지 자연스럽게 맥주와 양꼬치를 먹을 수 있는 근처 식당을 찾게 되었다. 현지 가이드의 소개를 통해 가게 된 먹거리 골목에서는 관광객을 위한 무한리필 맥주와 양꼬치가 있는 식당을 많이 볼 수 있었다. 우리나라에서 먹는 양꼬치 식당과 크게 다를 건 없었다. 자동으로 회전하면서 돌아가는 모습이나 찍어 먹는 향신료까지 우리나라와 동일해 전혀 거부감이 없었다. 단 하나 가장 중요한 차이가 있다면 정말 저렴한 값에 맥주와 양꼬치를 맛볼 수 있다는 점이었다.

장수영 고려대 대학원 지리학과 졸업

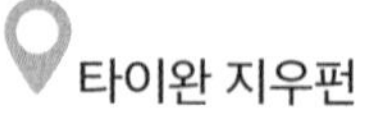

광산촌의 재탄생 ... 산업유산관광

아홉 집만 살던 오지 마을, 지우편

지우편九份은 대만의 수도 타이베이에서 1시간 20분 정도 떨어진 산골 마을이다. 대만은 화산대에 위치한 나라라서 산이 가파르기 때문에 우리나라의 일반적인 산골 마을보다도 더욱 험준하고 외지다.

지우편의 이름은 아홉이서 나눈다는 뜻이다. 왜 이런 이름을 갖게 되었을까? 옛날 지우편은 너무나도 외진 산지에 자리 잡고 있어서 단 아홉 가구만 살았다고 한다. 그 때문에 교통이나 생계도 매우 불편해 누군가 밖에서 무언가를 얻어 오면 아홉 가구가 나눠 가지며 살아서 지우편이라는 이름이 붙게 되었다.

황금, 사람들을 불러 모으다

그렇다면 이렇게 작은 산촌이 어떻게 이렇게 유명해졌을까? 바로 1900년대에 일제가 이 지역에서 금광을 발견하면서부터였다. 수많은 광부와 그 가족, 상인이 몰려들었고, 특히 1920년대부터 일제가 자원을 대거 생산하려고 하면

높은 산에 위치한 지우펀

서 더욱 그 수는 늘어났다. 그 결과, 1905년에는 불과 3900여 명이었던 지우펀의 인구는 1939년에 1만 8000여 명으로 늘어났다.

하지만 금의 산출량이 점차 감소하기 시작하면서 지우펀은 위기를 겪었다. 지우펀의 광산이 폐광된 이후에는 인구가 급감하기에 이르렀다. 쇠퇴를 계속하다가 1989년 대만의 2·28 사건을 배경으로 한 영화 〈비정성시悲情城市〉가 흥행하면서 지우펀은 새롭게 태어났다. 폐광촌에서 벗어나 관광지로서의 길을 걷게 된 것이다. 이 인기는 해외로도 퍼졌다. 한국 드라마 〈온에어〉가 이곳에서 촬영되었고, 지우펀이 일본 애니메이션 〈센과 치히로의 행방불명〉의 모티

지우펀의 가파른 골목길

브가 되었다는 주장도 있다.

아름다운 광산촌, 지우펀

직접 방문해 본 지우펀은 과연 영화 배경으로 쓰일 만큼 경치가 뛰어났다. 일단 기본적으로 높은 산에 위치해 있어 경관이 뛰어났다. 한편 광산촌의 가파른 골목길 좁은 터에 다닥다닥 붙은 건물들의 모습은 지우펀의 특징이자 산업유산이었다. 1920년대 초반에 생긴 옛 광산촌 가옥과 이를 따라한 신축물에서 다른 지역에서 보기 힘든 근대적 전통을 엿볼 수 있었다.

풍경이 아름다울 뿐 아니라 대만식 찻집과 카페가 늘어서 있고, 여러 음식점과 숙박업소가 자리 잡은 지우펀에서는 여러 흥취를 느낄 수 있었다. 워낙 유명해 좁은 마을에 관광객이 많으며, 가파른 언덕이라는 것은 단점이다. 그러나 밤을 이곳에서 묵으면 사람도 적어지고 도시의 야경과는 다른 아름다운 시골만의 야경을 감상할 수 있다. 여관에 하룻밤 묵으며 등불과 산이 만들어 내는 아름다운 야경을 여유롭게 감상해 보는 것은 어떨까.

강동현 고려대 지리교육과 졸업

제3장 몽골

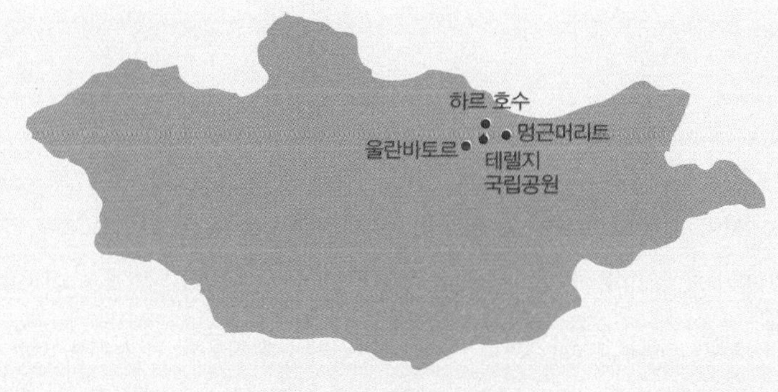

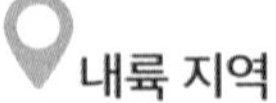

내륙 지역

삼림과 초원, 사막의 나라 … 자연관광

중아시아 북부에 속하는 몽골의 면적은 156만 km^2이다. 한반도보다 면적이 일곱 배가량 넓지만 인구는 남한의 인구보다 4800만 명 정도 적은 편이다. 북위 41~52도, 동경 87~120도 사이에 위치하고, 동서로는 2392km, 남북으로는 1259km에 걸쳐 있는 길쭉한 타원형의 국토를 지녔다. 몽골의 자연환경은 매우 다양하다. 해발고도 4374m 지점이 빙하로 덮힌 높은 산봉우리부터, 끝없이 이어지는 평편한 푸른 초원, 모래밖에 안 보이는 건조한 사막, 제주도 두 배 크기의 호수들이 있는 대호수 지역까지 다양한 자연환경이 넓은 국토에 분포되어 있다.

시간에 쫓기는 바쁜 사람들과 자동차, 높은 빌딩과 다양한 쇼핑센터가 가득한 시내를 떠나, 낮에는 한없이 푸르른 하늘과, 밤에는 수없이 많은 별을 보는 몽골의 아름다운 자연 여행은 관광객에게 최고의 경험이 될 수 있다. 나도 몽골 출신이지만, 고려대학교 지형학팀과 2017년 6월에서 7월까지 함께 떠난 40일 동안의 답사를 통해 몽골의 여러 지역을 여행할 수 있었다. 몽골의 자연지대는 삼림-대초원 지대, 대초원지대, 사막지대 세 가지로 구분할 수 있는

데, 이번 답사를 통해 각 자연지대의 다양한 환경과 식생, 동물 등에 대해 알 수 있었다.

말을 타고 타이가로 출발

출발지는 울란바토르에서 차로 두 시간 정도 떨어져 있는 테렐지 국립공원 Gorkhi-Terelj National Park이었다. 테렐지 국립공원은 울란바토르 근처 제일 유명한 여행지이기도 하다. 장기간 동안 풍화를 통해 갈라지고 침식되어서 신기한 모양의 바위들이 공원의 매력 중 하나이다. 관광객이 가장 흥미를 느끼는 것은 매사냥 체험, 낙타 또는 말 타기 등이다. 연구하기로 예정한 곳은 해발고도 2600m 이상의 지역으로, 차로는 갈 수 없었기 때문에 말 아홉 마리를 빌려 필요한 장비와 3주간 먹을 식료품을 싣고 출발하였다.

3일간 말을 탄 끝에 첫 목적지인 침엽수림지대 예스티Yestii에 도착하였다. 고도가 높아지면서 나무 종류가 바뀌었고, 높은 지역은 침엽수림이 무성했다. 몽골은 대륙의 중간에 위치하여 건조하지만 이 지역은 연평균 강수량이 500mm 이상으로 비교적 습윤한 기후를 나타낸다. 기온도 겨울 평균은 영하 30도, 여름 평균은 영상 15도 정도인 서늘한 기후가 나타난다.

온 산사면이 침엽수림으로 덮여 있으며, 새벽에 기온이 떨어지면 상대습도가 증가하면서 안개 끼는 걸 볼 수 있다. 7월 쯤에는 블루베리, 딸기 등의 야생 열매와 잣을 딸 수 있고, 겨울에는 영하 40도까지 내려가지만 증기가 올라오

테렐지 국립공원

짐을 실은 말과 3주간 우리를 지켜 주었던 사냥개 하라

캠핑사이트에서 바라본 석양

예스티 온천 ↗

하르 호수

는 온천을 즐길 수 있다. 예스티 자연 온천에는 피부와 눈 등에 좋은 무기물이 녹아 있어서 먼 길의 피로를 풀어 주는 데 제격이다.

첫 번째 목적지에서 3일간 생활하고 나서 두 번째 목적지인 하르 호수Lake Khar를 향해 말을 타고 출발하였다. 빙하기 때 산 정상 부근에서 빙하와 함께 밀려 내려온 빙퇴석이 옛날 하천의 흐름을 막았기 때문에 생긴 너무나도 아름다운 맑은 호수이다. 예스티에서 하르 호수까지 곰과 늑대 등 육식동물을 만날 위험이 있어 최대한 여러 명이서 큰소리를 내며 조심조심 다녔다. 하루에 20km 이상의 먼 길을 아침 6시부터 저녁 6시까지 말을 타고 가는 것은 쉬운 일이 아니었다. 무릎, 허리, 엉덩이까지 아프고 힘들었지만 말을 탈수록 적응이 되고, 말을 어떻게 움직이게 하는지 쉽게 이해하게 됐다. 정해진 노선을 따라 다니면서 자연의 아름다움을 보며 마음속 스트레스가 쭉 풀리는 것 같은 기분이 들어 너무나 만족스러웠다. 호수에 도착해서는 한쪽에 자리를 잡고 식수는 호수에서 떠 먹고, 물고기를 잡아 요리해 먹으며 허기를 달랬다.

삼림-대초원을 지나며

침엽수림지대에서 하루 이틀 정도 말을 타자 삼림-대초원 지대로 진입했다. 침엽수림보다 건조하기 때문에 북사면만 수목으로 덮였고, 맑은 하천과 호수의 모습도 덜 보였다. 말 그대로 삼림-대초원 지역으로 풀과 잔디, 초원의 비율이 늘어났고 습지도 상대적으로 적었다.

초원에서만 느낄 수 있는 맛

초원지대의 넓고 평평한 땅을 지나가면서 몽골의 아름다움을 다시 한번 눈에 담았다. 몽골인의 시력이 좋은 것은 넓고도 넓은 이 초원 때문이라고 한다. 초원지대 하천은 침엽수림과 삼림-대초원 지대 하천에 비해 넓은 범람원을 형성하고 있었고, 곡류하는 정도가 더 심했다. 양과 염소가 먹기 좋은 풀과 잔디가 많이 분포하기 때문에 가는 길마다 수백, 수천 마리의 가축을 볼 수 있었으나 아주 멀리서 봤을 때는 마치 작은 점들처럼만 보였다.

곧 세 번째 목적지인 멍근머리트Mungunmorit에 도착했으며, 이 마을에서는 몽골의 전통 원형 숙소인 게르에 거주하는 한 가정을 방문했다. 염소와 양을 키우고 있어서 여러 종류의 새끼 양과 염소를 볼 수 있었고, 몽골에 온 관광객이 꼭 맛을 봐야 하는 허르헉을 만들어 먹기도 했다. 허르헉은 큰 압력솥에 적당한 크기로 자른 양고기를 넣고, 야채와 소금으로만 양념한 후 뜨거운 돌을 넣어 익히는 몽골 전통음식이다. 고기 냄새가 나지 않기 때문에 한국인도 먹

헝거르강

기 좋고, 우리가 직접 따 온 야생 파와 도 잘 어울렸다.

↑마을 끝 쪽에 있는 게르
↓태어난 지 얼마 안 된 아기 염소

힘들고도 즐거웠던 여정을 한차례 마치고 울란바토르로 출발하였다. 몸의 일부처럼 느껴졌던 말과, 함께했던 용감한 개 하라, 그리고 친절했던 가이드 아저씨들과도 헤어졌다. 울란바토르로 가는 길에도 자연의 아름다움을 즐겼고, 세상에 제일 큰 징기스칸의 동산을 보면서 즐거운 시간도 보냈다.

시내에서 하루 정도 쉬었다가 진짜 고비사막은 아니지만 몽골 중간 부분에 있는 건조 지역을 향해 또 다른 답사를 떠났다. 고비사막은 연평균 강수량이 50mm밖에 안 되며, 여름에는 한낮 기온이 영상 30도를 넘지만 밤에는 10도 정도까지 내려가는 큰 기온 차이를 보인다. 이 지역의 환경은 앞선 여행에서 눈에 익숙해진 초록 식생 및 나무와는 전혀 다른 것이었다. 반짝거리는 노란 모래로 이루어진 사구의 한없는 행렬, 여기저기 보이는 관목이 계속되었다. 그야말로 동물이나 사람의 흔적이 전혀 없는 건조 지역이었다.

마지막 목적지인 건조 지역 답사를 끝내고 울란바토르로 돌아왔다. 다시 맘껏 씻고 맛있는 것도 많이 먹을 수 있는, 인터넷과 핸드폰도 쓸 수 있는 시내를 향해 간다고 해서 좋았지만 다시는 경험할 수 없을 것 같은 여행이 끝이 났다는 생각에 조금 섭섭했다. 이 넓은 나라를 다 돌아다니진 못했지만 다양한 자연의 색을 보았으며, 우리 숨소리와 야생동물 소리밖에 안 들리는 고요함과 자연의 아름다움을 온몸과 맘으로 경험할 수 있던 시간이었다.

한드수렝 푸렘마 고려대 대학원 지리학과 박사과정

2. 동남아시아, 서남아시아, 인도

제4장 동남아시아

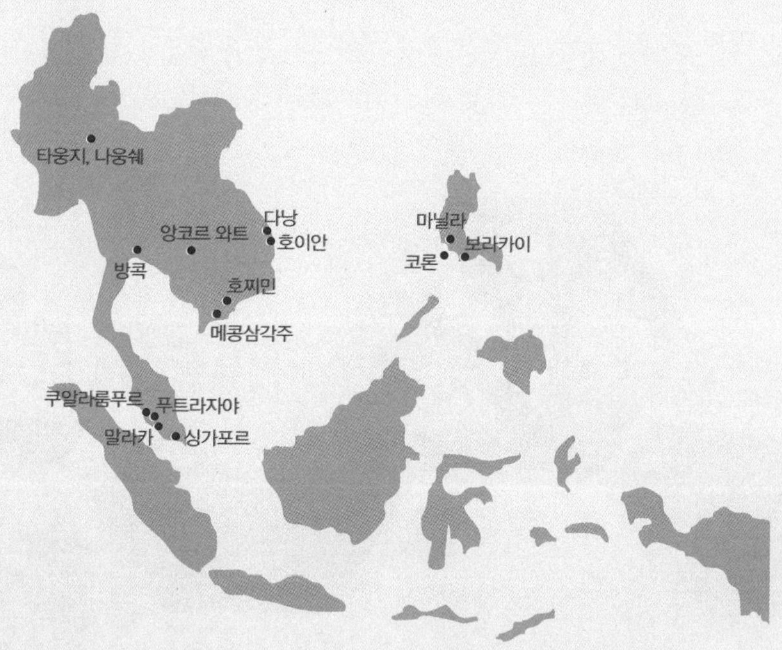
타웅지, 나웅쉐
다낭
앙코르 와트
호이안
방콕
호찌민
메콩삼각주
마닐라
보라카이
코론
쿠알라룸푸르
푸트라자야
말라카
싱가포르

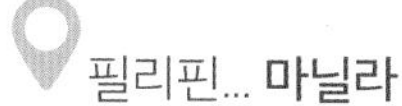

제1차 세계화의 중심지 ... 역사관광

필리핀에는 우리나라 사람들이 즐겨 찾는 휴양지가 많지만 여행을 위해 마닐라를 찾는 경우는 많지 않은 것 같다. 마닐라의 치안이 불안하다는 소식이 자주 들리기도 하고, 다른 지역들이 더 매력적이어서 그렇기도 할 것이다. 그러나 필리핀의 마닐라는 우리에게는 매우 익숙한 도시이다. 멀리 미국이나 호주까지 가지 않아도 영어 공부를 할 수 있기 때문에 영어 연수를 다녀오는 사람이 많고, 값싼 물가 덕에 은퇴자들이 선호하는 곳이기도 하다. 한때 우리나라의 호텔 로비나 유흥업소에서는 필리핀 출신의 가수들이 부르는 팝송을 흔히 들을 수 있었다.

휴양지가 아니라 마닐라를 여행하게 된 것은 필리핀의 긴 식민지 역사의 흔적을 보고 싶어서였다. 12월이지만 적도에 가까운 필리핀은 여전히 더웠고 처음 도착한 마닐라 국제공항은 옛날 고속버스 터미널을 연상하게 했다. 이국적인 외모의 가이드는 자신이 미국 국적을 가진 한국계 필리핀 거주민이며, 마닐라 중심가에서 애플사의 콜센터를 운영한다고 했다. 영어권인 인도의 콜센터를 서비스 부분 아웃소싱의 예로 많이 가르쳤는데, 가이드 설명에 의하면 요새는 인도의 인건비가 비싸지면서 같은 영어권인 필리핀으로 이동했다고 한다.

지금은 영어권 국가이지만 필리핀어인 타갈로그어 어휘의 절반 정도가 스페인어에서 온 것이라 필리핀인 중에는 스페인식 이름을 사용하는 이들도 많다. 독재자로 유명한 마르코스 대통령과 그 부인 이멜다가 대표적인 예이다. 필리핀은 16세기 이후 오랜 기간 동안 스페인과 미국의 식민지배를 받았기 때문에 언어에 그러한 흔적이 남아 있다. 최근 들어 필리핀 사람들은 국명을 바꾸고 싶다는 의사를 표시하고 있다. 국명 자체가 스페인의 식민지를 의미하기 때문이다.

서양의 입장에서 마닐라를 처음 발견한 사람은 마젤란이다. 포르투갈 출신이지만 스페인에 귀화했던 마젤란은 스페인 왕의 후원으로 아메리카 대륙 서쪽으로 계속해서 항해해 태평양을 건넜고, 결국 필리핀에 닿았다. 마젤란은 필리핀의 막탄섬에서 사망했지만 그의 항해단은 다시 유럽으로 돌아갔고, 그는 최초의 세계일주를 한 인물로 기록되었다. 그러나 세계일주 외에도 마젤란이 인류사에 미친 매우 큰 영향력이 바로 필리핀에의 도착이었다. 아메리카 너머 서쪽으로의 항로를 개척하고자 했던 마젤란 일행은 태평양 적도해류를 따라 서쪽으로 이동하다가 일련의 섬들을 만났다. 그들은 그 땅을 자신들 국왕의 이름을 따서 필리핀, 즉 스페인왕 펠리페Felipe의 땅이라 불렀다.

스페인의 흔적, 인트라무로스

마닐라에는 스페인의 식민지배 유적이 남아 있었다. 인트라무로스Intramur-ros라 불리는 거대한 스페인의 성채가 있으며 성채 가까이에 있는 교회에는 필리핀 식민지를 개척한 정복자 레가스피가 묻혀 있다. 이 교회에서는 아직도 미사를 보고 결혼식을 올린다. 인트라무로스 내에는 스페인 식민시기 건설된 건축물이 아직도 정부 건물로 사용되고 있다. 스페인의 유적지들은 세계문화유산으로 지정되었지만 식민지의 잔재여서인지 살뜰히 보호하지는 않는 것 같았다. 다른 나라에 비해 좀 엉성한 관리 탓에 대부분의 건물을 직접 들어가서 볼 수 있었다. 멕시코 수도사들이 머물렀던 건물은 식당으로 사용되고 있었고 인트라무로스의 해자 옆에는 골프 코스가 있었다.

스페인이 아메리카를 발견하고자 했던 이유도, 서쪽 지역으로 지속적으로 항해한 이유도 결국 중국과 인도로의 항로 개척 및 그들과의 무역이었다. 1519년 스페인을 떠난 마젤란은 남아메리카의 남단을 거쳐 태평양을 가로질러 1521년 필리핀에 닿았다. 막탄섬에서 마젤란이 사망하고 1522년 엘카노가 이끄는 항해단이 스페인에 도착하자 스페인은 바로 필리핀에 대규모 군대를 보내 원주민을 학살하고 이 지역을 정복했다. 정복의 표면적인 명분은 마젤란의 사망에 대한 보복이었으나, 실제로는 항해단이 가져온 막대한 양의 향신료의 가치가 항해단의 경비를 충당하고도 남았기 때문이었다. 토르데시야스 조약에 의하면 필리핀은 포르투갈의 영역이 되었지만 사라고사 조약을 통해 스페인이 차지하였다.

최초의 세계화, 마닐라 갤리인

서쪽으로 향하는 포르투갈의 항해로가 있었지만 스페인은 보다 안전하고 빠른 동쪽으로의 항로를 개척하고자 했고, 1564년 우르다네타가 태평양의 외곽을 순환하는 해류를 발견하면서 아메리카로의 항로를 개척했다. 필리핀은 오래전부터 중국과 동남아시아의 상인들이 거래하는 국제무역지였지만 1565년 스페인이 아메리카를 거쳐 무역을 시작하면서 소위 인류 최초 세계화의 무대에 등장하였다. 이후 스페인의 필리핀 개척은 본격적으로 이루어져서, 1565년 레가스피가 세부섬에 식민지배 거점을 건설했으나 1571년 명나라 상인들이 집단으로 거주하는 화상 주거지가 있는 마닐라로 옮겼다.

스페인은 마닐라를 통한 중국과의 무역에서 아시아 각 지역에서 생산된 비단, 도자기, 종이, 자개 등 모든 상품을 구매하고 그 대금을 아메리카에서 생산된 은으로 치루었다. 당시 지폐로 인한 경제적 불확실성이 증가하자 은화를

⇡마닐라 대성당
⇣인트라무로스 내의 보루

레가스피의 무덤⇡
인트라무로스의 성벽 일부⇣

선호했던 중국은 필리핀을 통한 스페인과의 무역에 적극적으로 나섰다. 1567년 명나라 무종이 남쪽 나라들과의 해상무역을 허락한 이후 이 지역에서 활약하는 무역선의 규모는 해마다 증가하였다. 스페인은 이 지역에서 구매한 상품을 아메리카 식민지에도 판매하고 유럽에도 판매하여 이윤을 내었다. 게다가 중국에서의 은의 가치는 유럽의 두 배에 달했기 때문에 은을 유럽으로 가져가는 것보다는 중국과 거래를 하는 편이 훨씬 더 이익이었다. 1815년 실질적으로 아메리카 국가들이 독립하기 전까지 스페인 왕실이 주관하던 소위 '마닐라 갤리언'이라 불리던 스페인 무역선은 멕시코의 아카풀코에서 은을 가득 싣고 태평양 적도해류를 따라 필리핀 마닐라에 도착한 후 아시아의 상품을 가득 싣고 태평양 순환해류를 따라 한국, 일본, 베링해 등의 남쪽을 거쳐 아메리카 해안으로 돌아갔다. 이 항해로를 따라 아메리카 식민지에서 생산된 은의 3분의 2 정도가 아시아, 특히 중국으로 흘러들어 가 경제발전에 기여했다.

가쓰라·태프트 밀약, 그 후

스페인은 필리핀, 특히 마닐라의 중요성을 잘 알고 있었기에 19세기 초반 대부분의 식민지가 독립하는 과정에서도 쿠바, 푸에르토리코와 함께 계속해서 식민통치를 하고 있었다. 그러나 1898년 미서전쟁에서 승리한 미국은 이들 섬을 모두 스페인으로부터 독립시키거나 자신들의 식민지로 만들었다. 1571년부터 줄곧 스페인의 식민지였던 필리핀은 다시 미국의 식민지가 되었다. 필리핀을 차지하고 싶었던 미국은 당시 아시아의 패권 세력이었던 일본과 거래를 했다. 필리핀을 미국이 차지하고 조선을 일본이 차지하며 서로에게 관여하지 않기로 한 것이다. 이것이 1905년 이루어진 가쓰라·태프트 밀약의 내용이다.

미국에게 필리핀은 아시아의 전진기지로서 매우 중요한 전략적 가치가 있는 지역이었다. 1945년 필리핀은 미국의 식민지에서 벗어났지만 현재 미군의 태평양 기지가 필리핀에 위치하고 있다. 마닐라에 머물렀던 호텔 근처에는 미국 대사관이 위치하고 있었다. 미국의 위세를 반영하듯 대사관의 규모는 매우 컸는데, 대사관 한편에는 전용 항구시설이 갖춰져 있었다. 가이드의 말에 의하면 미대사관에서는 자국민들이 필리핀에서 범법 행위를 저지를 경우 일단 대사관으로 오라고 한단다. 일단 자국민인 미대사관으로 오면 전용 항구를 통해 미국으로 보내 준다는 것이다. 그의 말이 사실인지는 확인할 수 없지만 필리핀과 미국의 관계가 아직도 매우 불평등하다는 것을 실감할 수 있었다.

김희순 고려대 대학원 지리학과 졸업

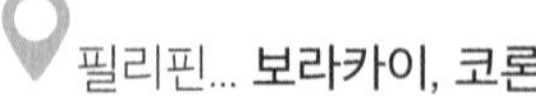

드넓은 해안과 눈부신 태양이 펼쳐지는 곳 ... 해변관광

보라카이

필리핀 칼리보 공항에서 밴을 타고 한 시간, 보트를 타고 10분 정도 더 들어가면 보라카이섬이 나온다. 보라카이는 스테이션 1, 2, 3로 이루어진 작은 섬으로 각 스테이션으로 이동할 때에는 오토바이나 트라이시클을 이용하면 편리하다. 요금은 20~50페소 정도로 거리에 따라 다르다. 마닐라 시내에는 대형 버스, 지프니, 자동차, 트라이시클, 택시 등 다양한 교통수단이 있지만 보라카이의 도로는 2차선이 기본이기 때문에 지프니도 잘 찾아볼 수 없었다. 트라이시클과 오토바이가 대부분이었다. 주 도로를 사이에 두고 왼편은 드넓은 백색 모래가 쌓여 있는 화이트비치가 멋진 모습으로 펼쳐져 있고, 도로 근처에는 식당과 호텔, 편의시설이 있다. 스테이션 2에는 보라카이 최대 쇼핑공간인 디몰Dmall이 있다. 디몰에는 많은 액세서리 가게, 식당, 스포츠 용품점이 위치해 있다.

보라카이에서 할 만한 수상활동에는 선셋 세일링, 스쿠버다이빙, 클리프다이빙, 서핑, 스노클링 등이 있다. 필리핀에는 전통 배인 방카가 있는데, 방카를 타고 해변 근처에서 해가 지는 것을 보는 것이 선셋 세일링이다. 스쿠버다이빙은 강사 한 명이 다이빙하는 사람 한 명씩 데리고 다니면서 바다 밑을 경험해 보게끔 하는 방식으로 이루어진다. 클리프다이빙은 높은 곳에 서서 바다를 향해 뛰어드는 다이빙이다. 클리프다이빙을 하기 위해서는 호핑투어를 신청해야 한다. 개인 방카가 있다면 클리프다이빙을 하는 장소로 가서 할 수 있지만 관광객이 방카를 소유하기는 힘들기 때문에 현지 여행사를 통해 호핑투어를 신청하는 게 일반적이다. 호핑투어 프로그램에는 선상파티를 비롯해 스노클링, 클리프다이빙이 포함되어 있다.

스쿠버다이빙

현지에서 먹는 음식도 비치투어에서 빠질 수 없다. 가장 기억에 남는 음식은 포크립과 그릴에 구운 오징어였다. 디몰 내에 가장 유명한 바비큐 집 중 하나인 곳에서 대표 메뉴를 먹었는데 만족스러웠다. 맥주 한 캔에 60페소 정도의 가격인데 맥주와 함께 립을 뜯으면서 여행의 낭만을 느낄 수 있었다. 보라카이 여행은 바쁜 일상을 잠시 멈춰 두고 한숨 크게 쉬는 느낌이었다. 짧은 시간 안에 다양한 투어를 하면서 보라카이에 대해 느낄 수 있었다.

코론

코론은 팔라완섬 북부에 위치한 곳으로 부수앙가라고도 불린다. 점점 더 많은 여행객이 팔라완으로 여행을 떠나는 추세이다. 팔라완에는 크게 세 도시가 있다. 코론, 엘니도, 푸에르토프린세사인데, 각각 다른 매력을 뽐내고 있다.

코론에서는 호핑투어를 즐겼다. 호핑투어 안에는 점심도 포함되어 있었고 점심은 주로 구운 생선, 삼겹살, 닭고기, 새우, 크랩 등이 메뉴로 나왔다. 호핑투어는 간단하다. 스노클링–점심–스노클링–휴식으로 이루어져 있고 각 목적지에 도착해서 자유 시간 내에 자신이 하고 싶은 것을 하면 된다. 호핑투어 중 가장 아름답고 인상 깊었던 곳은 불록도스섬이었다. 많은 여행객이 넓은 백사장, 반대편의 야자수 숲 등을 이유로 말카푸야섬을 최고로 꼽는다. 하지만 나에게는 불록도스섬이 제일이었는데, 그것은 이 섬이 충격에 가까울 정도로 아름다운 경치를 선사했기 때문이다. 섬들이 사주로 이어져 있고 속이 훤히 들여다보일 정도로 맑은 바닷물이 찰랑거리는 풍경은 천국에 비할 수 있었다. 함께 온 여행객도 생전 처음 보는 풍경에 놀라 연신 카메라 셔터를 눌렀다. 충격적으로 아름다운 해변을 감상하니 앞으로 불록도스 해변보다 아름다운 해변을 볼 수 있을까 하는 생각이 들었다.

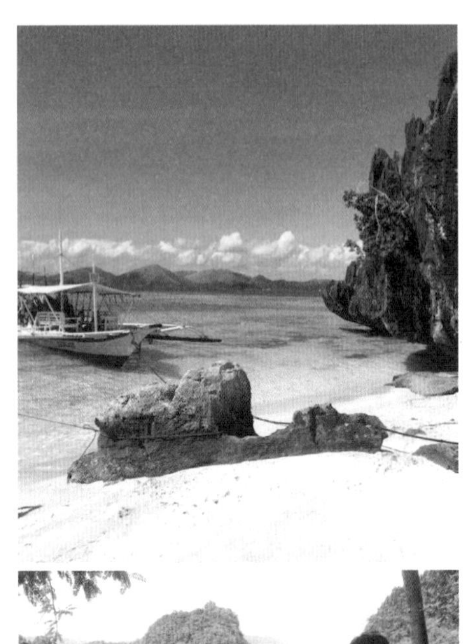

↑ 아트와얀 해변
↓ 카양안 호수에서

코론타운 뒤에는 타파야산이 있다. 타파야산 정상은 약 760개의 계단을 올라가야 도달할 수 있다. 내가 갔었을 때는 태풍이 오기 전이어서 기상이 좋지 않았다. 하지만 귀국 전날에 타파야산을 다시 찾아가 일몰을 볼 수 있었다. 코론에는 핫스프링이라고 불리는 야외 온천이 있다. 야외 온천의 염도는 바닷물 염도와 거의 비슷하거나 조금 낮고 온도는 대략 40도 정도이다. 입장료는 200페소 정도이므로 미리 잔돈을 준비하는 것이 좋다. 핫스프링에서 한 시간 정도 있었는데, 우리나라 사우나에서 땀을 빼는 느낌과 비슷했다. 비오는 와중에 즐기는 핫스프링은 매력적이었다.

한국인이 즐겨 찾는 보라카이와 아직은 미지의 세계인 코론을 방문하고 나서 비치투어리즘의 매력을 알게 되었다. 고단한 삶에 지친 현대인이 열심히 일한 후 아름다운 해변에서 먹고 마시며 액티비티를 즐기는 게 힐링이 될 수 있다는 것을 느꼈다. 휴식 없이 바쁘고 여유 없는 삶을 보내는 것보다는 잠시나마 휴식을 취하고 일상으로 복귀하는 게 훨씬 효율적이라는 것도 느낄 수 있었다.

변승섭 고려대 지리교육과 졸업

베트남... **호찌민, 다낭, 호이안**

역사도시들의 다양함 속으로 ... 문화역사관광

문화와 역사가 공존하는 중부 베트남

● 아름다운 해변, 여유가 넘치는 다낭

다낭은 아름다운 바다를 가진 휴양지인데 비로 인해 예쁜 모습을 보지 못했다. 3일 내내 비가 오고 날씨가 우중충해 바다를 제대로 즐기지 못했던 것이 가장 큰 아쉬움으로 남았다. 다낭은 2~7월까지 건기이고 8~1월까지 우기이다. 다낭은 휴양지인 만큼 거대한 리조트들이 즐비한데 그중 가장 유명한 리조트 중 한 곳이 하야트리젠시이다. 리조트 내에 '바게트'라는 이름의 빵집이 있는데, 다낭에 도착한다면 최대한 빠른 시간에 방문하는 것을 추천한다

● 후에, 베트남의 역사를 말하다

후에는 베트남 응우옌 왕조의 흔적을 살펴볼 수 있는 도시이다. 후에는 왕궁 주변의 구시가지와 신시가지로 나뉘며 두 도시 모두 구경하는 것이 가능하다. 우리는 호텔에서 제공하는 후에투어를 통해 하루 동안 왕조의 찬란했던 흔적을 구경했다. 중국의 영향을 받아 응우옌 왕조의 왕궁은 자금성과 비슷한 건축 형태를 취했다고 한다. 자금성보다 응우옌 왕조의 왕궁이 개인적으로 더

응우옌 왕조의 왕궁

만족스러웠다. 자금성의 경우 규모가 크지만 건축물의 변조가 적어 같은 건축물을 계속 관람하는 느낌이 강했다. 반면에 응우옌 왕조 왕궁의 경우는 다양한 건축물과 녹음이 만들어 낸 아름다운 풍경을 감상할 수 있어 만족스러웠으며 확실히 한국, 중국, 일본의 왕궁들과는 다른 느낌이었다. 하지만 안타깝게도 현재 왕궁의 많은 부분이 훼손되어 복원 과정에 있다.

● 숲속에 숨겨진 고대의 비밀, 미선 유적지

베트남 참파 왕국의 유적지로, 4세기부터 13세기까지 참파 왕국의 종교 성지였다고 한다. 베트남전쟁에 의해 대부분이 훼손되었고, 도굴꾼에 의해 상당수의 문화재가 사라진 상태다. 현재 건축물 복원이 진행중이다. 그러나 벽돌을 쌓아 올릴 때 사용한 접착제의 비밀을 밝혀내지 못해 복원이 제대로 이루어지지 못하고 있다. 10년 전 접착제를 비슷하게 재현해 복원을 시도했으나

참파 왕국의 유적지

실패한 적이 있다.

● 낮과 밤이 다른, 두 얼굴의 호이안

호이안

호이안은 베트남의 옛 항구도시로 중국, 일본, 베트남의 문화가 공존한다. 과거에는 다문화적, 상업적 항구도시로 각광받았다면 현재는 베트남의 대표적 관광도시로 사랑을 받고 있다. 현재 호이안 구시가지는 세계문화유산으로 지정되어 있다.

15세기 다이비엣 왕국 때부터 호이안은 본격적으로 항구로서의 전성기를 누리게 되었는데, 이때 다수의 중국인과 일본인 이민자가 호이안으로 오게 되었다. 현재까지도 많은 수의 중국인과 일본인이 이곳에 살아가고 있다. 베트남, 중국, 일본의 문화가 어우러져 건축물의 구조가 다양하고, 매우 이국적인 풍경을 이루고 있다. 녹음과 건축물이 조화를 이루어 호이안의 풍경을 더욱 아름답게 해 준다. 이국적인 낮의 풍경도 아름답지만 야경이 특히 아름다웠다. 하지만 교통이 불편하기 때문에 야경을 온전히 즐기기 위해서는 1박이 필요하다.

베트남의 경제 중심지, 호찌민

다낭과 호이안에서의 4일이 지난 후 비행기를 타고 호찌민으로 향했다. 여행지 중 가장 남쪽인 동시에 적도와도 가장 가까이 위치해 있어 더위에 고생했다. 베트남의 최대 도시 중 하나답게 다낭과는 비교할 수 없을 정도로 많은 수의 오토바이가 있었다. 공기 또한 좋지 않아 숨쉬기에 어려움이 있었다.

호찌민에서의 여행 일정 중 하나는 베트남 현지 대학생들로부터 가이드를 받는 프로그램에 참가하는 것이었다. 이 가이드들은 관광학과 학생들로, 서로 비슷한 나이라 금방 친해져 함께 대화하던 중 인상적인 이야기를 들을 수 있

메콩강의 수상가옥

었다. 이 친구들은 1000시간의 가이드 실습을 무료투어 프로그램을 통해 채워야 하는데, 투어를 신청한 여행객이 묵는 숙소에 가서 그들을 기다리는 게 스케줄의 시작이라고 한다. 나도 교생실습을 나가야 하는데, 이 친구들 또한 실습을 하고 있다는 것에서 동질감이 느껴졌다.

호찌민에서의 둘째 날에는 메콩강투어를 했다. 단체 투어로 약 5000원 정도의 가격에 반나절 동안 관광을 하고 오는 일정이었다. 주민들의 생활 반경이 강 주변에 분포되어 있어 생활의 대부분이 카누를 통해 이루어졌다. 주거지 또한 한국에서 볼 수 없는 수상가옥의 형태를 보여 인상적이었다. 투어는 간단하게 투어 회사를 통해 예약하기만 하면 되기 때문에 관심이 있는 경우 한 번쯤 가 보는 것을 추천한다.

베트남 여행 중 가장 크게 와닿았던 것은 베트남이 여느 동남아 나라와 마찬가지로 빈부격차가 매우 크다는 점이었다. 다낭과 근처 도시들은 시골에 가까웠기 때문에 빈부격차가 크게 느껴지지 않았지만 호찌민에서는 빈부 차이를 극명하게 느꼈다. 부유층이 모여 있는 화려한 호찌민 중심부에서 조금만 벗어나면 빈층이 살고 있는 터전이 나온다. 불평등한 개발로 인해 소외되어 있는 모습이 과거 한국의 모습을 떠오르게 했다.

황서영 고려대 지리교육과 졸업

베트남... **메콩삼각주**

활기찬 삶의 풍경을 지닌 곳 ... 농업관광

베트남 서남쪽에 위치한 메콩삼각주는 약 4만 km^2의 면적에 173만 명의 인구가 거주하는 광대한 지역이다. 메콩삼각주는 베트남어로 'Đồng bằng sông Cửu Long'이라고 하는데, 아홉 개의 메콩강 줄기가 바다로 흘러들어 간다고 하여 '아홉 마리 용의 삼각주'라는 의미이다. 또한 메콩삼각주는 수많은 보트와 주택, 식당, 시장이 하천에 떠 있는 하천선 문명으로 유명하다.

광활한 논과 이동 오리농장

메콩삼각주 지역은 광대한 면적에 비해 비교적 적은 인구가 거주하기 때문에 인구당 경작 면적은 다른 지역보다 큰 편이다. 또한 지형이 평평하기 때문에 드넓은 논이 끝이 보이지 않게 펼쳐져 있다. 이 지역은 토지 분쟁 같은 문제가 별로 없고 농부들이 쟁기로 논의 경계를 만들기 때문에 논들이 더 넓어 보인다. 주민들은 이렇게 넓은 논을 "황새가 직선 날아간다"라고 하거나 "끝없는 논들"이라고 표현하곤 한다.

벼의 수확기에는 논 여기저기에서 나는 절단기 소리로 시끄럽다. 이 기간에는 삼각주 지역이 온통 노란색으로 덮인다. 삼각형의 베트남 고깔모자를 쓴 농민들이 행복한 미소를 띠고 벼를 베는 것을 볼 수 있다. 그러나 홍수기에는 메콩삼각주의 모든 들판이 거대한 바다로 변한다. 홍수기는 보통 수확이 끝난 후 곧 찾아온다. 논들이 물에 잠기면서 논에 남은 쌀이 떠오르면 오리들의 모이가 풍부해진다. 그러면 그때부터 이동 오리사육이 시작되는 것이다. 이 기간에는 메콩삼각주 곳곳에서 남은 쌀을 찾아다니는 오리들과 막대기를 흔들며 오리를 몰고 있는 농부를 흔히 볼 수 있다.

과수원

메콩삼각주는 열대기후 지역에 위치하기 때문에 1년 내내 다양한 열대과일이 생산된다. 매년 수만 명의 관광객이 이곳으로 과수원 여행을 온다. 메콩삼각주에서 유명한 과수원으로는 두리안, 망고, 오렌지 같은 맛있는 과일을 생산하는 띠엔장Tién Giang성의 까이베Cai Be군 과수원과 두리안, 망고, 망고스틴, 용안, 코코넛과 같은 다양한 과일 종류로 유명한 벤째Ben Tre성의 몽까이Mon Cai 과수원 등이 있다. 동탑성에는 귤, 빈롱성에는 람부탄이 유명하다. 관광객은 과수원을 산책하면서 싱싱하고 맛있는 과일을 직접 따서 먹을 수 있다.

동탑성의 감귤 과수원

원숭이 다리

원숭이 다리는 대나무 난간으로 간단하게 지어진 다리로 폭은 30~80cm이다. 메콩삼각주에는 관개를 위해 과수원들 사이에 작은 운하를 무수히 설치하였다. 원숭이 다리는 이 운하들을 건너기 위해 설치된 것이다. 원숭이 다리는 대나무로 만든 경우 대나무 다리, 코코넛으로 만든 경우 코코넛 다리로 불린다. 또한 다리를 지나갈 때 어렵고 위험해서 원숭이처럼 다리를 잡고 잘 올라가야 하기 때문에 원숭이 다리라고 도 부른다. 원숭이 다리는 대개 배가 지나갈 수 있게 운하 위로 2~10m 정도 위로 세우며, 마을과 주요 도로를 연결한다. 주민들이 어깨에 무거운 짐을 지고 대나무 다리 위를 지나가는 모습을 종종 볼 수 있다. 원숭이 다리를 지나다 넘어지면 심각하게 다칠 것 같은데, 지역 주민들은 뛰다시피 건너는 것을 볼 수 있다.

원숭이 다리

수상가옥

수상가옥은 메콩삼각주 전역에서 볼 수 있는 특징적인 가옥 형태이다. 메콩삼각주에는 해마다 홍수가 온다. 주민들은 홍수에 대응하기 위해 수상가옥을 짓는다. 홍수가 오면 주택이나 농지, 작물 등이 피해를 입기도 하지만 많은 양의 물고기, 게, 새우 등이 모여 비옥한 충적토가 쌓인다.

수상가옥은 주로 강이나 운하의 가장자리에 위치하며, 수상가옥에 거주하는 주민들은 작은 보트를 갖고 있어 생활의 중요한 활동을 모두 물 위에서 한다. 물고기를 잡고, 학교나 시장도 물 위에 있어 배를 타고 간다. 메콩삼각주 지역에는 태풍이 거의 오지 않기 때문에 집을 단단하게 짓지 않아도 된다. 따라서 바닥은 말린 진흙으로, 벽과 지붕은 코코넛 나무로 짓는다. 그러나 최근 도시화가 진행되면서 수상가옥의 형태도 점차 변하고 있다. 강보다는 도로 쪽을 향해 짓고 콘크리트 벽, 골판지나 철재 지붕을 이용해 지은 집을 많이 찾아볼 수 있다.

수상시장

메콩삼각주 지역에는 유명한 수상시장이 세 개 정도 있다. 껀더Can Tho성의

배 위의 꽃집

배 위의 음식점

까이랑Cai Rang 수상시장, 허우장Hau Giang성의 풍 히엡Phung Hiep 수상시장, 띠엔장성의 까이베 수상시장 등이다. 그중 풍 히엡 수상시장이 가장 크고 번화하다.

수상시장은 하루 종일 열리지만, 특히 아침에 매우 시끄럽고 바쁘다. 그 전날 밤 먼 곳으로부터 온 두리안, 바나나, 오렌지, 코코넛 같은 계절 과일과 채소를 한가득 실은 배와 새벽에 올라 온 생선을 실은 배들이 시장에 가득찬다. 일반적으로 한 배에서 한 가지의 과일만을 파는데, 상인들은 자신이 파는 과일을 높은 장대에 매달아 배 위에 세워서 자기가 뭘 파는지 알린다. 음식과 음료수를 파는 배들도 다닌다. 또한 배 위에서 음악을 연주해 주는 밴드도 있고, 배 위에서 열리는 술집도 있다.

여행을 할 때는 도시 중심에서 도로를 통해 수상시장을 갈 수도 있지만, 세

개의 조각으로 만든 작은 나무보트 같은 메콩삼각주의 특별한 교통수단을 타고 간다면 훨씬 재밌을 것이다.

전통음악

메콩삼각주의 마지막 매력으로는 전통음악을 들 수 있다. 다른 지역에 비해 경제적으로 부유하지는 않지만, 메콩삼각주의 주민들은 문화적으로 풍요로운 삶을 살고 있다. 해가 지면 수상가옥에서는 전통음악의 선율들이 들린다. 던 까 따이 뜨Đờn ca tài tử라 불리는 이 지역 주민들의 전통음악은 유네스코 문화유산으로 등재되어 있다. 던 까 따이 뜨는 이 지역의 아름다운 경관과 닮은 메콩삼각주 농민들의 아름다운 마음을 잘 표현하고 있다.

황 티 비엣하 고려대 대학원 지리학과 졸업

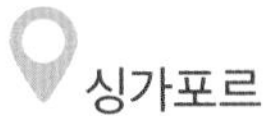

싱가포르

아시아 대륙을 품은 도시 … 음식관광

동서양의 교차로, 싱가포르

싱가포르는 다양한 민족, 언어, 종교가 혼재되어 있기에 아시아 지역의 많은 문화를 일주일 만에 즐길 수 있다. 그뿐만 아니라 식민지 시대에 네덜란드, 일본, 영국의 지배를 받다가 1963년에 이르러서야 독립된 국가이기에, 동남아시아 지역 외의 문화도 존재한다. 이러한 문화의 다양성은 작은 도시국가임에도 불구하고 차이나타운, 리틀인디아, 아랍스트리트 등 다양한 문화권 지역이 존재하는 것에서 확인할 수 있다. 다양한 지역의 음식을 체험해 봄으로써 각 문화권의 역사, 식습관, 기후 등 전반적인 문화를 느낄 수 있었다.

다양한 문화만큼이나 다양한 음식들

싱가포르는 다양한 문화가 혼재되어 있는 만큼, 음식 관광을 떠나면 일정이 빡빡할 만큼 다양한 문화권의 먹을거리가 풍족한 나라이다. 싱가포르의 가장 유명한 음식으로 당연 칠리크랩을 꼽는다. 많은 칠리크랩 레스토랑이 있지만, 그중에서 점보 씨푸드 리버사이드가 한국인에게 가장 잘 알려져 있다. 가격은 약 7만 원 정도로 저렴하진 않지만, 매콤한 칠리소스와 부드러운 게살을 먹고 볶음밥을 먹거나 남은 음식에 번중국식 빵을 찍어 먹으면 절대 후회하지 않는다. 바다로 둘러싸인 섬나라인 만큼 칠리크랩 외에도 페퍼크랩, 버터크랩 등 게 요리가 다양하다. 그리고 브라운 브레드와 코코넛, 달걀, 판단잎을 넣은 카야잼으로 만든 카야토스트는 싱가포르인들의 대표적인 아침메뉴이다. 간장을 넣은 수란에 바삭한 토스트를 찍어 먹기도 하는데, 다소 느끼할 수 있는 맛이지만 진한 커피 한 잔과 먹으면 든든한 한 끼 식사가 된다. 싱가포르에서 가장 유명한 카야토스트 프랜차이즈인 야쿤카야토스트Ya Kun Kaya Toast는 한국에도 입점해 있다.

차이나타운은 1980년대 도시 재개발로 크게 정리되었지만 여전히 시장 같은 서민적인 분위기에서 중국 음식을 즐길 수 있는 곳이다. 치킨라이스는 마늘을 넣고 찐 밥 위에 마늘과 생강으로 잡내를 잡아낸 부드러운 닭 살코기를 얹어 먹는 요리이다. 이는 싱가포르 인구의 가장 큰 비중을 차지하는 중국 해남 지방에서 들어온 사람들로부터 시작된 음식이다. 가격도 약 4달러로 저렴하여 현지인이 주로 먹는 식사 중 하나이다. 그리고 바쿠테는 우리나라의 갈비탕과 유사한 음식이다. 돼지갈비와 마늘을 듬뿍 넣고 고아 만든 국물 요리인데, 바쿠는 돼지갈비를 의미하고 테는 차를 뜻한다. 갈빗살을 간장소스에 찍어 먹고 난 후, 국물에 밥을 말아 먹거나 번을 찍어 먹는다. 이 두 가지 음식은 우리나라와 비슷한 문화권인 중국의 음식이기에 우리나라 관광객 입맛에 비교적 잘 맞다.

리틀 인디아에 가면 화려한 전통의상 사리와 꽃목걸이로 인도에 온 기분이 든다. 영국 식민지 시절부터 저임금으로 노동하며 힘들게 살아가는 남인도 이민자들의 삶도 엿볼 수 있다. 노란색 2층 상가인 리틀 인디아 아케이드에서는 인도와 네팔 풍의 소품들이 있어 기념품을 사기 좋다. 그리고 종종 힌두 사원을 발견할 수 있는데, 구입한 육포를 들고 들어가지 않도록 주의해야 한다. 또한 인도 식당이 줄지어 있는 곳 중 바나나리프아폴로는 바나나잎을 깔고 인도식 식사를 하는 식당으로 이미 유명 관광코스이다.

먹거리로 느끼는 열대의 정취

싱가포르는 동남아시아에 위치하는 섬나라로 열대성 해양기후의 특성을 지녀 연중 내내 24~32도 정도의 기온이기에, 우리나라 초여름과 비슷한 날씨를 유지한다. 때문에 어디서든 아이스크림을 판매하는 것을 자주 발견할 수 있다. 이제는 우리나라에도 익숙해진 철판 아이스크림과 식빵에 껴 주는 직사각형 모양의 아이스크림이 인기가 많다. 가격은 약 1.5달러 정도로 저렴하며 다양한 맛이 있다. 더운 날씨로 인해 금방 녹아내리기 때문에 빨리 먹어야 한다.

싱가포르는 맛있는 열대과일도 풍부하다. 그래서 과일을 판매하는 노점상이 많고 생과일주스로 판매하는 상점도 많이 발견된다. 코코넛, 망고스틴, 람부탄 등 그 종류가 다양하다. 그중 두리안은 독특한 냄새를 지녔지만 맛은 훌륭하여 과일의 왕이라 불린다. 싱가포르는 주변 국가로부터 이민을 제한하고, 백인과 고학력자의 이민만을 허용하는 등 인구를 통제할 정도로 사회 질서가 엄격하다. 이 때문에 우리나라와 달리 지하철 안에서 음식을 먹는 것이 금지되어 있으며 심지어는 물을 마시는 것도 금지되어 있다. '음료를 마시는 것 정도는 괜찮겠지'라는 생각으로 자칫 위반하면 과태료가 싱가포르 달러로 500달러나 하기 때문에 유의해야 한다. 특이한 점은 두리안 역시 금지하고 있는데, 관광객이 두리안의 맛에 빠져 법을 간과하는 경우가 많다고 하니 조심해야 한다.

김기석 고려대 지리교육과 졸업

미얀마... 타웅지, 나웅쉐

선교를 위한 높은 발걸음 ... 선교여행

선교여행은 성경을 근거로 고대 이전부터 꾸준히 이어져 왔으며, 근래에는 교통과 통신의 발달로 많은 사람이 참여할 수 있게 되었다. 보통 여름방학 및 휴가 기간을 이용한 단기 선교여행이 주를 이루며, 포교 활동과 함께 약간의 관광이 겸하여 이루어진다.

타웅지Taunggyi는 미얀마 북동부에 위치한 해발 1430m의 고산도시로, 소수

타웅지 들판의 모습

민족인 빠오족이 대다수 거주하는 지역이다. 20만 명의 인구가 살기에 시내는 제법 규모가 큰 편이며 샨주의 중심도시 역할을 하고 있다. 해발고도가 높아 기후가 온화하고 최근엔 호텔들이 들어서며 미얀마 내 다른 지역으로부터 휴양객을 모으고 있다. 우리 일행은 양곤에서 야간버스로 열네 시간을 달려 타웅지로 이동했고, 타웅지를 거점으로 주변 산지 마을과 교회를 방문하며 일정을 이어 갔다.

타웅지 시장

타웅지 시장

도착하자마자 근처의 국숫집에서 아침을 해결하고, 필요한 식재료와 과일을 사기 위해 시장으로 향했다. 우리나라의 재래시장과 비슷한데, 주변의 빠오족이 모두 이곳을 찾는 만큼 그 규모가 컸다. 시장에선 옷가지, 공예품 등 다양한 상품이 오가고 있었지만 무엇보다 과일과 채소가 주를 이뤘다. 타웅지는 기후가 온화해 다양한 작물이 자라기에 적합한 여건을 가지고 있다. 각지에서 직접 재배해 온 과일은 그만큼 신선해 보였다. 빠오족 전통 두건을 쓰고 다니는 사람, 서늘한 아침 바람에 가죽 자켓을 입고 다니는 사람들이 분주하게 오갔다. 우리도 트럭에 옮겨 타고 본격적으로 일정에 돌입했다.

빠오족 성경번역센터

처음 방문한 장소는 산골 마을에 위치한 성경번역센터였다. 이곳에서는 빠오족 목사들이 모여 성경을 번역하고 있었다. 미얀마의 주 민족인 버마족에게는 버마어로 된 성경이 있었지만, 아직 빠오어로 집필된 성경은 없었다. 때문에 모든 빠오족이 제대로 된 성경을 볼 수 있도록 하기 위해 사람들이 모여 작업에 몰두하고 있는 것이었다. 작업은 먼저 빠오어 사전을 가지고 영어와 버마어 성경을 옮겨 적은 뒤, 초안을 다시 대조하며 교정하는 작업으로 이루어졌다.

지역 교회 방문

성경번역센터를 나온 뒤 근처의 르웨까웅, 마이롱 교회를 방문했다. 주된 활동은 지역 아동을 초대해 교회에서 성경학교를 진행하는 것이었다. 포교를 목적으로 이뤄지는 활동이었지만 아이들과 시간을 보내니 함께하는 그 자체로 즐겁고 흐뭇한 감정이 생겼다. 색칠하고 퍼즐을 맞추고 책을 읽는 모든 과정에 아이들은 관심 있게 참여했다. 실내 활동이 끝나고 실외에서 보내는 시간이 찾아오면 다른 동네 주민들도 구경을 나온다. 그분들을 위해서도 놀 거리를 만들고 참여를 권유한다. 처음엔 머뭇거리면서도 이내 웃으며 참여한다. 한참을 놀고 나서는 우리가 준비해 간 라면과 주먹밥을 만들어 대접했다. 교회 앞뜰에 동네 잔치가 마련된 것이다. 화기애애한 분위기는 저녁에 억수 같은 소나기가 내릴 때까지 이어졌고, 우리는 교회에서 현지 저녁 예배에 참여한 뒤, 현지인의 집에서 하루를 묵었다.

교재에 색칠하고 있는 마이롱 교회 아이들

현지 장례 참석

본래 우리가 방문할 장소는 한 시간 거리에 위치한 짜웅캄 교회와 현지 학교였다. 그러나 방문 직전에 현지 교회의 장로 분이 갑자기 돌아가셔서, 방문 당일에 장례식을 치러야 했다. 따라서 현지 학교 아이들과 잠깐 인사를 나눈 뒤에 바로 장례식에 참여하기로 일정을 수정했다.

장례식은 교회 앞뜰에서 근처 묘지로 이동하며 치러졌다. 현지 분위기는 생각보다 엄숙하지 않고, 오히려 떠들썩한 느낌이었다. 물론 돌아가신 분이 요절하시거나 사고를 당한 것이 아니었기 때문이기도 했지만, 우리나라와 장례를 대하는 생각 자체가 조금 다른 듯했다.

무덤 앞에서 기도 중인 장례 행렬

돌무덤에 시신을 안치하고, 사람마다 무덤 위에 하얀 꽃을 올리도록 나눠 주었다. 시신이 안치된 뒤에는 신학교 학생들이 찬송을 부르며 애도를 표했다. 전통적인 빠오족 장례에 기독교 문화가 더해진 방식 같았다. 다시 마을에 돌아와서는 준비된 밥을 먹고 함께 가정을 방문해 장례 예배를 드렸다.

나웅쉐, 인레 호수

나웅쉐는 13만 명의 인구가 사는 도시로 인레 호수를 통해 외부에 잘 알려진 지역이다. 우리와 같은 동양인 관광객은 적었지만, 배낭을 맨 백인 관광객을 여기저기서 만날 수 있었다.

인레 호수는 해발 880m에 위치하였으며 길이 22km, 폭 11km에 달한다. 인타족이라고 불리는 소수민족이 많이 사는 곳이다. 호수 주변에는 수상가옥이 많았다. 이 수상가옥에 사는 사람들은 수경 재배나 물고기잡이를 통해 생계를 이어 가고 있었다. 수경 재배의 경우 풀과 흙을 심은 수상 밭에서 대나무의 부력을 이용해 재배가 이뤄진다. 물고기잡이는 그 모습이 독특한데, 물고기 덫을 손에 쥐고 노를 발로 저으며 고기를 잡는다. 발로 노를 젓는 이유에 대해서는 여러 추측만 들어 볼 수 있었다. 과거 버마 왕국으로부터 팔이 잘린 사람들이 발로 배를 타기 위해 노 젓는 방법을 개발했다는 이야기부터 단순히 팔의 피로를 덜어 주기 위한 것이라는 이야기까지… 속 사정이 어찌 됐건 그 모습은 이색적이었다. 강렬한 햇빛을 가리기 위해 머리에 쓴 모자도 인상적이었다.

인타족 어부의
고기 잡는 모습

배를 타고 가는 도중에 수상 직조공장에 잠시 들를 수 있었다. 인타족은 다양한 수공업을 발전시켰는데, 그중에서도 옷감을 뽑아 내는 직조업이 가장 발달했다고 한다. 공장에서는 실크, 면 등의 직조물을 소개했는데 가장 눈길이 가는 건 연꽃으로 만들어 낸 실이었다. 공장 안쪽에는 갓 뽑아낸 실로 만든 상품들이 있었다. 관광객을 대상으로 판매해서인지 가격이 생각보다 비쌌다.

강 반대편에 있는 인타족의 수상 교회를 방문하였다. 다른 수상가옥들처럼 대나무를 엮어 만든 모습이었고, 교인들은 호수의 여기저기서 배를 타고 교회를 방문하였다. 이들은 기독교를 받아들이는 과정에서 다른 인타족으로부터 많은 괴롭힘을 당했다고 한다. 교회를 여러 번 옮겨야 했고, 그렇게 쫓겨서 지금의 교회가 만들어지게 된 것이다. 방문했던 다른 교회들처럼 똑같이 교제하고 대접했지만 가장 인상 깊었던 장소로 기억에 남았다. 편하게 교회를 다니고 오히려 종교 때문에 피해 보기 싫어하는 내 모습과 달리 그들의 얼굴은 숭고해 보였기 때문이다. 그렇게 마지막으로 방문한 인레 호수는, 그간의 나를 돌아보게 하는 거울이었다.

김민규 고려대 지리교육과 졸업

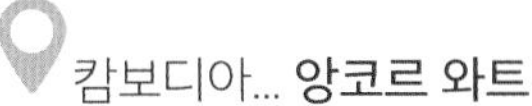

위험에 처한 세계유산 ... 문화유산관광

캄보디아에서의 첫 풍경

캄보디아의 수도 프놈펜에서 앙코르 와트가 있는 시엠립Siem Reap까지는 약 320km로, 서울에서 부산 정도의 거리이며 버스를 타고 다섯 시간 정도 걸린다. 버스를 타고 가는 길은 쉽지 않았다. 빠른 속도로 달리는 버스는 도로에 기습적으로 나 있는 울퉁불퉁한 구멍들 위로 지나갈 때마다 크게 흔들렸다.

긴 여정 중간중간 들르는 휴게소도 인상 깊었다. 동남아시아 국가의 휴게소는 처음 경험해 보았는데 이것이 동남아시아 그 자체가 아닌가 싶었다. 휴게소에 진열되어 있는 다양한 음식과 과일은 캄보디아의 냄새가 물씬 났고 특히 전갈꼬치는 모양만으로도 굉장히 충격적이었다. 또한 내리자마자 현지 아이들이 몰려들어 "천 원, 천 원"을 말하며 계속해서 따라다녔는데, 마음이 약해 보이는 관광객을 집중적으로 공략하는 듯했다. 특히 여성 관광객이 주요 타겟이 되곤 했다. 돈을 주면 더욱더 몰려든다고 가이드는 미리 주의를 주었다. 돈을 주기 시작하면 아이의 부모가 아이를 학교에 보내지 않고 구걸하는 데 계속 동원하게 된다는 말도 덧붙였다. 현재의 작은 이익을 위해서 미래의 발전을 포기하면 안 된다고 생각하여 가이드의 당부대로 마음이 약해져도 돈을 건네주지 않았다.

앙코르 톰의 따 프롬과 비욘 사원

시엠립에 있는 앙코르 유적은 크게 앙코르 톰과 앙코르 와트 두 곳으로 나누어진다. 앙코르 톰은 자야바르만 7세, 앙코르 와트는 수리야바르만 2세의 뜻에 의해 건축되었으며 시기적으로 앙코르 와트가 먼저 건설되었다. 먼저 도착한 곳은 앙코르 톰이었다. 앙코르 톰의 대표적인 유적으로는 어머니의 극락왕생을 비는 마음에 자야바르만 7세가 12세기 말에 바욘Bayon 양식으로 건설한 따 프롬Ta Prohm, 역시 자야바르만 7세가 건설한 불교 사원인 바욘 사원 등이 있다.

따 프롬은 유적 전체가 거대한 나무에 둘러싸여 천천히 침식되고 있는 것으로 유명하다. 실제로 하늘 높이 솟구쳐 있는 나무의 뿌리가 돌로 된 유적을 휘감고 있는 모습은 굉장히 인상적이었다. 자연에 의해 파괴되고 있지만 그로 인해 또 다른 멋이 생기는 아이러니한 상황이었다. 현재는 유적을 감싸고 있는 나무에 성장 억제제를 넣는 등 장관을 이루는 두 가지 요소를 공존시키려는 노력을 기하고 있었다. 바욘 사원은 '크메르캄보디아의 전 이름의 미소'라고 불리는 사면체 관음보살상으로 유명하다. 오랜 침식으로 인해 현재 보살상이 37개밖에 남아 있지 않다고 한다. 이곳저곳 나 있는 균열이 보존을 하지 않으면 남아 있는 보살상이 더 줄어들 것이라고 예고하는 것 같았다.

위험에 처한 세계유산, 앙코르 와트

앙코르 와트에서는 '내가 바로 동남아시아의 날씨다'라고 말하는 것 같이 뜨겁게 내리쬐는 햇볕이 우리를 반겨 주었다. 앙코르 톰은 숲과 정글 속에 위치하기 때문에 햇빛을 가려 주었는데 앙코르 와트는 그야말로 햇빛의 한가운데

↑나무가 건물을 휘감은 따 프롬
↓바욘 사원의 관음보살상

였다. 주기적으로 내리던 스콜도 이때만큼은 코빼기도 비추지 않아서 더욱 힘들었다. 실제로 함께 여행을 하던 한 여성분은 더위로 인해 비틀거리기까지 하였다. 무섭게 치솟은 온도를 뚫고 앙코르 와트를 향해 전진하는 도중에 가이드에게 '앙코르 와트가 무너질 예정이다'라는 말은 과거부터 계속 있었다는 얘기를 들었다. 실제로 앙코르 와트는 도굴과 약탈, 크메르 루주 정권이 설치한 지뢰 등에 의해 훼손되어 1992년 위험에 처한 세계유산에 등록되었다. 그 후 일본, 독일, 프랑스 등 문화자원에 큰 관심을 가지고 있는 국가들이 보존에 참여하였고, 특히 일본이 앙코르 와트 복원에 큰 힘을 쏟았다고 한다. 공식적인 지원금만 10만 달러가 투입되었고 복원에 큰 노력을 들여 2004년에는 위험에 처한 세계유산 목록에서 빠질 수 있었다고 한다.

암석으로 만들어진 거대한 건축물인 앙코르 와트는 겉으로만 봤을 때는 세월의 흔적이 녹아 침식되었을 뿐 붕괴될 위험에 처했던 과거의 흔적이 느껴지지 않았다. 그러나 최근에는 늘어나는 관광객이 앙코르 와트의 수용력을 넘어가고 있다고 가이드는 설명했다. 관광지로서의 개발로 인해 고급 호텔에서 지하수를 막대하게 사용하여 지반 붕괴의 위험이 있다고 했다. 또한 거기에 관광객이 지나다니며 땅을 밟는 압력 역시 무시할 수 없는 요소였다. 이에 대한 구체적인 대책 없이 관광객을 계속 받아들인다면 과거보다 큰 위험에 처하는 것이다. 그 순간 관광객으로서 앙코르 와트를 밟고 있는 내 발을 쳐다보는데 내가 지금 앙코르 와트를 위협하고 있다는 죄책감이 스쳐 지나갔다. 앙코르 와트가 곧 붕괴될지도 모른다는 소식을 듣고 그 전에 앙코르 와트를 보러 온 관광객에 의해 도리어 앙코르 와트가 붕괴되고 있는 것이었다.

웅장한 앙코르 와트

세계에는 다양한 이유로 위험에 처해 있는 유산들이 많다. 2017년 7월 기준 53점이 위험에 처한 세계유산 목록에 등재되었다. 이뿐만 아니라 수없이 많은 유산이 사라질 위기에 놓여 있을 것이다. 소중한 유산들이 사라지기 전에 눈에 담는 것은 의미 있는 일일 것이다. 하지만 그 전에 구체적인 조사를 통해 내가 감으로써 유산이 사라질 위험이 커지는 것은 아닐지 고민이 필요하다는 것을 깨달았다. 만약 그렇다면, 미래에도 사라지지 않고 건재한 유산을 볼 수 있도록 복원에 관심을 갖고 그것에 도움을 줄 수 있는 활동을 해 보는 것은 어떨까? 세계유산에 대한 보전은 비단 그 국가만의 문제가 아닌 문화를 소중히 여기는 모두의 노력이 필요한 일일 것이다.

송준선 고려대 지리교육과 졸업

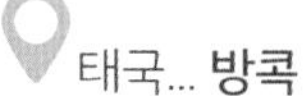

태국... 방콕

배낭여행의 도시 ... 교통관광

대중교통으로 방콕에서 여행하기

자유여행을 떠나면서 방콕의 다양한 교통수단을 접해 볼 수 있었다. 직접 이용해 보니 방콕은 교통수단이 발달한 지역은 아니었다. 관광도시로 발달한 정도에 비해 관광에서 중요한 요소인 대중교통은 그만큼 발달하지 못한 모습이었다.

공항에 도착해 리무진을 타고 호텔로 이동했다. 호텔에서 제공하는 차를 타고 호텔까지 이동하는 에어텔 관광상품을 이용한 덕분이었다. 이 외에 공항에서 시내로 가는 방법으로는 택시를 타는 것과 공항철도를 이용하는 방법이 있다. 택시는 가격이 아주 저렴하기 때문에 세 명 이상이 함께 탄다면 대중교통 이상으로 저렴하게 이용할 수 있다. 공항철도는 표를 끊거나 환승하는 방법이 한국과 매우 유사하기 때문에 쉽게 이용할 수 있다.

방콕 도심을 돌아다닐 때는 BTS를 이용하였다. BTS는 1999년에 개통한 방콕의 대표적인 대중교통 수단으로, 시내 중심가를 지나는 2개의 노선과 26개의 역이 있다. 하루 평균 약 50만 명이 이용하며 출퇴근 시간에는 한국의 지하철을 연상시킬 만큼 이용객이 많다. 일회권, 일일권, 선불교통카드 등을 사용할 수 있는데, 물가를 따져 보면 한화 평균 1200원 정도로 한국 지하철과 비슷하다. 다만 거리에 따라 가격이 달라지는 시스템이기 때문에 가까운 곳에 간다면 500원 정도의 저렴한 가격으로 이용할 수 있다는 점이 우리나라와는 다른 점이다. BTS는 지상철이기에 관광지에서 호텔로 돌아가는 길에 방콕의 야경을 즐길 수 있다는 점이 가장 큰 장점이다. 그러나 환승역이 적어 원하는 지역을 가기 위해 불필요한 거리까지 이용해야 하는 경우가 많았다. 한 예로, 색깔이 다른 두 철도의 환승역이 한 군데뿐이었다. BTS로 방콕의 모든 지역을 다니기에는 무리인 것이다.

방콕의 거의 모든 교통수단

방콕의 전통과 현재를 모두 볼 수 있으며 쇼핑의 성지이기도 한 아시아티크를 가기 위해선, 도심에서 조금 떨어진 곳으로 이동해야 했으며 무엇보다 강을 건너야 했다. 우리나라의 한강공원 선착장 같은 곳이 있다는 정보를 입수하고 뚝뚝을 이용해 그곳을 찾아가려 했다. 뚝뚝은 삼륜차를 개조하여 고객을 목적지에 데려다주는 관광객 특수 교통수단이다. 뚝뚝을 타기 전 흥정은 필수이다. 양쪽이 뚫린 뚝뚝에 앉아 방콕의 도로 한가운데를 달리니 웃음이 절로 났고 높은 기온으로 인한 불쾌지수는 완전히 사라지는 듯했다. 대만족이었다.

호텔로 돌아갈 때는 무료 셔틀 수상보트를 이용했다. 이 수상보트는 BTS의 한 역과 아시아티크 사이를 이동하는 손님을 위해서 운행하는 교통수단이었다. 자리가 많음에도 꽤 많은 사람들이 서서 간 덕에 운좋게도 운전석 옆의 갑판 같은 곳에 앉을 수 있었다. 앞과 옆이 뚫린 자리였기에 방콕의 야경을 강의 흐름과 함께 즐길 수 있었다. 방콕에는 짜오프라야강이 흐른다. 강 너머에는 볼만한 관광지가 많기 때문에 많이들 수상보트를 이용한다. 내가 탑승한 것과 같은 무료 보트도 있고 한화 500원 정도를 내면 짜오프라야강뿐만 아니라 지천을 운행하는 작은 규모의 수상보트도 있다. 베니스의 곤돌라 같은 2인용 수

여러 명이 이용할수록 저렴한 택시 ↑ ↑ 관광객에게 인기가 좋은 뚝뚝
강 너머를 오갈 때 편리한 수상보트 ↓ ↓ 현지인이 애용하는 오토바이

방콕인의 발, 버스

상보트도 있는데, 이것을 타면 짜오프라야강 처음부터 끝까지를 한 시간 동안 관광시켜 준다.

버스는 우리나라와 마찬가지로 방콕의 대표적인 교통수단이다. 그러나 노선 정보를 쉽게 알 수 없어서 관광객이 이용하기에는 어렵다. 또 출퇴근 시간대 주요 노선은 많은 사람으로 붐비고, 현지인이 주로 이용하기 때문에 관광객이 탑승했을 시에는 사람들의 의아해하는 시선을 느낄 수 있을 정도라고 한다. 더운 나라답게 에어컨이 달린 버스와 달리지 않은 버스의 가격이 다르며,

에어컨이 있는 버스는 거리비례제를, 아닌 버스는 단순한 요금체계를 갖추고 있나고 한다. 요금을 지불하는 방식은 특이하다. 승차하면서 요금을 내는 것이 아니라 버스에서 지불하는 형태인데, 탑승 후 버스가 출발하면 요금안내원이 와서 요금을 받는다고 한다.

오토바이 택시도 현지인이 많이 이용하는 교통수단이다. 방콕 시내는 난폭하게 운전하는 경우가 많기 때문에 오토바이는 위험할 수 있다. 그렇지만 도로가 혼잡한 시간대에 이동하거나 골목길이나 차로는 찾아가기 복잡한 곳을 갈 때는 오토바이가 유용하다고 한다. 요금은 20~40바트로, 한화 800~1500원의 가격이다. 가까운 거리를 가기에는 비싸고 대부분 흥정에 의해 요금이 결정되므로 관광객은 이용이 쉽지 않을 수 있다. 나 역시 오토바이를 이용하기에는 꺼려졌던 것이 사실이다. 짐이 많아 한 손으로 오토바이를 탈 자신도 없었지만 혼자 낯선 국가의 사람만을 믿고 길을 가기에도 자신이 없었다.

아시아 음식 문화의 대표주자, 태국 음식

태국은 단순히 먹기 위해 여행을 해도 될 정도로 음식이 다양하다. 생소한 향신료가 예상하지 못한 맛을 내기도 하지만, 다양한 태국 음식을 맛보는 일은 태국을 이해하기 위한 필수 코스이다. 음식에 대한 호기심을 갖고 도전 정신을 발휘해 볼 필요가 있다.

똠얌꿍은 태국 대표음식 중 하나로 새우찌개다. 레몬그라스, 라임, 고수 같은 향신료를 사용하며, 맵고 시고 짜고 단 맛을 동시에 낸다. 일단 맛을 들이고 나면 벗어나기 힘들 정도로 중독성이 강하다는 여행 지침서의 말을 듣고 도전정신을 발휘했다. 그러나 먹고 난 후부터는 한국 음식이 간절해지는 경험을 할 수 있었다. 푸팟퐁커리는 싱싱한 게 한 마리를 통째로 넣고 카레소스로 볶은 것이다. 화교에 의해 전래된 음식으로 카레소스는 달걀 반죽과 쌀가루가 어우러져 부드럽고 단맛을 낸다. 한국에서 푸팟퐁커리는 꽤 비싼 가격으로 팔리고 있을 만큼 고급 음식이다.

과일주스 가게

↑똠얌꿍 ↓푸팟퐁 커리 ↑팟타이와 스프링롤 ↓쌀국수

똠얌꿍과 푸팟퐁커리처럼 식당을 찾아가야만 맛볼 수 있는 음식이 있는 반면에 길거리에서 쉽게 찾아볼 수 있는 음식도 있었다. 훈제 삼겹살과 닭다리, 열대과일을 아주 저렴한 가격에 맛볼 수 있었다.

또 흔히 볼 수 있는 음식으로는 쌀국수와 팟타이가 있다. 우리나라에서는 베트남 쌀국수를 더 흔히 먹기에 태국 쌀국수와 팟타이는 익숙하지 못한 맛일 수 있다. 그러나 면은 더 쫄깃하고 육수의 맛은 깊다. 곁들여 먹은 스프링롤의 맛도 굉장했다. 우리나라 군만두와 비슷하지만 껍질이 더 얇고 바삭했고 속은 더 알찼다. 만두를 좋아하는 사람이라면 절대 놓쳐서는 안 될 음식이다.

여행 중 내 입맛을 가장 사로잡은 것은 수박주스였다. 태어나서 처음 먹어 보는 맛이었다. 수박주스 외에 다른 주스는 먹어 보지도 못하고 돌아가겠구나 싶을 정도였다. 라임, 레몬, 오렌지, 파인애플, 망고, 석류 등 다양한 주스를 거리에서 판매했지만 말이다. 다양한 도전을 해 보고 싶은 마음에서가 아니라면 매번 수박주스를 고르는 자신을 발견할 것이다. 우리가 원래 알던 맛이 아님은 분명히 말할 수 있다.

염승희 고려대 지리교육과 졸업

말레이시아... **말라카, 쿠알라룸푸르, 푸트라자야**

해상무역의 중심에서 아세안의 중심이 된 곳

... 교육관광

해상무역의 중심지, 말라카

싱가포르에서 여섯 시간 동안 버스를 타고 가장 먼저 향했던 말레이시아의 도시는 말라카였다. 말라카는 말레이시아에 위치한 인도양과 태평양을 연결하는 주요 해상교통로에 위치해 있다. 과거에는 이 점을 활용해 향신료 무역의 중심지가 되었다고 한다. 이로 인해 여러 나라가 말라카를 노렸으며, 포르

말라카 골목의 모습

투갈 등 여러 나라가 말라카를 정복하였다. 말라카는 현재도 해상무역의 거점 역할을 하고 있다. 오랜 시간 버스를 타고 말라카에 내렸을 때 처음 든 생각은 바로 도시가 전반적으로 굉장히 빨갛다는 것이었다. 보도블록, 건물, 표지판 등 대부분의 건축물이 빨간색을 띠고 있었다. 말라카가 빨간색을 유난히 선호하는 데에는 중국의 영향도 있었으리라 판단된다.

바다는 모든 것을 기억한다

날이 저물어 갈 때 즈음 세인트폴 언덕에 올랐다. 언덕 위에는 세인트폴 교회와 산티아고 요새가 위치해 있었다. 이 두 건축물을 통해 많은 열강이 말라카를 탐냈고, 이로 인해 전쟁이 자주 발생했다는 사실을 알 수 있었다. 그러나 결과는 네덜란드의 승리였다. 세인트폴 언덕 위에 올라 말라카의 앞 바다를 바라보았다. 분명 말라카는 해상무역의 중심지로서 많은 경제적 이득을 보았을 것이다. 전쟁으로 인한 인명 피해 또한 피할 수 없었을 것이다. 바다는 그러한 과거의 모습을 모두 기억하고 있을 것이라는 생각이 들었다.

세인트폴 교회

말레이시아 대사관을 방문하다

말레이시아 대사관의 겉모습은 생각보다 깔끔하고 웅장했다. 이곳에서 주 말레이시아 대한민국 대사의 강연을 들었다. 강연의 주된 내용은 말레이시아 국가의 특징, 외교, 대사관의 역할 등이었다. 말레이시아는 출산율이 높고 청년층의 비율이 높아 향후 경제 전망이 긍정적이라고 하였다. 또한 말레이시아는 우리나라와 조금 특별한 외교 관계를 맺고 있었다. 남한과 북한 어느 한쪽에 치우치지 않는 외교 관계를 유지하고 있었다. 우리가 말레이시아를 방문하고 얼마 지나지 않아 북한의 김정남 암살 사건이 일어났다. 내가 방문했던 곳에서 그런 엄청난 일이 벌어졌다는 사실에 놀랐다.

힌두교의 성지, 바투동굴

바투동굴은 쿠알라룸푸르에서 북쪽으로 약 13km 정도 떨어진 산속에 있는 종유동굴이다. 힌두교 순례자들의 고행 순례가 끊이지 않는 곳이라고 한다. 버스에서 내리니 제일 먼저 보인 것은 수많은 원숭이였다. 이 원숭이들은 반짝이는 물건을 좋아해서 핸드폰, 액세서리 등 귀중품을 가지고 도망친다고 한다. 실제로 일행 중 한 명은 가방 안에 있던 열쇠고리를 아기 원숭이에게 빼앗겼다.

바투동굴에 가려면 총 272개나 되는 계단을 올라야만 했다. 게다가 짧은 바

272개나 되는 바투동굴의 계단

지를 입은 나는 올라갈 때 사롱을 구매해 두르고 올라가야만 했다. 바투동굴은 종유동굴답게 매우 웅장하고 동굴 가운데 천장 구멍에서 빛이 들어오는 풍경이 매우 아름다웠다. 말레이시아는 다양한 종교를 믿는 사람들이 모여 사는 국가로, 힌두교 성지인 바투동굴을 방문하며 말레이시아의 다양성을 느낄 수 있었다.

더위 속 피난처, 페트로나스 트윈타워

다음 날, 굉장히 분주한 오전을 보냈다. 네 시간 동안 독립광장, 전적기념비, 이슬람 사원, 왕궁, 페트로나스 트윈타워를 모두 방문했기 때문이다. 쿠알라룸푸르의 시내를 탐방하며 느낀 점은 내 인식 속의 말레이시아와 실제 말레이시아의 모습이 굉장히 상이하다는 것이다. 은연중에 동남아시아는 우리나라처럼 발전하지 못했을 것이다, 건물이 오래되었을 것이라는 편견을 가지고 있었던 것 같다. 특히 페트로나스 트윈타워의 경우 452m, 세계 10위의 높이를 자랑하는 쌍둥이 건축물이다. 말레이시아의 대표적 랜드마크답게 규모가 크고 방문객이 많았다. 타워 2의 경우, 우리나라의 기업인 삼성건설과 극동건설에서 건설을 담당했다고 한다. 새삼 우리나라의 건설기술이 자랑스러워지는 순간이었다. 아쉽게도 전망대는 방문하지 못했지만 많은 관광객이 페트로나스의 전망대를 방문한다고 한다. 시내 탐방을 하다가 너무 더워지면 잠시 페트로나스 트윈타워에 방문해 시원한 에어컨 바람을 쐬며 쇼핑과 식사를 하는 것도 좋은 방법일 것이다.

말레이시아의 세종시, 푸트라자야

푸트라자야는 우리나라가 세종시를 계획할 때 모델로 삼았던 곳으로, 세계적으로 성공한 행정도시로 평가받는다. 쿠알라룸푸르에서 남쪽으로 25km 떨어져 있는 이곳은 1999년 쿠알라룸푸르의 과밀화 및 혼잡을 줄이기 위해 2010년까지 정부청사를 이전해 왔다고 한다. 사실 푸투라자야 방문이 원래부

핑크 모스크 사원

터 예정되어 있던 것은 아니다. 그러나 공항을 가기 전 최대한 많은 곳을 탐방하고 갔으면 좋겠다는 교수님의 의견으로 다소 촉박한 시간이었지만 푸트라자야로 향하게 되었다. 버스 차창 밖으로 본 푸트라자야는 상당히 깔끔하고 정돈된 느낌이 강했다. 또한 수도인 쿠알라룸프르에 비해 인구밀도가 적은지 길거리를 지나는 사람이 잘 눈에 띄지 않았다.

빨간 망토를 두르고 핑크 모스크 사원으로

푸트라자야에서는 핑크 모스크 이슬람 사원을 방문하였다. 지붕이 분홍색이라 핑크 모스크라고 불린다고 한다. 우리나라 드라마 〈공항 가는 길〉의 촬영지로도 알려진 곳이다. 이슬람 사원이니만큼 여성은 무조건 빨간 망토를 써야 했다. 망토는 다행히도 무료로 대여해 주었다. 망토를 두르고 사원 내부를 구경하였다. 내부 기도실은 이슬람 교인만 들어갈 수 있었다.

푸트라자야를 돌아보며 동남아시아의 정치 및 사회 복지가 우리나라보다 더 발전되어 있을 수도 있겠다는 생각이 들었다. 유럽 등의 선진국뿐 아니라 아세안에서도 본받을 만한 부분은 벤치마킹하면 좋을 것이다.

김재원 고려대 지리교육과 졸업

제5장 서남아시아

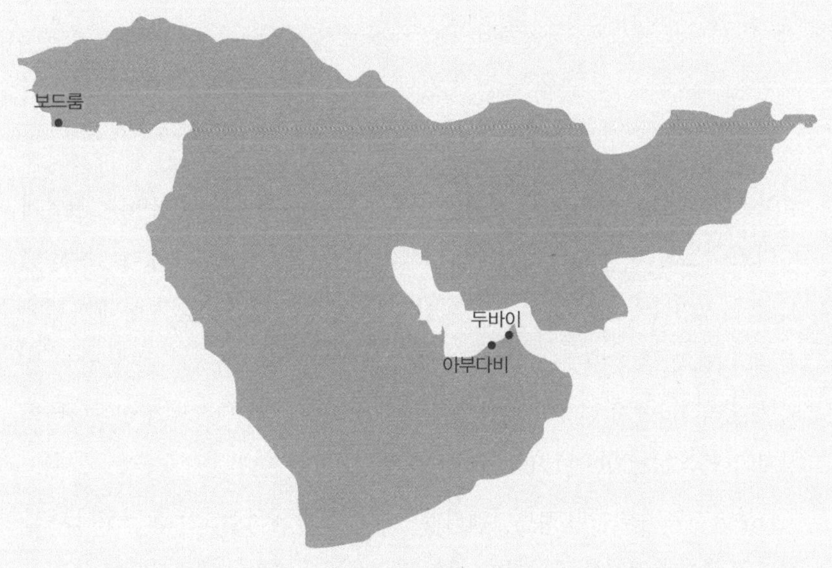

가로수가 아름다운 사막도시 … 도시관광

아부다비는 아랍에미리트 연합을 이루는 일곱 토후국 중 하나이다. 아랍에미리트 국토의 약 95%를 차지하고 있으며, 대부분의 석유도 아부다비에서 생산된다. 그러나 두바이가 버즈 알 아랍 호텔, 부르즈 칼리파 등을 통해 유명해진 데 비해 아부다비는 우리에게 뚜렷이 떠오르는 랜드마크가 없다. 굳이 들자면 우리나라에서 부유한 사람의 대명사가 되어 버린 만수르가 아부다비의 상징이랄 수 있겠지만 말이다.

아부다비는 유럽이나 라틴아메리카로 가는 도중에 스톱오버로 하루나 이틀 정도 들르기에 적절한 도시이다. 공항도 도심에서 가깝고 대중교통이 잘 갖춰져 있으며 무엇보다도 안전하다. 겨울에는 비교적 선선하지만 5월부터 10월까지는 매우 덥기 때문에 거리를 돌아다니는 사람을 거의 볼 수 없다. 대신 동네 곳곳에 있는 쇼핑몰에 가면 많은 사람이 산책도 하고 밥도 먹고 장도 본다. 쇼핑몰에서 아부다비 전통의상을 입은 원주민은 많지 않다. 대부분의 주민이 외국계 인구이다.

외국인 노동자의 도시, 아부다비

아부다비는 대중교통이 잘 갖춰져 있는데, 자국민보다는 외국계 인구를 위해서이다. 부유한 자국민은 값비싼 명차를 타고 다니지만 인구의 90% 정도를 차지하는 외국계 인구는 대중교통을 주로 이용한다. 적은 인구에 비해 의욕적인 사업을 많이 시행하는 두바이나 아부다비는 필요한 전문가들을 해외 인력으로 많이 충원한다. 우리나라의 여러 기관 역시 아부다비와 두바이에 인력을 파견하고 있다. 대표적인 예가 아랍에미리트의 원자력 발전소 건설사업이나 서울대학교가 위탁 경영하는 UAE 셰이크칼리파 병원 등이다. 아부다비에서는 원주민을 보기가 쉽지 않다. 가게의 점원도, 치안을 담당하는 경찰도 외국계 노동자이다. 원주민은 대부분 금융업계에 종사하거나 공무원이다. 부업으로 대다수가 건물 임대업을 한다고 한다. 금융과 행정만을 원주민이 주로 담당하고 나머지 부분은 외국인이 맡고 있다.

아부다비는 세계화 시대의 노동력 이주 현상을 가장 뚜렷하게 관찰할 수 있는 곳이다. 아부다비에서 단순 노무직은 주로 인도, 파키스탄 등의 남아시아계 인구가 담당한다. 어린이를 돌보는 가사 노동자, 즉 보모들은 주로 인도네시아계 여성이 담당한다. 회색 유니폼을 입고 어린이를 돌보는 젊은 아시아계 여성들을 쇼핑몰에서 쉽게 볼 수 있다.

아부다비는 두바이와 함께 외국계 노동자, 특히 단순 노동을 하는 직군에게 가혹한 노동환경을 제공하기로 유명하다. 남아시아나 동남아시아계 노동자가 뜨거운 날씨에 종일 노동을 하고 받는 돈은 우리 돈으로 약 40만 원 정도이다. 만일 외국계 노동자가 범죄를 저지르면 바로 추방한다. 많은 돈을 중개비로 주고 건너온 노동자는 추방 당하면 많은 손해를 보고 집으로 돌아가야 하기 때문에 절대 범죄를 저지르지 않는다. 범죄율이 제로에 가까운 아부다비와 두바이에서는 한밤중에도 마음대로 거리를 나다닐 수 있다. 게다가 불법 체류자도 적은 편인데, 비자에서 허용한 기간보다 더 많은 날을 머무르면 출국 시 벌금을 내야 한다. 불법 체류 1일당 내는 벌금이 우리 돈으로 약 30만 원에 이른다. 불법 체류를 할 경우 오히려 경제적으로 큰 손해를 보게 되기 때문에 빈곤한 국기 출신의 노동자들은 단 하루도 불법 체류를 하지 않으려 한다.

아부다비에서 근무하는 외국계 노동자에게 한국은 매우 좋은 국가라고 알려져 있다. 임금도 높고 노동자에 대한 태도도 상대적으로 호의적이기 때문이란다. 햄버거 가게, 한국 식당, 공항 등에서 만난 외국계 노동자들은 우리가 한국 사람이라는 걸 알자 말을 걸고, 자신의 지인이 한국에서 일은 한다는 이야기를 하거나, 한국에 가서 일하고 싶다고 얘기하기도 하고, 심지어 "알러뷰"라는 뜬금없는 고백을 하기도 했다.

신의 뜻을 되새기는 기간, 라마단

라마단 기간을 체험해 보고 싶어서 라마단 기간에 맞춰서 아부다비를 방문했다. 이슬람교 국가이기에 라마단 기간에는 전체적으로 일이 많지 않고 휴가를 떠나는 경우도 많아서 아부다비시 정부에 소속되어 있던 가족이 휴가를 내기에도 좋았기 때문이다. 라마단 기간과 시작 및 종료 시간은 해마다, 지역마다 달라진다. 이슬람 사제들이 이를 해마다 계산해서 발표한다고 한다. 이슬람교도는 라마단이 되면 해가 떠 있는 동안은 금식을 해야 한다. 따라서 대부분의 식당은 낮에는 문을 닫고 있다가 일몰 시간이 되면 문을 연다. 일몰 시간이 다가오면 사람들은 식당에 가느라 바쁘다. 이슬람 국가에서는 라마단 기간 일몰 시간 무렵에 교통사고가 제일 많이 일어난다고 한다.

라마단 기간은 단순히 단식을 하는 것이 아니라 더욱 정성 들여 기도를 해야 하고, 알라의 뜻을 받들어 좋은 일도 많이 해야 하는 신성한 기간이기에 기부도 많이 이루어진다. 라마단 기간에 거리를 지나다 보면 큰 천막 앞에 늘어선 사람들을 볼 수 있는데, 부유한 이들이 가난한 자들을 위해서 음식을 제공하는 것이라고 한다.

부유함의 상징, 사막의 가로수와 사디야트 프로젝트

아부다비에는 두바이만큼 화려하고 유명한 건물은 많지 않다. 그러나 우리나라의 웬만한 도시에서 보던 것보다 큰 가로수들 사이를 지나다 보면 이곳이 사막 국가라는 생각을 하지 못한다. 중동 지역에서 부유한 도시의 상징은 나무, 즉 가로수이다. 가로수 한 그루 한 그루마다 수도관을 묻어야 하며, 뜨거운 사막의 날씨에 견딜 수 있도록 모든 나무에 날마다 물을 주어야 한다. 물론 스프링클러가 있는 곳도 있지만 일렬로 심어져 있는 가로수에는 사람이 직접 물을 준다. 가로수 하나 하나가 엄청난 유지비가 드는 고급 상품인 것이다, 별로 고급처럼 보이지는 않지만 말이다. 두바이 가로에는 가로수가 거의 없지만 아부다비의 거리에는 커다란 가로수들이 도시 대부분의 지역에서 잘 가꾸어져 있다.

아부다비의 진정한 부는 사디야트 아일랜드 프로젝트에서 엿볼 수 있다. 아부다비는 여러 섬으로 이루어져 있는데 사디야트 아일랜드는 이 중 하나이다. 사디야트 프로젝트는 세계의 유명 박물관, 미술관, 유명 학교의 분교 등을 유치하여 중동의 예술 허브를 조성하는 것이다. 루브르 아부다비, 해양 박물관, 오페라 하우스, 예일대학교 아부다비 캠퍼스 등이 조성되고 고급주택 단지가 함께 들어선다. 각각의 건물은 세계에서 유명한 건축가들을 초대하여 설계하고 최신의 건축 기법을 도입하여 건설한다. 아부다비를 방문했을 때에는 아직 공사들이 계획 단계였다. 마침 사디야트섬에서 파리 루브르에 있는 소장품을 대여한 전시가 있어서 관람을 했다. 사막 한가운데서 유럽 유명 박물관의 소장품을 본다는 점에서 아부다비의 재력을 느낄 수 있었다. 일설에 의하면 두바이가 대중적이면서도 화려한 이벤트와 랜드마크들로 중동의 주요 허브 국가가 되자 아부다비가 고급화 정책을 취했다고 한다.

사디야트섬에는 세계에서 가장 비싼 건물에 미술관, 박물관 등이 들어서고 사막에는 바다 위에 떠 있는 맨션이 지어지는 반면 아부다비의 민속촌에 가보면 별로 볼 것이 없다. 사막에 살던 가난한 사람들이었기 때문에 남길 만한

↑ 아부다비의 그랜드 모스크
○ 초코파이처럼 생긴 아부다비의 공공기관 건물
↓ 가로수가 우거진 아부다비 시내

세계 국빈들이 묵는 팰리스 호텔

것이 별로 없어서란다. 가난한 베두인들은 더운 날씨 때문에 50살을 넘기기가 어려웠다고 한다. 왕족들도 모래 위에 천막을 치고 살았다고 한다. 그러나 오늘날 부가 넘치는 아부다비를 방문하면서 종종 '내가 아부다비 시민이라면 얼마나 좋을까'라는 생각을 하곤 했다. 중동에서 발견된 석유는 이들이 겪어 온 지난한 역사에 대한 보상이 아닐까 생각도 했다. 물론 그들이 자신들을 위해 땀 흘리는 외국계 노동자들에게도 좀 더 자비롭다면 더욱 좋지 않을까 하는 생각도 하면서 말이다.

김희순 고려대 대학원 지리학과 졸업

사막 속의 도시 문명... 체험관광

아랍 토후국 연맹에 소속되어 있는 두바이는 북위 25.27도 동경 55.3도에 위치하는 숙명적인 불모의 회귀선 사막지대에 위치한다. 면적은 약 4114km^2, 서울의 약 6.8배 정도이지만 집중적으로 도시화된 지역을 제외하고는 모래 사막이다. 원래 사막이란 인간이 거주하기에는 어려운 지역이다. 하지만 셰이크 왕자는 특유의 상상력과 통치력으로 이를 가능하게 만들었다.

사막도시에서 한 달 살기, 그 시작

약 한 달가량의 사막도시 생활을 위해 홀로 서울을 떠났다. 서울에서 홍콩을 경유하는 캐세이 항공을 타고 새벽 4시 30분 두바이 공항에 도착하였다. 치안이 철저한 두바이 공항은 새벽에 도착해도 위험하지 않았다. 숙소에 오전 9시에 들어가기로 약속이 되어 있어 커피값을 아끼려 서남아시아의 근로자들처럼 공항 소파에 드러누워 새벽이 가기를 기다렸다. 그러다 너무 지루하여 아침 무렵 공항 로비 카페로 이동했다. 결국 커피값을 아끼지 못한 셈이다. 한 잔에 14디르함약 4200원인 커피는 정말 중동의 수준 높은 커피였다. 나의 혀는 커피 맛에 그다지 예민하지 않지만 무설탕 커피가 무척 구수하고 향기로웠고 솜씨 좋은 젊은 바리스타가 그린 찻잔 속의 예쁜 야자수는 긴 비행기 여행의 피로를 잠시 잊게 하였다.

9시에 두바이몰에서 내가 머물 B타워의 직원을 만나 숙소로 가는데 맙소사, 아침 기온이 45도였다! 화려한 건축물로 둘러싸인 여름 낮의 인적이 끊어진 두바이 시가지는 마치 SF영화에 등장하는 외계 행성 같아서 기분이 묘했다.

두바이의 대중교통은 여행자들에게 무척 불편하다. 시내버스가 있지만 운행 빈도가 낮아 거의 눈에 띄지 않고 시간 맞추기도 어려워 개별 여행자들은 주로 택시 아니면 렌터카를 이용한다. 내가 머물기로 한 신도시 비즈니스베이 지역은 미국발 금융위기 여파로 자금난을 겪어 아직 도로, 조경 등 기반시설이 취약한 상태였고 공사가 중단되는 일도 비일비재하였다. 중동의 신서방 국가가 미국발 서브프라임 모기지 사태로 직격탄을 맞은 것이다.

숙소에서 가장 가까운 두바이몰에 가서 생존을 위한 각종 생필품을 구입했다. 피부로 느낀 물가는 서울의 두 배 정도였다. 물가보다 인상 깊었던 것은 아랍인의 수준 높은 색채 감각이었다. 명도 높은 1차색, 그리고 2차색과 3차색이 어우러져 절묘한 조화를 이루는 소매 상가의 벽체는 한 편의 구성 작품을 보는 듯했다.

식품을 구입한 후 파키스탄인 기사가 운전하는 택시를 탔다. 이곳에서 주로 택시는 파키스탄인이, 청소는 방글라데시인이나 인도인이 담당한다. 한국에서 왔다고 말했더니 "한국인들은 왜 다들 영어를 못해요?"라며 약간 흉보듯 말했다.

토요일은 한 주가 시작되는 날

아랍은 금요일이 우리의 일요일이고, 토요일부터 한 주가 시작된다. 묻고 또 물어서 올드타운에 위치한 한국 슈퍼를 찾아갔다. 나름 얼마간의 시간이 흘렀다고 한국 식품이 그리워진 것이다. 슈퍼의 주인은 은퇴한 건설 기술자였는데 은퇴 후 정착한 두바이를 그다지 좋아하지 않았다.

"여긴 여름이 너무 더워요. 사람 살 곳이 못 된답니다."

또 "택시 기사들이 툭하면 길을 헤메는 척하며 바가지 씌우니 조심하세요." 라며 신신당부하였다.

슈퍼에서 나오니 저녁 시간, 약간 시원해져서 카리마 우체국 주변을 걸었다. 신도심과 달리 오래된 근린시설이 잘 조화되어 아기자기하고 재미있는, 토속적 아랍 문화가 느껴져서 오래 걸어도 지루하지 않은 곳이었다.

밤의 두바이몰은 시원하고 각종 아기자기한 가게가 많아 산책이 즐거워 시간 가는지 모를 지경이었다. 세계적 브랜드가 다 모여 있고 세일 기간이라 북새통을 이루었다. 검은 차도르 차림의 아랍 여자들은 프라다, 페라가모, 구찌, 미소니 등의 브랜드 쇼핑백을 일상인 듯 소지하고 다녔다. 바로 저 소수의 토박이가 이 도시의 부유한 주인이다.

사막도시에 내린 공포의 모래폭풍

일요일 오후 4시경이었다. 갑자기 하늘이 흐려지고 베란다 앞의 두 건물만 희미하게 보일 뿐, 아뿔싸 내 숙소 창문 앞에서 첨단도시가 사라졌다. 도시 전 공간이 잿빛 먼지로 뒤덮였다. 회색의 공포! 아무것도 보이지 않았다. 사람들은 아라비아 쪽에서 온 모래폭풍이고 흔히 있어 온 짜증나는 자연현상이라며 곧 먼지가 사라질 것이라고 아무렇지도 않게 말했다. 난생 처음 겪는 자연의 습격이었다. 다행히 두어 시간 후 모래폭풍은 후퇴했다. 기후학에서 말하는 사막의 모래폭풍을 숙소 앞에서 직접 경험하니 기분이 묘했다. 낮의 해가 달처럼 보이는 베이징의 심한 황사가 연상된다. 인간은 기후 앞에서 무력할 뿐이다.

코리안드림을 꿈꾸는 방글라데시 청년

사진을 찍고 숙소 현관을 지나는데 아파트의 젊은 관리인 방글라데시 청년이 말을 걸어왔다. 한국 사람들에 대해 무척 관심이 많은, 코리안드림을 꿈꾸는 청년이었다. 한국인들은 모두 해피할 거라고, 자기네 방글라데시 교과서에 한국은 자유롭고 특히 프리섹스의 국가라 소개되어 있단다! 한국이 아시아권에 그렇게 알려졌던가?

"한국 사람들 그다지 행복하지 않아요" 했더니 고개를 갸우뚱하였다. 비록 두바이에 벌이를 위해 왔지만 그 방글라데시 젊은이는 현지 일반 주민들을 싫어했다. 무시당한 아픈 기억이 있는 듯하였다. 권력과 부의 역사는 순환한다. 미래에 방글라데시의 그 많은 인구가 자원이 되고 인더스강 홍수 대책이 나와 경제 활성화가 이루어지고 친환경 유기농업 국가가 되면 그들이 두바이 경제를 앞설 수도 있다는 상상을 해 보았다.

이슬람 국가의 관용적 종교 정책과 아름다운 모스크

엄격한 이슬람 국가이지만 세계 각국에서 온 사람들의 종교활동을 위해 외각에 종교단지를 조성했다. 기독교뿐 아니라 불교, 힌두교 사원을 입주해 이슬람교의 관용성이 느껴졌고 입구, 계단 주변의 아름다운 모자이크가 도시의 품격을 더해 주었다. 한인 교회에 모여든 사람들의 직업이 다양했다. 그들은 대체로 두바이 생활을 만족스러워 했다. 두바이에서 발행되는 한인신문 DK저널 발행인 말에 따르면 두바이와 아랍에미리트 공화국의 수도 아부다비의 한인 인구는 등록 인구만 약 7000명, 유동 인구 약 만 명이라고 한다.

부르즈 칼리파의 화려한 밤의 정원

저녁때 쯤 기온이 어느 정도 내려가서 그 유명한 부르즈 칼리파의 정원 주변을 산책했다. 용무가 없는 사람은 호텔 건물뿐 아니라 대문 안으로도 들어갈 수 없다. 한국의 특급 호텔인 신라 호텔이나 조선 호텔에 비하면 폐쇄적인 구조이다. 밖에서 기웃거려 엿본 분수와 인공 호수, 그리고 우람한 야자수들로 꾸며져 있는 정원은 더욱 화려했다. 중동 자본주의의 상징 부르즈 칼리파는 한국의 삼성건설이 지은 초고층 건물이다. 여기서 인간은 마치 두 계급으로 나뉘는 것 같았다, 호텔 안의 인간과 호텔 밖의 인간, 부자와 빈자로.

여행의 기술

여행에 반드시 동행자가 있어야 하는가? 고난의 배낭여행은 아니지만 낯선 도시에서의 홀로 여행은 서울에서의 혹독한 스트레스를 잊고 나를 새로운 에너지로 채워지게끔 해 주었다.

김양자 고려대 대학원 지리학과 졸업

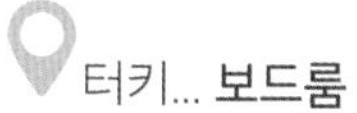

십자군의 흔적이 남은 또 하나의 산토리니 ... 역사관광

문화의 교차로인 터키, 그리고 보드룸

세계에서 가장 권역을 구분하기에 까다로운 나라는 어디일까? 사람마다 다르겠지만 나는 터키라고 생각한다. 얼마 전 저술에 참여한 고등학교 세계지리 교과서에서도 세계 권역 구분에 대한 학생들의 관심 유발을 위해 테마로 설정했던 나라가 터키였다. 국제연합의 분류로는 아시아이지만 자신들은 유럽이라고 생각하는 나라, 이슬람 문화권이지만 역사적으로 유럽과의 접촉이 잦았던 나라, 월드컵에서도 본선 진출이 상대적으로 쉬운 아시아가 아닌 유럽에서 예선을 치르는 나라, 유럽연합에 가입하고 싶어 계속 도전장을 내미는 나라, 영토가 아시아에서 유럽에 걸쳐 있는 나라, 그래서 영국의 추리소설가 애거사 크리스티의 걸작 《오리엔트 특급 살인》의 배경 장소인 기차역이 있는 나라…. 이러니 터키를 쉽게 어느 대륙으로 분류하기가 어렵다.

역사적으로도 터키는 로마 제국의 영토였지만 이후 이슬람 세력이 정복했고 한때 십자군이 일부를 점령했지만 이후 서아시아와 동유럽을 호령한 오스만튀르크 제국의 영토였다. 지금은 엄연한 이슬람 국가이지만 유럽과 기독교

옛 십자군 성채에 있는 모스크 첨탑과 보드룸의 풍경

관련 유적도 많이 남아 있다. 이런 특성을 지닌 곳 중 하나이면서 경치도 아름다운 곳, 보드룸을 가 봤다.

터키의 산토리니

터키는 본토의 동서를 횡단하는 토로스산맥을 경계로 북쪽의 아나톨리아 고원과 남쪽의 지중해 지방으로 나뉜다. 토로스산맥은 알프스·히말라야 조산대의 일부로 지각이 불안정하며, 지진이 발생하는 원인이 되기도 하는 지형이다. 그래서 터키는 원자력 발전소를 짓기에 어려움이 많고 지중해성기후의 특성을 살린 태양광 발전을 하는 가옥이 많다.

토로스산맥은 해발고도가 높아 겨울에는 폭설이 내리기도 한다. 토로스산맥의 북쪽은 겨울철 기온이 제법 춥지만 남쪽은 지중해의 영향을 받는 데다가 토로스산맥이 대륙의 찬바람을 막아 주어 따뜻하다. 그래서 토로스산맥 남쪽의 지중해 변에 있는 안탈리아와 보드룸은 휴양도시로 발달할 수 있었다. 나도 이들 도시를 방문하기 위해 눈 쌓인 토로스산맥을 버스로 넘는 모험을 감수해야 했다. 무스타파라는 이름을 가진 기사님의 뛰어난 운전실력이 아니었다면 보드룸의 감동도 없었을 것이다.

쾌적한 날씨와 따뜻한 겨울, 그리고 아름다운 경치 덕분에 보드룸은 터키의 대표적인 휴양지가 되었다. 터키의 유명인사나 부유층, 그리고 연예인들의 별장이 보드룸에 있다고 한다. 인구가 5만 명이 채 되지 않는 소도시이지만 다이버를 비롯한 관광휴양객의 방문이 끊이지 않는다.

십자군전쟁 말기인 14세기경 성 요한 기사단이 20년에 걸쳐 만든 성이 보드룸에 있다. 나의 목적지는 그곳이었다. 당시 유럽 각지에서 온 기사단이 각자 자국을 상징하는 탑을 세워 근거지로 삼기도 했다. 성이 완성되고 이를 베드로의 성이라 불렀는데 나아가 이 도시 전체를 베드로의 성이 있는 곳이라는 의미로 페테리움이라 불렀고 이것이 오늘날 보드룸이라는 지명의 기원이 되었다.

성은 현재 수중고고학 박물관으로도 이용되고 있다. 근처 지중해에 침몰된 선박의 잔해에서 건져 올린 보물과 십자군 유물들이 전시되고 있다. 마침내 성벽 위에 오르자 왜 여기를 터키의 산토리니라고 부르는지 알 것 같았다. 산토리니에 직접 가 본 적은 없지만, 흰색 가옥이 다닥다닥 붙어 있는 도시의 모습과 푸른 바다는 터키의 산토리니라는 별명을 붙여도 무방해 보였다. 산토리니에는 파란 지붕이 있다면 여기는 도시 곳곳에 이슬람 사원인 모스크의 첨탑이 있어 색다른 분위기를 연출한다는 것이 다를 뿐이었다. 유럽식의 성채인 보드룸성과 모스크 첨탑의 대비도 흥미로운 광경이었다.

보드룸에서 맛본 터키 커피

난 커피를 좋아한다. 좋아하는 커피에 대한 취향은 사람들 얼굴만큼이나 다양하다던데, 나는 바디감이 강하면서 깊고 진한 맛을 좋아한다. 그런 나에게 터키 커피는 상당히 끌리는 맛이었다.

터키는 아프리카와 아라비아 지방에서 마시던 커피를 유럽에 전해 준 메신

노천 카페에서 마신 터키 커피

아타튀르크 동상

저였다. 터키에 커피가 전해진 것은 주변 국가에 비해 늦은 14세기경으로 추정되며 이스탄불에 공식적인 커피하우스가 문을 연 것은 1554년이었다. 그때면 오스만튀르크 제국은 술레이만 1세의 통치기로 최고의 전성기를 구가하던 시기였다. 술레이만 1세는 비록 1529년에 오스트리아 비엔나를 포위하는 공격은 실패했지만 유럽으로는 헝가리와 세르비아, 아시아로는 이라크와 페르시아만, 아라비아반도에 이르기까지 그 세력을 넓혔고, 북아프리카 지중해 연안까지 정복하여 대제국을 이루었다. 오스만튀르크의 전성기 때 터키 커피도 활발하게 전파되었다.

터키에서 즐기던 커피가 유럽에 전해진 것은 오스만제국이 제2차 비엔나 포위 공격을 벌인 1683년이다. 술탄 메흐메트 4세의 지시를 받은 오스만제국의 재상 무스타파의 제2차 비엔나 포위가 실패로 끝나면서 오스만 병사들은 자신들이 마시던 커피의 원두를 전장에 버리고 갔는데 이것이 비엔나 사람들의 손에 들어가면서 '비엔나 커피'가 탄생했다고 한다. 이 비엔나 공격이 실패로 돌아가면서 오스만제국은 서서히 전성기를 지나 내리막길을 걷게 되는데 마침 그 시기가 유럽에 커피가 전해지며 문화가 발달하는 시기와 겹치는 것이 역사의 아이러니이다.

보드룸 항구 주변의 노천 카페에서 터키 커피를 맛보았다. 에스프레소 잔 같은 작은 잔에 주는 터키 커피는 매우 진해서 천천히 음미하며 마셔야 한다. 터키 커피를 음미하면서 보드룸과 터키의 역사도 음미해 본다. 카페의 주변에는 터키의 여느 도시가 그렇듯 이 나라의 국부로 호칭되는 아타튀르크의 동상이 있다. 무너져 가는 오스만제국을 일으켜 터키 공화국을 세우고 오늘날과 같은 유럽식 문물을 도입해 세속적인 이슬람 국가를 만든 사람이다. 문화적인 복합성도 터키만의 커피도 그리고 터키식의 이슬람 국가도 모두 터키의 정체성이며 좋은 여행거리이다.

천종호 고려대 대학원 지리학과 졸업

제16장 인도

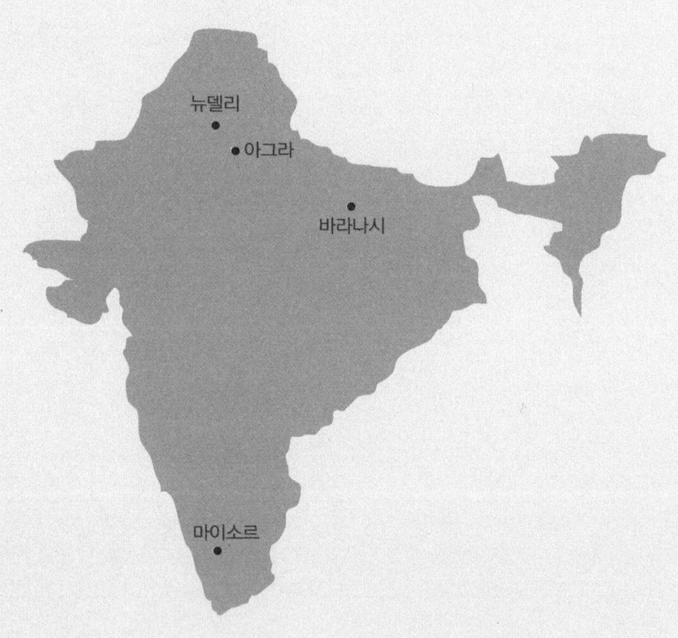

찬란했던 무굴 제국의 영광을 간직한 곳

… 문화유산관광

내가 아는 인도, 우리가 아는 인도

저렴한 가격으로 면직물, 향신료 등을 유럽과 아시아에 수출하여 막대한 이익을 거둔 인도는 16~17세기 세계 최고의 부를 누렸다고 한다. 그래서인지 17세기까지만 해도 동양이 서양보다 앞서 있었다고 말하는 책도 본 적이 있다. 그러나 솔직히 실감이 나질 않았다. 불과 300여 전만 해도 인도가 세계 최고의 부국이었다고? 하지만 이러한 의문은 무굴 제국의 수도 아그라를 방문했을 때 말끔히 해소되었다. 아그라를 둘러본다면 누구나 그럴 것이다. 그들은 과연 당시 세계 최고의 부국이었다.

다녀온 사람의 관점과 생각에 따라 답사기의 내용이 완전히 다른 대표적인 나라가 바로 인도이다. 어떤 사람은 수행과 명상의 나라로, 어떤 사람은 무질서와 혼란의 나라로 묘사한다. 가난과 빈부격차의 상징인 나라로 이해되기도 한다. 여행 다니기에는 겁나고 무서우며 음식 맛이 입에 안 맞는 나라로 알려져 있기도 하다. 대체로 부정적 이미지가 아직도 많이 남아 있긴 하다.

그러면 아그라를 다녀온 나에게 인도란? 과거 무굴 제국의 영광이 남아 있는, 그리고 치열한 삶의 현장이 펼쳐지고 있는 나라였다.

붉은 빛의 아그라성

역시 아그라 여행의 핵심은 아그라성과 타지마할이었다. 아그라성은 1562년 인도의 이슬람 제국인 무굴 제국의 3대 황제인 악바르Akbar 대제가 수도를 델리에서 아그라로 옮기면서 붉은 사암으로 지은 성이다. 그래서 '붉은 성'이라는 이름으로도 불린다.

악바르는 라지푸트와 구자라트 등의 북인도 서쪽과 벵골 등의 북인도 동쪽으로 영토를 넓혀 자원이 풍부하고 경제적으로 부유한 지역을 지배함으로써 인도의 무역을 더욱 발전시켜 제국을 굳건히 했다. 이렇게 쌓은 막대한 부를 원천으로 페르시아 문화와 결합된 인도 문화를 더욱 발전시켰고, 농업의 발전과 교통망의 확대를 꾀함으로써 경제적 기반을 튼튼히 했다. 토착 세력에 대한 자치권을 인정해 주었고 과부의 재가와 각종 사회적 악습의 폐지를 위해 노력하였다. 막강한 경제력을 바탕으로 한 포용 정책이 꽃피운 시기였다.

아그라성을 둘러보면 이러한 제국의 자신감이 곳곳에서 묻어난다. 이슬람 특유의 기하학적 무늬나 당초문양, 그리고 금으로 장식된 성 내부의 벽은 당

아그라성의 입구와 웅장한 성벽

아그라성 내부의 벽면 장식들

시의 뛰어난 상감기술과 엄청난 부가 생생하게 느껴지게끔 한다. 세계의 부가 인도 아그라에 집중되어 있던 것 같은 착각마저 든다. 당시 인구 20만 명 이상의 대도시가 유럽에는 런던, 파리, 나폴리 정도뿐이었는데 인도에만 아홉 곳이 있었다고 하니 그들의 경제력이 어느 정도였는지 짐작할 수 있다.

타지마할, 너무도 아름다운 그리고 너무나도 가혹한….

아그라성에서는 타지마할이 보인다. 아그라성과 타지마할은 직선거리로 약 2km 남짓에 불과하다. 타지마할의 아름다움이야 이미 널리 알려져 있기에 서툰 글솜씨로 덧붙일 필요는 없지만, 개인적으로 타지마할을 가까이서 보는 것보다 아그라성에서 바라다보는 것이 더 인상 깊게 느껴졌다.

악바르의 손자이자 무굴 제국의 5대 황제인 샤자한Shāh Jahān은 인도반도의 중부인 데칸고원 일대까지 제국에 편입시키며 무굴 제국의 전성기를 완성한 인물이다. 무역도 더욱 번창하여 무굴 제국의 경제력은 최고조에 달했다. 막대한 부는 물론 문화 역시 최고의 전성기를 누리게 하였다. 특히 인도의 힌두 문화와 페르시아 또는 튀르크 문화와의 융합으로 건축, 공예, 미술, 의상, 음악, 음식 등 무굴 제국 특유의 문화가 꽃피우게 되었다.

타지마할은 '빛의 궁전'이라는 의미이지만 궁전이 아니라 왕비의 무덤이다. 샤자한의 아내 뭄타즈 마할이 죽자 사랑하는 아내를 애도하기 위해 조성한 것

타지마할

이다. 그러나 그는 이 무덤의 조성을 위해 세금을 50%나 올렸고 22년간이나 공사를 하면서 그동안 축적했던 무굴 제국의 막대한 부를 탕진하다시피 했다. 그러니 타지마할이 어찌 아름답지 않을 수 있을까. 그러나 그 과정에서 백성의 고통은 이만저만이 아니었을 것이다. 국가의 발전을 위해 쓰여야 할 재정이 왕비의 무덤으로 흘러들어 가니 제국의 번영에 금이 가기 시작했을 것이다. 그래서였을까? 아들들은 왕위를 놓고 피비린내 나는 싸움을 벌였고 결국 셋째 아들인 아우랑제브가 아버지 샤자한을 아그라성에 유폐하고 왕위에 올랐다. 타지마할의 완성에 공을 들였던 샤자한은 아들에 의해 왕위에서 쫓겨나 타지마할이 내려다보이는 아그라성의 무삼만 버즈Musam man Burj, 포로의 탑이라는 의미에서 8년간 쓸쓸히 갇혀 있다가 세상을 떠난다.

아그라성에서 타지마할을 보니 말로 표현하기 어려운 상념에 잠겼다. 얼마나 왕비를 사랑했으면 저런 건물을 지을 생각을 했을까, 그리고 저 건물을 짓는 과정에서 백성의 마음에는 얼마나 많은 원망과 한이 맺혔을까…. 저 건물을 짓는 과정에서 결국 무굴 제국의 쇠퇴와 몰락이 서서히 진행되었다고 생각하니 역사가 주는 가르침의 무게가 온몸으로 느껴졌다. 실제 샤자한의 뒤를

가로등이 없어 발생할 수 있는 교통사고를 예방하기 위해 페인트를 칠해 놓은 아그라의 가로수

아그라 도로의 풍경

이은 아우랑제브는 무굴 제국의 영토를 더욱 넓혔지만 지나친 이슬람 중시 정책으로 비이슬람 주민들의 반발을 샀고 토착 세력의 반란에 슬기롭게 대처하지 못하면서 이후 무굴 제국이 쇠퇴하는 원인을 제공하였다. 오르막이 끝나면 내리막이 시작되고 지나침은 모자람만 못하다는 세상의 이치가 이처럼 명확히 느껴지는 여행지가 과연 있을까 싶다.

아그라의 거리, 인도의 현실

이처럼 찬란한 역사도시 아그라의 오늘날 모습은 이방인의 눈에는 좀 안타까워 보인다. 인도의 다른 도시도 그렇지만 도시기반시설은 낙후되어 있다. 길거리에는 소는 물론 낙타와 코끼리까지 돌아다닌다. 자동차와 릭샤는 뒤엉켜 경적만 울려 댄다. 쓰레기는 도로변에 마치 두터운 퇴적층을 형성하며 넘쳐 난다.

과거 화려했던 무굴 제국의 모습처럼 다시 동양의 시대는 올까? 300여 년 전과 같이 다시 인도가 세계 경제의 중심이 될까? 함부로 말할 수도 없고 예측하기도 어렵다. 다만 아그라의 공터에서 밝은 얼굴로 크리켓 경기에 열중하는 인도 청소년들의 모습에 이 나라의 장래가 달려 있음은 분명하다. 곧 세계에서 가장 많은 노동력을 가진 나라가 될 것이니까.

천종호 고려대 대학원 지리학과 졸업

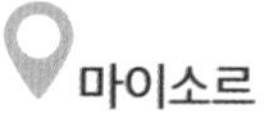

맨발의 소녀들 힌두교의 성지로 떠나다 … 봉사관광

봉사에 관심이 가게 된 이유

고등학교 2학년으로 올라갈 무렵, 여느 청소년과 같이 진로에 대한 고민이 많았다. 여러 진로 중에서도 사회복지에 대한 관심이 가장 컸다. 그러다 '바람국제활동단'을 알게 되었다. 바람국제활동단의 주요 활동은 봉사관광으로, 지원자들을 모아 도움이 필요한 국가로 가서 도움도 주고 관광을 통한 추억도 쌓는다. 봉사도 하고 관광도 할 수 있는 점이 굉장히 매력적으로 다가왔다. 여러 주제 중 '인도-중고생 여성리더십' 캠프에 참여했다. 여선생님을 포함해 16명으로 팀이 구성되었다. 우리는 사전 만남을 통해 인도에 가져가야 할 물품 및 아이들에게 줄 선물 등에 대해 상의했다. 그렇게 출국일이 다가왔다.

봉사를 위해 인도로!

다른 나라에 비해 '인도'에 가는 우리 '여성' 봉사활동자가 지켜야 할 것과 피해야 할 것은 유독 많았고 우리는 설렘 반, 걱정 반으로 비행기에서 내렸다. 공항에 도착했을 때, 두 명의 현지인 남성 가이드가 우리를 맞이했고 그제야 마음이 조금 편해졌다.

다음 날 아침, MSK 사무실에서 여성분들과 만남을 가졌다. 우리가 인도를 방문한 목적은 봉사관광 중에서도 '봉사'에 더 초점이 맞춰져 있었기에 인도 여성의 삶과 빈곤, 여성차별적인 문제 등 그들이 겪는 다양한 문제를 듣고 위로했다. 시차 적응이 덜 된 상태로 인도에서의 첫 일정을 마치고 숙소로 돌아와 저녁을 먹었다. 인도에서는 현지 가이드가 늘 요리를 해 주었는데 대체로 난과 밥, 소스가 나왔고 가끔 치킨이 나올 때는 세상에서 가장 행복한 사람이 됐다.

이튿날 우리는 현지 시장으로 향했다. 유난히 더웠던 흙길을 걸으면서 느낀 건 소가 정말 많다는 것이었다. 길 한가운데 소가 앉아 있으면 사람도 자전거도 자동차도 모두 피해 갔다. 반면 굶주린 사람들은 속옷 바람으로 바닥에 앉아 있었는데 그들의 갈비뼈는 도드라졌다. 항상 배가 불러 있는 소와 갈비뼈가 도드라진 길거리의 굶주린 사람들을 보고 있자니 인도에서만큼은 인간이 최우선시 되지 않음을 느꼈다. 도착한 현지 시장은 규모는 크진 않았지만 사려던 것은 다 있었다. 우리는 쉽게 상하는 유제품류를 피하고 통조림 위주로 장을 봤다.

단 하루간의 꿀맛 같은 관람

다음 날은 인도 여행 중 봉사가 아닌 관광을 하는 유일한 날이었다. 첫 번째로는 마이소르 궁전을 방문하였는데, 그 크기는 실로 어마어마하여 과연 인도 제일의 조형미를 겸비한 거대 건축물이라 불릴 만했다. 궁전 내부도 외부와 마찬가지로 굉장히 화려하고 아름다움이 잘 보존되어 있었다. 이 궁전은 무굴 제국 당시 목조건물로 지어졌다가 1897년 화재로 전소된 후 1912년에 지금 모습으로 재건되었다고 한다. 무굴 제국이 얼마나 융성했는지를 상상할 수 있었다.

마이소르 궁전 관람을 마친 후, 마이소르 동물원으로 향했다. 마이소르 동물원은 인도 제일의 동물원답게 그 규모가 엄청났으며, 나무 그늘이 굉장히 서늘하여 늘 더움을 호소하던 우리에겐 그야말로 지상낙원이었다. 동물 종류도 굉장히 다양했는데, 그중에서도 인도를 대표하는 코끼리가 가장 인상적이었다. 한국의 동물원과 달리 코끼리의 수가 굉장히 많았기 때문이다. 생각보다 궁전과 동물원에서 시간을 많이 보냈고, 해가 지기 전까지 귀가하여야 했기 때문에 아쉽지만 관광은 이쯤에서 끝났다.

청각장애인 학교 봉사활동

청각장애인 학교에 방문해서는 A4용지에 색연필을 이용해 '내가 살고 싶은 집 그리기'를 했다. 비록 말이 통하지는 않았지만 아이들에게 우리가 흥미로운 손님임은 분명했다. 우리의 그림을 훔쳐보고 똑같이 따라 그리는 아이도 있었고, 자신이 그린 집을 자랑하는 아이도 있었다. 그림을 다 그린 후 림보 게임 등을 하였는데, 그때 아주 많이 친해졌다. 아침에 만난 친구들이었지만 어색함은 빠르게 사라졌고, 헤어질 시간이 되었을 때 우리는 서로를 진심으로 배웅했다.

청각장애인 학교 아이들과 그림을 그리는 모습

SHG 여성 단체 봉사활동

인도 여성의 삶을 더 자세히 알고자 SHG 여성단체에 방문했다. 이곳에는 갈 곳이 없는 소녀, 미혼모 등 혼자서는 생활하기 어려운 여성이 모여 함께 가족을 이루어 살고 있었다. 이들에게 도움을 주고자 했던 우리는 단체 마당에 심어진 나무의 병충해를 막기 위해 2인 1조로 백도제를 발랐다. 또 면 생리대 제작법을 알려 주고 선물로 사 온 물품도 챙겨 주었다. 취약한 환경 속에서 살아가는 그들의 아픔을 조금이나마 함께 나누고 싶었다.

SHG 단체의 아기들

여자초등학교 봉사활동

마지막 봉사 일정으로 인도의 여자초등학교 방문했다. 우리를 태운 버스가 학교 앞에 섰을 때, 신이 난 아이들은 모두 뛰어나와 우리를 마중해 주었다. 우리는 그들을 위해 새 학교를 만들어 주고자 하였다. 녹슬고 상처투성이인 내벽을 사포질하고, 하늘색으로 페인트칠하였다. 외벽에는 페인트를 덧칠하고 벽화를 그렸다. 잠시 휴식을 취한 뒤, 우리는 아이들과 함께 여러 활동을 진행하였다. 꿈나무 그림으로 자존감 높이기 교육을 하였고, 체조 순서표를 보며

여자초등학교에서 그린 벽화

함께 운동을 하였다. 식품구성탑 쌓기를 통해 영양에 대해 알아보는 시간을 가졌고, 위생이 가장 중요한 나이인 만큼 치아 모형을 이용하여 양치하는 법 순서를 알려 주었다. 한국에서 가져온 아기 비누도 선물로 주었다.

점심은 아이들과 함께 음식을 만들어 먹었다. 인도 팀에서는 난과 소스를, 한국 팀에서는 궁중떡볶이를 만들어 서로에게 대접했는데, 대실패였다! 익숙하지 않은 공간에서 우왕좌왕하다 보니 잘 대접해 주고 싶은 마음 만큼의 실력 발휘는 못했다. 아쉬웠지만 그래도 즐겁게 먹었다. 정신없이 놀다 보니 어느덧 헤어짐의 시간이 찾아왔다. 많이 아쉬운지 우는 친구들도 있었다.

7박 8일간의 인도 여행이 끝나고 비록 우리가 봉사를 하기 위해 인도에 갔지만, 우리만 그들에게 준 것이 아닌 그들 역시 우리에게 무언가를 주었다는 것을 깨닫게 되었다. 짧게는 5~6시간, 길어도 이틀 정도만을 함께했던 사이이지만, 내가 그들을 기억하듯이 그들도 나를 기억해 준다면 정말 기쁠 것 같다. 아이들의 선하디 선한 갈색 눈동자와 함께 웃었던 기억은 아직까지도 생생하게 남아 있다.

서승현 고려대 지리교육과 졸업

뉴델리

빛나는 문화와 희망의 눈동자를 만나다 … 봉사관광

처음 맞이한 인도는 1월의 한파가 온 한국 날씨와는 달리 초가을의 선선한 날씨였다. 날씨는 선선함에도 불구하고 하늘은 맑지 않았다. 뿌연 안개가 곳곳에 가득했는데, 안개가 아닌 스모그였다. 인도는 신비로운 분위기와 멋진 자연경관으로 익숙한 기존의 이미지와는 달리 현재 극심한 대기 문제를 앓고 있다. 인도의 수도인 델리는 세계에서 미세먼지와 유독물질이 가장 많은 대기 환경을 가지고 있는데 난개발이 그 원인이다. 인도에서 진행했던 봉사관광 기간 동안에 항상 마스크를 쓰고 다녀야만 했다.

문화유산 봉사활동

인도는 불교의 발상지이지만, 현재 인도의 주요 종교는 힌두교80.5%와 이슬람교13.4%이다. 문화유산 보전을 위한 봉사활동을 주로 했던 장소는 16~19세기 인도를 지배했던 이슬람교 왕조인 무굴 제국의 고성이었다. 무굴 제국은 이슬람을 국교로 하였지만 이슬람 외의 종교를 포용하였다. 무굴 제국의 샤자한은 세계문화유산인 타지마할을 아그라에 건설하였다. 또한 오래된 성이라는 뜻의 푸라나 킬라Purana Qila에서는 무굴 제국의 2대 황제 후마윤이 숙적 셰르 샤와 결전을 벌였다.

유적지 보호 봉사

무굴 제국의 중심 장소였던 푸라나 킬라는 현재 인도 현지의 연인과 가족 들이 피크닉을 오는 장소이다. 우리는 푸라나 킬라에서 나무심기, 유적지 문 새로 칠하기, 쓰레기통 만들기, 무분별한 쓰레기 버리기 금지 캠페인 등의 봉사활동을 했다. 5일간의 짧은 기간 동안 문화봉사활동을 하며 몸은 많이 힘들었지만 팀원들 간의 장벽이 허물어지는 것을 느꼈다. 특히 인도에서 합류하여 언어 소통이 쉽지 않았던 인도 팀원들과도 서로 다독이고 배려하며 언어를 뛰어넘은 신뢰와 정을 쌓아 나갈 수 있었다. 봉사관광의 장점 중 하나는 이처럼 국경을 뛰어넘어 남을 돕고자 하는 따뜻한 마음을 가진 사람들을 만나고 교감할 수 있다는 점이다. 단순히 일회적이며

푸라나 킬라 내 옛 도서관

소모적인 것이 아닌 세계에 긍정적인 영향을 미칠 수 있는 이들을 함께 성장시킨다는 강점이 있다.

교육봉사

인도에 도착한 지 7일차, 인도의 중등교육기관 학교에서 교육봉사를 시작했다. 학교에서 환영식을 마치고 인도 학생들을 처음 보게 된 순간 가장 먼저 느낀 것은 '학생들의 눈동자가 정말 맑고 아름답다'라는 것이었다. 한국과 인도의 세계문화유산, 한국 부채 만들기, 아리랑 노래 배워 보기 등 한국에서 직접 기획해 간 교육봉사활동을 아이들과 함께 진행하는 것은 너무나 설레고 행복한 일이었다.

학교 대부분의 아이는 외국인을 처음 만나는 것이라고 했다. 두려움을 가질 만도 한데 아이들은 순수하게 열린 마음으로 봉사단원들을 대해 주었다. 또한 낯선 외국의 세계문화유산에 대해 많이 인지하고 있었고 대륙의 위치와 명칭 등에 대한 지리적 지식도 뛰어났다. 아이들의 지리적 관심과 흥미는 인도의 지리적 다양성에서 이유를 찾아볼 수 있다. 인도는 넓은 국토 그리고 다양한 민족과 언어를 가진 국가이다. 자연지리적으로는 산지 지형, 하천 저지대, 고원지대 등 다양한 모습이 나타난다. 또한 몬순지대이기도 하다. 인도는 아리아인72%, 드라비다족25% 등으로 구성되어 다양한 민족의 뿌리를 가지며 힌두어와 영어 이외에도 지방마다 그 지역의 특색을 가진 언어가 있다. 이러한 인

지리학 교실 벽에 걸린 지도

교육봉사활동

도 내부의 지리적 다양성은 인도인의 개방성과 타인의 대한 존중, 지리적 사고력을 확장시키는 데 일정부분 기여한다. 학교에서 기억에 남고 놀랐던 점은 지리를 전문적으로 배우는 공간이 존재한다는 점이다. 지리학 교실이라 이름이 명명된 교실은 지리학의 내용으로 가득 차 있었다. 인도의 문화지도, 농업지도, 정치지도 등과 같은 인문학적 지도와 풍향의 개념을 설명하는 자연지리적 내용을 담은 교육자료들이 풍부하게 배치되어 있었다.

카레와 인디카 쌀밥

현지에서 먹었던 식사는 카레, 인디카 쌀안남미로 만든 밥, 닭고기 요리가 기본 구성이었다. 인도의 대표적 음식인 카레는 인도의 특산물인 다양한 향신료를 기반으로 만들어진다. 또한 한국식 카레에 비해 점도가 매우 낮은 편이다. 실제로 먹어 보니 한국에서 맛보았던 카레와는 달리 향신료 향이 독특하고 매우 강했다. 카레와 함께 제공되는 밥의 주 재료인 인디카 쌀은 모양이 길쭉하고 찰기가 없는 것이 특징이다. 반면 동아시아 3국이 주로 소비하는 자포니카 쌀은 상대적으로 길이가 짧고 찰기가 도는 것이 특징이다. 인디카 쌀은 자포니카 쌀에 비해 점성이 적어 포만감이 오래가지 않고 소화도 빨리 되는 성질이 있지만, 인도의 카레 그리고 동남아의 볶음밥 요리에 잘 어울려 세계적으로 널리 재배된다.

인도에서 닭고기 요리가 주로 사용되는 이유는 간단하다. 인도의 주 종교가 힌두교와 이슬람교이기 때문이다. 힌두교는 소고기를 먹지 않으며, 이슬람교는 돼지고기를 먹지 않는다. 실제 인도 맥도날드를 방문해 볼 수 있었는데, 대다수의 메뉴가 닭고기로 이루어져 있었다. 한국에서 인도 음식점을 간다면 가장 쉽게 떠올릴 수 있는 것은 난이다. 난은 인도의 전통 진흙 오븐인 탄두르에 넣어 구운 인도의 전통 빵이다. 난의 특징은 이스트를 통해 빵을 발효시키는 것인데, 19세기 이스트가 들어오기 전에는 요구르트를 사용하거나 남은 빵의 반죽을 섞어 사용했다고 한다. 하지만 인도 현지 거리와 숙소에서 가장 많이 만나 볼 수 있었던 것은 난이 아니었다. 발효 과정을 거치지 않고 단순히 밀가루를 얇고 평평하게 만들어 화덕에 구워 먹는 차파티였다. 한국인에게는 조금 생소할 수 있지만, 밀가루를 그대로 구워 낸 맛이다.

인도의 주식 외에도 인도하면 빠질 수 없는 것이 달콤한 디저트이다. 현지에서 본 인도인들은 차이와 라스굴라를 즐겨 먹었다. 차이와 라스굴라 모두 단맛이 매우 강하다. 차이는 인도식 홍차로 인도의 전통 향신료인 마살라 향과 생강의 향을 느낄 수 있다. 라스굴라는 일명 화이트 밀크볼이라고도 불리는데 우유, 코코넛 가루, 설탕으로 만들어진 둥근 모양의 디저트이다.

인도를 경험하는 방식은 분명 여러 가지가 있을 것이다. 빡빡한 일정에 쉽지 않은 활동이었지만 이곳에서 만난 아이들, 그리고 인도인의 일상이 담긴 음식 문화는 그 어느 곳의 화려한 풍경보다도 더 깊은 여운과 오랜 감동을 주는 경험이었다.

이웅경 고려대 지리교육과 졸업

바라나시

죽는 자를 위한 살아 있는 자의 성지 … 종교관광

고등학교 사회과 교사이신 아버지는 방학이 되면 아들을 데리고 세계 곳곳을 여행했다. 세계에는 한국과 다른 많은 문화가 있다는 것을 아들이 직접 경험하기를 원하셨다. 그렇게 초등학교 저학년 때부터 방학마다 아버지와 같이 여행을 다녔다.

종교관광이란 종교적 목적과 견문 확대와 같은 교양적 목적이 적절하게 결합된 관광이다. 또는 온전히 종교적 목적으로 이루어지는 성지순례든지, 온전히 세속적 목적으로 이루어지는 휴가나 문화체험이든지, 종교 관광지와 관련되어 있다면 모두 종교관광으로 분류하기도 한다.

힌두교의 성지, 바라나시

바라나시의 첫 날, 새벽 일찍 일어난 이유는 인도 특유의 혼잡함을 피하기 위함이었다. 인도는 어느 도시든지 사람들이 이곳저곳 복잡하게 돌아다니고, 거리에는 치워지지 않은 쓰레기가 즐비했다. 조금만 늦게 출발해도 북새통에 금방 지쳐 버렸다. 게다가 바라나시는 성지이기 때문에 인도 각지에서 성지

순례객이 모여 다른 도시보다 한층 더 혼잡하다고 한다. 그래서 새벽부터 출발해 바라나시 관광을 하기로 한 것이다.

소에게 담요를 덮어 주는 모습

바라나시는 다른 인도 도시와 똑같은 느낌이었다. 성지라고 해도 별반 다를 바 없었다. 거리 곳곳에는 치워지지 않은 오물과 쓰레기더미로 가득했다. 그리고 그 쓰레기더미를 소가 유유자적 걸어 다니며 뒤적거리고 있었다. 인도에서는 아무도 이 소를 건드리지 않는다. 오히려 소에게 먹이를 주거나, 추울까 봐 담요를 씌워 주기도 했다.

새벽에 길을 나섰기 때문에 그렇게 혼잡함을 느끼진 못했다. 그렇지만 바라나시에 살고 있는 사람 같지는 않고, 성지 순례객으로 추정되는 사람들이 종종 보였다. 이처럼 인도 각지에서 바라나시로 성지순례를 오는 사람이 정말 많다고 한다.

성스러운 갠지스강

힌두교에서 갠지스강은 생명의 근원으로 성스럽게 여기는데, 바라나시에는 갠지스강이 흐른다. 히말라야에서 아래 방향으로 흘러 내려오던 갠지스강이 바나라시에서 다시 히말라야로 방향을 틀어 올라간다고 한다. 성스러운 갠지스강이 히말라야 쪽으로 다시 올라가는 모양은 인도인으로 하여금 말로 할 수 없는 신성함을 안겨 주나 보다. '원래 하천이 구불구불 흐르는 것은 당연한 것 아닌가?'라는 생각이 들기도 하지만 종교적인 것은 과학적인 것으로 이해하면 힘든 법이다.

드디어 갠지스강에 도착했다. 인도인은 이 갠지스강을 강가Gangā라고 부른다고 한다. 새벽의 갠지스강에는 안개가 자욱해서 신비로운 분위기를 자아냈다. 새벽임에도 많은 사람이 나와서 몸을 씻었다. 인도인은 갠지스강에서 목욕하는 것이 평생의 소원이라고 한다. 갠지스강에서 목욕을 함으로써 죄를 씻을 수 있다고 믿는다고 한다.

인도인으로서 더할 나위 없이 신성하다고 느껴지는 갠지스강에서 목욕을 하는 사람들의 기분은 어떨까? 환하게 웃으며 즐거움을 표현하는 사람은 거의 없었다. 다들 경건하게 목욕 중이었다. 갠지스강에서의 목욕은 인도인에게 중요한 종교의식인 듯했다.

새벽에 갠지스강에서 목욕을 하는 사람들과 나

위대한 화장터

갠지스강에서 시간을 보내며 안개가 걷히기를 기다렸다. 강변을 따라 쭉 걷다 보니 나뭇더미를 많이 쌓아 둔 것을 볼 수 있었다. 왜 땔감을 이렇게 많이 쌓아 둔 것일까? 인도에 오지 않았다면 '사람들이 추워서 불 피려고 놔 뒀나?' 했을 것이다. 그렇지만 이미 바라나시에 오기 전에 화장하는 모습을 너무 많이 봐 왔다. 이 나뭇더미도 화장을 위한 것임을 알 수 있었다. 바라나시의 갠지스강에서는 수도 없이 화장이 행해지며, 그래서 실제로 갠지스강은 '위대한 화장터'라고 불린다고 한다. 바라나시에서 화장을 하고 갠지스강에 뿌려지면 죽은 사람이 해탈할 수 있다고 한다.

바라나시에서 화장은 신성한 의식이기 때문에, 전문적으로 화장을 하기 위해 여러 사람이 일하고 있다. 화장을 위해 나뭇더미를 마련하는 것도 전문적인 일로 간주되고, 화장하는 데 쓰이는 불도 특정 가문이 맡아서 전문적으로 담당한다고 한다. 바라나시는 죽은 사람이 해탈로 이어지게끔, 각자 특정 역할을 맡아 도와주는 사람이 많다고 한다. 바라나시는 죽는 자를 위한, 산 자들이 사는 도시인 것이다.

다양한 사람이 사는 인도

갠지스강에는 새벽부터 많은 순례객이 모였다. 다들 각자 준비를 하고 갠지스강에 몸을 적셨다. 그렇지만 그 와중에서도 유난히 시선이 가는 특이한 사람들이 있었다. 알몸으로 강변에서 몇 시간이나 앉아 있던 사람들이다. 충격적인 광경이 아닐 수 없다. 갠지스강에서 목욕을 한다고 해도 다들 어느 정도 옷은 입고 했다. 그런데 저 사람들 왜 저렇게 굳이 다 벗은 상태로 있을까? 꽤 오랜 시간 지켜본 결과 딱히 목욕을 하려는 것 같지도 않았다. 이들은 힌두교에서 분리된 종교 중 하나인, 자이나 교도들이다. 자이나교는 무소유를 추구한다. 그래서 옷조차도 실오라기 하나 안 걸치고 나체로 생활하곤 한다.

안개가 걷히고 보트를 타러 가기 위해 만만디르 가트라는 곳으로 갔다. 가트는 강과 맞닿는 곳에 건설된 계단이나 건물과 같은 구조물을 뜻한다. 바라나시에는 갠지스강과 맞닿은 가트가 많이 있었다. 이곳 만만디르 가트에서 보트를 탔다. 인도에는 신분제도가 아직까지도 존재하기에 그곳에는 제대로 입지도 먹지도 못하는 사람들이 있었다. 위생관념이 부족하기에 도로 곳곳에는 배설물이 쌓여 있고 밥알에는 종종 애벌레가 섞여 있었다. 도시 곳곳에 아이들이 구걸을 하는 것은 예삿일이었다. 그렇지만 동행했던 아버지는 인도에 오고 나서부터 "좋다"라는 말만 계속 되풀이하셨다. 인도의 낙천성과 사이사이 엿

갠지스 강변의 자이나 교인

볼 수 있는 평화로운 모습에 큰 감명을 받으셨다고 한다. 여건만 된다면 이곳에서 살고 싶으시다나. 이해하기 힘들었지만, 아버지처럼 세상을 살며 무수한 일을 경험하여 충분히 단련된다면 언젠간 나도 그런 생각을 하지 않을까.

바람을 맞으며 이런저런 생각을 하다 보트에서 내렸다. 하늘은 여전히 뿌연 채 오후가 지나가고 있었다.

정현재 고려대 지리교육과 졸업

3. 유럽

제7장 중부 서부 유럽

스코티시 하일랜드
에든버러
맨체스터
브뤼셀
마르부르크
트리어
뮌헨
부르고뉴
잘츠부르크
융프라우

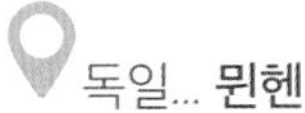

독일... 뮌헨

자동차 애호가라면 BMW 박물관으로! ... 산업관광

산업관광의 최적지, 독일

뮌헨은 독일의 바이에른주에 속해 있는 도시로 바이에른 최대의 도시이자 독일에서 세 번째로 큰 도시이다. 금융·상업·공업·교통·통신·문화의 중심지이며, 식품가공·정밀 광학기기·자동차·맥주 등의 제조업이 매우 활발한 도시이다. 그리고 이 도시는 산업관광을 목적으로 여행하기에도 좋은 도시이다. 산업관광은 특정한 지역의 산업관광시설이나 산업단지를 관광하는 것으로 그 지역, 그리고 지역의 역사에 대한 이해도를 높일 수 있다는 점과 평상시에는 접할 수 없던 산업 특유의 공간과 분위기를 느낄 수 있다는 점이 매력이라고 할 수 있다. 산업관광의 대상이 되는 산업에는 그 지역에 대한 상징적인 물품, 브랜드나 자동차와 같은 고급 제품에서부터 수공품, 음식에 이르기까지 매우 다양하다.

독일은 특히 자동차 산업이 굉장히 발달한 나라로 세계 4위의 자동차 생산국이자 세계 1위의 자동차 수출국이다. 독일에서 생산되는 자동차 생산량 중 70%를 해외에 수출하며, 이 수출 물량 중 절반 정도가 벤츠, 폭스바겐, 아우

BMW 박물관의 내부 모습

디, BMW와 같은 프리미엄 브랜드의 고급 차이기 때문에 수익성 측면에서 타 경쟁국을 압도하고 있다. 때문에 일명 자동차 애호가들은 오직 자동차를 보기 위해서 뮌헨을 관광하는 경우도 많은데, 자동차 애호가가 아니더라도 뮌헨을 여행한다면 꼭 한번 가 보길 추천하는 곳이 BMW 박물관이다.

자동차의 역사와 미래가 공존하는 BMW 박물관

BMWBayerische Motoren Werke사는 1916년 바이에른의 비행기 제조회사에서 출발하였다. BMW의 역사와 미래를 한눈에 살펴볼 수 있는 BMW박물관은 비행기 엔진부터 현재 생산되는 자동차 모델까지 전시하고 있다. 단순한 전시를 넘어 자동차의 기관과 엔진의 비교를 통해 자동차 기술의 발달사를 알려 준다. 또 자동차 부품의 역할을 알기 쉽게 BMW 750iL 시리즈를 절개해서 보여준다. 어떤 전시물은 관람객이 직접 조작해 볼 수도 있다. 영상실에서는 자동차의 역사와 세계 자동차 산업에 관한 영상을 볼 수 있는데 영어, 독일어, 프랑스어, 스페인어 설명이 제공된다.

문화와 레저 공간이 된 BMW 벨트

BMW 박물관에 연결되어 있는 BMW 벨트도 관광하기에 좋은 곳이다. BMW 벨트는 자동차 출고센터이지만, 기존의 출고센터와는 다르게 복합적인 문화, 레저 공간으로 설계된 곳이다. 안에는 자동차 전시장과 각종 기념품점, 레스토랑, 영화관까지 있을 뿐 아니라 입장료도 무료이다. 이곳에서는 BMW 자동차를 직접 시승해 볼 수도 있고, 구매할 수도 있으며 구매한 자동차를 바로 운전해서 끌고 나가기도 한다고 한다.

한참을 들뜬 채로 자동차를 구경하고 나니 배가 고파졌다. 뮌헨에서의 저녁 식사에는 무엇보다도 맥주가 빠질 수 없다. 맥주와 함께 먹을 메뉴로는 독일 소시지를 많이 생각하겠지만 조금 더 푸짐한 저녁을 원한다면 독일식 족발인 슈바인스학세Schweinshaxe를 추천한다. 슈바인스학세는 우리나라의 족발과 비슷한 요리로 당근과 셀러리, 양파 등과 곁들여 나오기 때문에 맛이 담백하고 웰빙 음식으로도 알맞다. 뮌헨에는 넓은 홀과 큰 테이블, 음악을 연주해 주는 연주단이 있는 펍 형태의 음식점이 많다. 큰 테이블에 처음 보는 사람들과 함께 앉아 음악을 들으며 먹는 슈바인스학세와 맥주는 낭만적이기까지 하다.

황유연 고려대 지리교육과 졸업

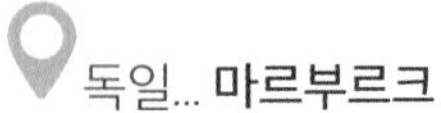

독일... 마르부르크

일상을 공유하고 일상을 느끼다 ... 체험관광

현지에서 일주일 살아 보기

독일에서 우리가 7일간 묵은 곳은 여행의 동반자였던 내 친구의 사촌 집이었다. 친구의 사촌네는 독일에서 5년째 거주 중인 이민가족이다. 나는 친구와 함께 그들의 집 방 한 칸에 머물면서 그들에겐 여느 때와 다름없을 연초 일상을 함께 공유했다. 독일 마트에서 직접 장을 보고 온 재료들로 저녁식사를 차려 먹고 새해를 맞는 날에는 이웃집에 가서 만찬을 차려 먹었다. 특별한 곳을 가지 않아도 함께 불꽃놀이를 보고 밥을 차려 먹고 같은 공간에서 잠자리를 갖는 경험은 그 어느 이색적인 관광보다 특별했다. 앞으로는 이 가족을 '문정이네'라고 부르도록 하겠다.

문정이네가 살고 있는 마르부르크 지역은 독일 헤센주 북부에 있는 도시로 라인강 지류인 란강 연변에 위치해 있다. 12세기에 건설된 역사 깊은 도시이며 유명한 건축물로는 성 엘리자베스 성당이 있는데, 문정이네 집은 성 엘리자베스 성당에서 버스를 타고 조금 들어간 곳에 위치해 있었다. 마르부르크에서는 냉랭한 독일 날씨를 몸소 보여 주듯 어디서든 서리 낀 나무들을 볼 수 있

문정이네에서 바라본 마르부르크 전경

었다. 또 모던한 독일식 가옥이 골목마다 줄지어 있고 반려동물을 많이 키우는 유럽답게 가옥 사이사이에는 반려동물을 산책시키는 사람들을 위한 배변 봉투가 비치되어 있었다. 한국에서는 빽빽하게 들어선 빌라와 아파트, 그리고 그 사이에 꼭 하나씩은 보이는 24시 편의점이 흔한 풍경이라면 마르부르크는 정반대 모습이었다. 동네에는 편의점도 하나 없고 주인 마음대로 문을 여는 레스토랑 하나가 겨우 보이며 밤에는 불빛 하나 찾기도 힘들 만큼 어둡고 조용했으며 무엇보다 밤에는 별이 정말 많이 보였다.

모든 일은 스스로 해야 하는 독일의 주거 문화

문정이네는 독일로 이민을 오면서 집을 장만한 것인데 집의 세세한 모든 것을 그들 스스로 설계하고 디자인하고 설치했다고 한다. 부엌, 조명, 창문, 화장실은 기본 옵션인 한국과는 다르게 독일에선 집을 사면 정말 집 그 자체, 공간 그 자체만 덩그러니 주어진다고 한다. 그 외에 집에 '설치가 되는' 부엌, 화장실, 조명, 창문 등은 모두 Do it yourself! 셀프라고 한다. 한국과 기본적인 집의 조건 자체가 다른 것이다. 그래서 문정이네 집에 있는 창문의 모양과 기능, 조명의 위치, 부엌의 위치, 화장실의 구조 모두 문정이네가 직접 설계하고 공

문정이네와 방문한 하이델베르크

사한 것이란다. 이는 독일의 인건비가 엄청난 것이 가장 큰 이유라고 볼 수 있다. 주거 문화뿐만 아니라 음식 문화에서도 이런 독일의 do it yourself 시스템은 여실히 드러난다. 레스토랑에서 판매하는 음식은 비싸지만 마트에서 파는 식자재는 저렴한 것, 24시간 운영하는 마트나 편의점 따위는 눈 씻고도 찾아볼 수 없는 것 모두 같은 맥락이다.

DIY 문화가 하나의 생활 문화로 자리 잡아 조금의 번거로움이 불편함으로 여겨지지 않고 마땅한 것으로 여겨지는, 그래서 이웃 간의 거리를 둔 따스함이 더욱 돋보이고 일상에서의 여유가 자연스레 느껴지는 곳이었다. 이 글을 쓰면서도 마트에서 함께 장을 보며 독일 요구르트를 극찬하고 매일 밤 한국 예능이 독일로 업데이트되는 시간에 맞추어 티비를 켜고 주전부리를 먹으며 기다리던 문정이네 가족의 귀엽고 소소한 일상이 새록새록 떠오른다. 만약 다시 찾게 된다면 나 또한 마르부르크처럼 보다 여유로운 사람이 되어서 그들의 속도에 발맞추어 그들과 함께 그들의 일상을 다시금 거닐어 보고 싶다.

강수민 고려대 지리교육과 졸업

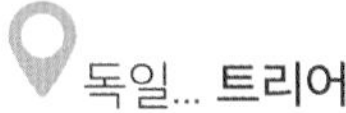

칼 마르크스의 고향, 낭만과 철학의 융합 ... 철학여행

트리어는 독일 서남부의 라인란트-팔츠주 끝자락에 위치하여 서쪽으로는 모젤강을 끼고 있고 룩셈부르크까지 불과 몇 10km 떨어진 인구 11만의 소도시이다. 독일의 아름다운 소도시라 하면 국내에서는 하이델베르크나 로텐부르크를 떠올리는 사람이 많겠으나, 사실 트리어는 세계문화유산으로 지정된 고색창연한 로마 시대 유적과 모젤 강변의 훌륭한 와인과 함께 즐길 수 있는 미식으로 유명한 독일 서남부의 가장 저력 있는 관광도시이다. 독일에서는 자주 볼 수 없는 고대 로마 제국의 흔적에 프랑스 국경과 맞닿아 그 문화적 영향을 크게 받은 팔츠 지역 특유의 낭만적 분위기가 더해지니 이는 내국인에게도 이색적으로 느껴지는 듯하다.

마르크스의 탄생지, 트리어

이곳이 오늘날 수많은 관광객의 발길을 끄는 이유는 또 있다. 과거 로마 제국의 찬란했던 문화적 유산이 전체를 감싸고 있는 이 낭만의 도시에서 바로 공산주의의 아버지 칼 마르크스가 탄생했기 때문이다. 독일 내에서 마르크스의 출생지로서 가장 어울리지 않을 것 같은 트리어는 마르크스로 인해 관광산업의 번영을 이어 가고 있다. 독일 내에서 가장 많은 중국인 관광객이 방문하는 도시인 것이다. 지난 2018년은 마르크스 탄생 200주년으로 트리어시에서도 많은 기념행사를 준비하였는데 그중 하나가 중국 정부가 제안한 마르크스 동상 건립이었다. 그러나 중국인 건축가 우웨이산이 구상한 높이 5.5m, 무게 2.3톤의 '지나치게 거대한' 이 기념물의 건립을 둘러싸고 시민들 사이에서는 찬반논란이 끊이지 않았으며 공개되기 직전 방화가 일어나는 등 웃지 못할 해프닝들이 벌어지기도 했다. 트리어시가 결국 높이를 약간 줄이고 제작비의 3분의 1을 부담하는 것으로 매듭은 지어졌으나, 트리어의 입구를 상징하는 포르타니그라Porta Negra 바로 옆에 위치한 이 동상이 심미적으로 그리 높은 평가를 받지 못하고 있는 것은 사실인 듯하다.

칼 마르크스 탄생 200주년
특별 전시회

마르크스 쇼핑센터

칼 마르크스 탄생 200주년을 맞아 개최된 특별 전시회에서는 그의 생애와 저서들을 다시금 조명하였다. 특집 간행물은 그 분량만 400페이지에 달했으며 세계 모든 나라의 박물관과 독일 최고의 사회과학 교수들이 함께 참여하여 그 권위를 높였다. 또한 칼 마르크스의 집에서는 17세까지 그가 트리어에서 살았던 흔적뿐 아니라 그의 사상의 발달 과정 및 현재 세계 정치에 미치고 있는 영향까지 자세히 상설 전시하였다.

로마인이 세운 도시

트리어의 역사는 기원전 18년 로마 다리인 뢰머브뤼케Römerbrücke를 도시에 건립하면서 시작되었다. 3세기부터는 아우구스타 트레베로룸Augusta Treverorum에서 트레베리스Treveris로 도시명을 바꾸었다가 오늘날 트리어가 되었

트리어의 시작, 포르타니그라

카이저테르멘

다. 제1·2차 세계대전을 거치면서 독일과 프랑스가 치열한 쟁탈전을 벌였으나 다행히 과거의 유산이 잘 보존되어 있는 편이다. 대주교가 관할하던 성당이자 독일 3대 성당에 속하는 트리어 대성당, 성모 마리아 성당, '황제의 온천'이라는 의미의 카이저테르멘Kaiserthermen, 목욕탕인 바르바라테르멘Barbarathermen, '검은 문'이라는 뜻의 포르타니그라, 로마 황제의 알현실이 있던 콘스탄틴 바실리카, 뤼머브뤼케 등이 로마 시대 건축물로서 1986년 유네스코 세계문화유산으로 등재되었다. 꼭 칼 마르크스가 아니더라도 많은 로마유적을 지닌 트리어는 독일에서 한 번쯤 방문해 볼 가치가 있는 도시이다.

김부성 고려대 지리교육과 명예교수

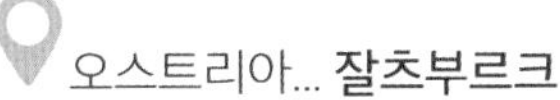

오스트리아... **잘츠부르크**

음악여행의 백미, 잘츠부르크 페스티벌 ... 음악여행

음악이 흐르는 도시, 잘츠부르크

영화 〈사운드 오브 뮤직〉의 배경으로 우리에게 익숙한 잘츠부르크는 오스트리아 중북부 지방에 위치한 관광도시로, 천재 작곡가 모차르트 및 세계적인 지휘자 카라얀Herbert von Karajan의 고향으로도 잘 알려져 있다. 잘츠부르크라는 지명은 '소금의 성'이라는 뜻인데 이름 그대로 예로부터 소금 생산으로 부를 축적했으며 지금도 이곳의 소금이 전국에 공급되고 있다. 특히 잘츠부르크는 매년 4000여 개 정도의 문화행사가 개최되는 문화도시로 유명하며 그중에서도 매년 7월 하순부터 8월 하순까지 열리는 잘츠부르크 페스티벌은 잘츠부르크 문화행사의 백미로 다양한 콘서트와 오페라, 연극 공연을 즐길 수 있다.

1920년부터 시작되어 유구한 전통을 자랑하는 클래식 음악축제인 잘츠부르크 페스티벌은 유럽 3대 페스티벌 중 하나로 각 분야에서 세계 최고 수주의 연주자들이 모임으로써 클래식 애호가들의 이목을 집중시키고 있으며, 페스티벌 출연자의 명단을 통해 매년 음악계의 최신 동향을 살필 수 있는 장으로서 기능하고 있다. 최근에는 한국의 멀티플렉스 상영관에서도 잘츠부르크 페

잘자흐강 양안의 잘츠부르크 전경

스티벌의 환상적인 공연을 상영할 정도이니 명실상부 유럽 최대의 여름 축제라고 명명할 수 있을 것이다. 매년 축제 시작 한참 전부터 티켓이 항상 매진되기 때문에 공연을 직접 두 눈으로 보고 싶다면 서둘러 예매를 해야 한다.

잘츠부르크에서 만난 〈마술피리〉

2018년 7월 독일 여행사를 통해 공연을 관람할 기회를 얻게 되었다. 바로 2018년 7월 31일 저녁 7시 30분부터 시작되는 독일 고전주의 오페라를 대표하는 모차르트의 〈마술피리Die Zauberflöte〉 공연이었다. 〈마술피리〉는 이번 오페라 축제의 개막작으로 선정되기도 했다. 국내에서는 오페라 〈마술피리〉에 등장하는 밤의 여왕Königin der Nacht이 부르는 아리아인 '지옥의 복수심이 내 마음속에 끓어오르고Der Hölle Rache kocht in meinem Herzen'라는 곡이 널리 알려져 있으며, 끊임없는 고음으로 이어져 있는 이 곡을 세계적인 소프라노 조수미가 불러 화제가 되기도 했다. 공연을 보기 전에 마술피리가 상영될 축제 대극장의 내부를 둘러볼 수 있는 잠깐의 시간이 주어졌다. 극장은 1956년 건축가 클

레멘스 홀츠마이스터Clemens Holzmeister에 의해 잘츠부르크 페스티벌을 위해 디자인되었으며, 이 지역의 건축 재료를 주로 이용해 지어졌다고 한다.

공연이 있는 날 저녁, 드레스 코드에 맞추어 최대한 깔끔하게 정장을 차려입고 숙소에서 대극장으로 향했다. 전 세계 각지에서 방문한 관광객으로 대극장 앞은 북적거렸고, 기대감에 가득 찬 얼굴로 극장 내 좌석을 찾아 앉았다. 현대식으로 재해석한 이번 오페라 〈마술피리〉에서는 원작에는 없는 해설자 역할의 할아버지가 세 명의 손자빈 소년 합창단 소속으로 이 중 한 명은 한국 소년에게 책을 읽어 주는 장면을 시작으로 막이 오르게 되었다. 화려한 무대장치와 다양한 색채의 의상과 다채로운 분장이 시선을 사로잡았다. 오페라는 독일어로 진행되지만, 관객석 앞 무대 위 위치한 화면을 통하여 영어로 된 자막도 함께 볼 수 있었다. 공연 내내 마치 서커스를 구경하는 것처럼 두 눈을 뗄 수 없는 볼거리가 계속해서 등장하였고, 아름다운 음악의 선율에 빠져 볼 수 있었다. 이번 공연은 세계적인 클래식의 성지에서 생애 단 한 번뿐인 최고의 경험을 선사해 주었다.

잘츠부르크 축제를 보고 있노라면, 문화가 가지고 있는 그 거대한 힘을 느낄 수 있다. 클래식의 전통을 지키면서도 현대적인 해석을 가미하여 현재의 감각에도 뒤떨어지지 않으려는 시도가 매우 신선하게 느껴졌다. 이 페스티벌을 통해 얻는 경제적인 효과도 막대한데, 2017년 기준 이 축제는 2700만 유로의 티켓 판매 수입과 더불어 직·간접적으로 1억 8300만 유로의 경제적 가치를 잘

공연 후 커튼콜

대극장 내부

츠부르크에 가져다주었다. 그리고 이 페스티벌을 운영하기 위해서 잘츠부르크에서만 2700명의 정규직 일자리가 필요하고, 전 오스트리아에서 3400명이 풀타임으로 참여한다고 하는데, 근래 문화를 통한 지역 활성화를 도모하는 많은 도시와 지자체에 시사하는 바가 크다.

김부성 고려대 지리교육과 명예교수

스위스... **융프라우**

빙하의 신비함을 간직한 곳 ... 지질관광

빙하의 신비함을 간직한 세계자연유산 융프라우

융프라우는 스위스 인터라겐 지역에 있는, 아름다운 설경으로 잘 알려진 알프스산맥의 고봉이며 높이는 4158m이다. 대부분이 화강암으로 이루어져 있으나, 북쪽은 중생대 쥐라기의 석회암이 노출되어 있다. 남동쪽에는 알레치빙하, 남쪽에는 알레치호른산, 더 멀리에는 몬테로사산이 있다. 융프라우란 '처녀'라는 뜻이며, 인터라겐의 아우구스티누스 수녀에게 경의를 표하기 위하여 명명되었다고 한다.

융프라우의 다양한 관광 매력

스위스 융프라우에서 가장 인기 있는 곳은 융프라우와 묀히 두 봉우리 사이에 있는 융프라우요흐 전망대이다. 이곳의 높이는 3454m로, 유럽에서도 가장 높은 철도역이라고 한다.

융프라우로 올라가는 열차에서

전망대에는 유럽에서 가장 긴 빙하인 알레치 빙하의 모습을 온전히 감상할 수 있는 전망공간은 물론, 레스토랑, 얼음 궁전 등 관광객을 위한 다양한 시설이 자리하고 있다. 사람들은 전망대로 올라가는 열차에서 아름다운 설경을 바라보며 연신 감탄하고, 전망대에 올라서는 이런저런 재밋거리를 즐긴다. 열차를 운행한 지 100년이 넘었다고 하니, 얼마나 오랜 시간 관광객의 사랑을 받았는지 알 만하다.

융프라우요흐 전망대로 향하는 길목에는 그린델발트라고, 산악마을이 있다. 이곳에는 눈 덮인 설원을 밟으며 자연을 그대로 느낄 수 있는 여러 하이킹 코스가 마련되어 있다. 자신에게 맞는 코스를 정하여 하이킹에 도전해 보는 것도 좋은 관광이 될 것이다. 그린델발트 역시 관광객을 위한 시설이 잘 갖춰져 있기에 어려움 없이 즐길 수 있다. 실제로 여름에는 하이킹을 즐기는 사람들로, 겨울에는 스키를 타는 사람들로 붐비는 곳이다.

융프라우는 빙하지형이면서 험준한 알프스산맥 중 하나의 산인데도 불구하고 관광객이 많이 올 수 있는 이유는 설원을 감상함과 동시에 하이킹 코스와

융프라우 철도에서 바라본 풍경

같은 여러 활동과 전시물, 그리고 융프라우 정상에서 먹을 수 있는 각종 맛있는 음식과 같은 서비스사업이 잘 다져져 있기 때문이다. 특히 전망대에서 먹는 신라면은 우리나라 사람뿐만 아니라 외국인 관광객에게도 인기라고 한다.

융프라우 관광의 백미, 융프라우 철도

융프라우요흐 전망대에 가면 융프라우 철도 기념여권을 만들 수 있다. 여권 마지막 장에는 "융프라우의 역장은 이로써 본 여권의 소지자가 유럽 최고 고도에 있는 철도역 방문을 인증함"이라고 써 있으며, 이곳에 인증도장을 찍어 준다. 또한 QR코드가 있어 온라인 방문 증명서를 만들 수 있다. 이러한 하나의 이벤트는 관광객으로 하여금 더 기억에 남는 관광으로 만들어 주는 마케팅 전략이라고 볼 수 있다. 그뿐만 아니라 여권 안에는 융프라우와 관련한 다양한 정보가 들어 있다. 융프라우의 교통수단인 철도 개통의 역사부터 아이거 북벽에 관한 비극적인 이야기도 담겨 있고, 융프라우 안내도가 보기 쉽게 그려져 있다. 또한 여러 레포츠 홍보물도 있고, 고원지대의 특징, 융프라우에 대해 사람들이 잘 모르는 지식까지 재미있는 이야기가 많이 담겼다. 융프라우 철도 기념여권은 국가별 언어로 되어 있어 나는 'korean'이라고 표지에 써 있고 위의 모든 정보가 한국어로 제공되는 기념여권을 받았다.

융프라우 철도 기념여권

융프라우는 알프스산맥에서 유일하게 유네스코 세계자연유산으로 지정되었으며 지오파크로 지정되었다. 지오파크는 지오투어리즘의 구성요소 중 가장 핵심적이라고 할 수 있다. 지오파크란 지구과학을 대상으로 중요한 자연유산을 포함한 공원을 말한다. 하지만 지오투어리즘에서의 지오파크는 지질학적 가치뿐만 아니라 비지질학적 가치인 역사적, 문화적 가치를 지닌곳도 포함한다.

열차 안에서의 모습

지오투어리즘은 지질학적 가치를 가진 자연경관을 생태학적으로 보전하는 지속가능한 관광을 추구하기 때문에 개별적으로 돌아다니기 어렵다. 따라서 교통기반시설은 지오투어리즘에서 안전하고 지속가능한 관광에 있어서 매우 중요한 요소이다. 그런 점에서 스위스 융프라우 철도는 교통기반시설을 넘어 하나의 역사적, 문화적 가치를 지니는 소중한 자원이라고 할 수 있다.

박서예 고려대 지리교육과 졸업

영국... 스코틀랜드 에든버러, 스코티시 하일랜드

전설과 함께 살아가는 곳 ... 문학관광

스크린 속의 영국으로

영국의 북쪽 스코틀랜드는 영화와 관련이 깊다. 북쪽으로는 광활하게 펼쳐진 신비로운 분위기의 하일랜드 자연경관이 있고, 에든버러의 구시가지와 웅장한 요새인 에든버러성은 중세 시대의 모습을 그대로 간직하고 있어 영화 감독이라면 꼭 탐낼 만한 장소이다. 또한 1947년부터 시작된 에든버러 영화제는 세계에서 가장 오래된 비경쟁 영화제로 영국의 여름을 예술로 물들이는 유명한 축제이다.

영국에 대한 사랑은 어렸을 때는 셰익스피어의 《한 여름밤의 꿈》, 조앤 롤링의 《해리 포터》, 그리고 아서 코난 도일의 《셜록 홈스》를 읽으면서 시작되었다. 대학생이 되어서는 비틀즈, 라디오헤드, 콜드플레이의 음악을 들으며 버버리, 폴스미스, 비비안 웨스트우드의 패션에 관심을 가지게 되었다. 그중 가장 영국을 간접적으로 경험하도록 도와준 것은 영화 〈어바웃 타임〉과 드라마 〈셜록〉이었다. 이렇게 오랜 시간 영국을 향한 애정을 키워 온 나는 드디어 영국을 방문하게 되었다.

북방의 아테네, 에든버러

런던에서 에든버러로 가는 길은 꽤 길다. 약 600km가 넘는 거리를 가야 하는데, 기차는 운행 시간이 길어 기차에서 하루를 소모해야 하고, 비행기는 비용이 많이 드는 동시에 공항에서 시내로 가는 시간이 추가된다. 코치라고 불리는 버스는 이동 시간이 많이 들지만 야간버스가 있었다. 이 버스는 한 사람당 20파운드로 침대가 있는 버스인데, 에든버러로 가는 가장 인기 있는 이동 수단이므로 예약이 필수다.

에든버러 구시가지는 중세 유럽, 그중에서도 특히 중세 영국의 느낌을 고스란히 간직하고 있었다. 첫 번째로 외관이 현대적인 건물을 찾아볼 수 없었다. 시가지 전체가 관광이 목적이 아니라 경제와 행정 기능을 하면서도 옛날의 모습을 그대로 유지하는 것이 인상적이었다.

구시가지의 중심을 지나가는 커다란 대로는 홀리루드 궁전에서 에든버러성을 잇는데, 로열마일이라 불린다. 이는 왕이 지나다니는 길이라는 의미로, 이 길을 중심으로 에든버러 구시가지의 고풍스러운 전경이 펼쳐지고 있으며, 많은 영화가 촬영되기도 하였다. 앤 해서웨이 주연의 영화 〈원 데이〉도 이곳에서 촬영되었다.

에든버러 구시가지에는 곳곳에 영화와 영화의 원작이 되는 문학작품과 연관이 있는 장소가 많다. 그리고 구시가지는 걸어 다닐 수 있을 정도의 면적이지만, 장소 하나하나가 의미가 있어 작품의 배경이 되는 곳을 다 돌아다니면 꼬박 하루가 걸린다.

디컨의 카페

배가 고파져서 추천을 받아 스프와 스콘이 맛있다는 디컨의 카페라는 곳을 갔는데, 이곳마저도 문학작품의 흔적이 있는 곳이었다. 이곳은 디콘 브로디라는 사람이 실제로 살았던

곳을 카페로 바꾼 곳인데, 가게 앞에는 그의 동상이 있다. 그 동상은 어딘가 모르게 표정이 섞여 있는 모습을 하고 있는데, 그가 유명한 영화 〈지킬 앤 하이드〉의 모티브가 된 실존 인물이라고 한다. 디컨은 낮에는 정부기관의 임원이자 가구 제작자였으나 밤에는 도둑질을 했다고 한다. 이것이 밝혀지자 당시 사람들은 큰 충격을 받았고, 이 이야기를 모티브로 《지킬박사와 하이드》라는 작품이 탄생했다고 한다.

에든버러의 주요 기능을 담당하는 에든버러 광장에는 경제학자 애덤 스미스를 비롯한 스코틀랜드를 빛낸 많은 인물의 동상이 있다. 데이비드 흄 동상의 발을 만지면 복이 들어온다는 소문 때문인지, 그 동상은 발부분만 닳아 있었다. 킬트를 입고 백파이프를 연주하는 스코틀랜드 거리의 악사들은 보통 에든버러 광장에서 공연을 한다.

소설가 월터 스콧 기념비와 거리의 악사

시내를 돌아다니다 보면 중세 시대 옷을 입고 홍보를 하는 사람들을 볼 수 있다. 전단지에는 고스트투어, 미스터리투어라는 문구가 있었다. 에든버러에는 지하통로가 남아 있는데, 이곳은 중세 시대에 각종 범죄와 타락이 있고 그로 인해 괴담이 끊이지 않는 곳이었다. 에든버러의 스산한 날씨와 지하통로의 풍경이 겹쳐 유령에 대한 소문이 돌아 이런 미스터리한 소재를 주제로 여행을 다니는 사람들을 위한 프로그램이라고 한다. 스코틀랜드는 특히 전설과 신화, 괴담이 가득한 곳으로 그런 주제의 여행을 하기에도 알맞다. 그리고 아마 이런 이야기들이 모여서 문학작품으로, 영화로 드러났을 것이다. 《해리 포터》도 이러한 영향을 받아 주인공이 다니는 마법학교에 유령이 나타난다.

홀리루드 궁전은 스코틀랜드 국왕이 머물던 곳이었으나 현재는 영국 여왕의 여름 별장으로 사용되고 있다. 여왕에게 특별히 사랑받는 궁전인 만큼 여왕과 관련된 기념품이 많다. 옆에는 궁전의 전신인 홀리루드 수도원의 폐허가 그대로 남아 있는데, 그 모습이 굉장히 신비롭다. 수도원은 기둥과 전체적인 형상만 남아 있고 이끼가 그대로 끼어 있는 등 으스스한 모습을 자아내고 있었다.

《해리 포터》의 탄생, 에든버러성과 엘리펀트 하우스 카페

에든버러성은 구시가지의 가장 높은 곳에 있어 방어에 유리하다. 로열마일을 따라서 올라가면 구릉지에 커다란 평지가 펼쳐지는데, 이곳이 에든버러성 정문에 있는 광장이다. 이곳에서는 밀리터리 타투라고 하는 세계적인 축제가 열리기도 한다. 광장에서는 에든버러성을 정면에서 한눈에 볼 수 있는데, 웅장함을 느낄 수 있다. 정문에는 스코틀랜드의 전쟁영웅을 기리는 동상이 있다. 스코틀랜드인의 스코틀랜드 지방에 대한 애정을 가장 잘 느낄 수 있는 곳이다.

《해리 포터》의 작가 조앤 롤링은 에든버러성에서 마법학교인 호그와트의 영감을 얻었다고 한다. 매일 성을 바라보며 글을 썼던 조앤 롤링은 지금은 정말로 성Castle에서 산다고 한다. 조앤 롤링은 초기에 엘리펀트 하우스 카페라는 곳에서 작품을 집필했다고 한다. 12개 언어로 20개국 이상에서 1억만 부 이상 판매되고 있는 소설 《해리 포터》는 이 카페의 아메리카노와 스콘 세트로

에든버러성의 야경

《해리 포터》가 탄생한 곳, 엘리펀트 하우스 카페

부터 시작되었다. 카페에 들어가면 카페의 테마인 코끼리 조각을 많이 볼 수 있다. 그리고 벽에는 조앤 롤링과 관련된 자료와 기사가 한곳에 모아져 있다. 소설과 영화가 유명해지면서 이곳을 기념으로 찾으러 오는 손님이 너무 많아서 이곳은 카페의 기능과 관광지의 기능을 동시에 하게 되었다. 관광을 하는 손님 줄과 카페를 방문하는 손님의 줄이 따로 있을 정도이다.

전사의 땅, 스코티시 하일랜드

스코틀랜드에는 자연이 그대로 보존된 곳이 많다. 스코틀랜드 지방은 춥고 황량하였기 때문에 예전부터 인구밀도가 높지 않았다. 하일랜드의 초입에 있는 스털링은 영화 〈브레이브 하트〉의 촬영지로 여러 전쟁의 무대였다. 〈브레이브 하트〉에서 멜 깁슨이 맡은 윌리엄 윌레스는 실제로 스코틀랜드의 독립전쟁 영웅으로 기념탑이 세워져 있다.

스코틀랜드 사람들에게 게일어와 그들의 부족 문화, 그리고 아서왕의 전설은 자부심이다. 전설이 사실인지 과학적인 것인지를 떠나서 그들의 자부심이고 혼이라는 문화가 다양한 문학작품을 만드는 상상력의 기초가 될 수 있다는 생각이 들었다.

하일랜드의 서부 지역은 굉장히 복잡한 해안선을 가지고 있는데, 고위도의 추위와 함께 바닷바람을 느낄 수 있다. 포트윌리엄이라는 곳은 언뜻 보면 호수처럼 보이지만 바다가 만입한 곳으로 이곳에서 도시를 둘러보며 식사를 했다. 식사를 하며 스코틀랜드 부족에 대한 설명과 그들의 용맹한 전설을 전해 들었다. 우리가 알고 있는 중세 시대 무기 중 하나인 양손으로 드는 대검인 '하일랜더'는 이 지역의 전사들이 쓰던 무기에서 이름을 붙인 것이라고 한다. 그 얘기를 듣자 백파이프를 불며 돌진하는 하일랜드 전사의 모습이 떠올랐다.

포트윌리엄에서 글렌피난으로 가는 동안 고사리의 양이 더 많아지고 더 황무지로 들어가는 듯한 느낌이 들었다. 그리고 점점 더 그동안 볼 수 없었던 자연경관이 펼쳐졌다. 글렌피난에 도착하자 정말 다큐멘터리에서나 볼 법한 황

글렌피난의 다리

무지가 있었고 이곳에 다리가 덩그러니 놓여 있었다. 다리는 높이만 해도 내 키의 10배는 넘는 것 같았다. 기찻길도 길게 나 있었는데, 어디서부터 어떻게 공사를 했을까 하는 생각이 들었다. 이곳 주변에는 다리를 제외하고는 사람의 흔적을 전혀 찾아볼 수 없었기 때문이다. 이곳을 배경으로 《해리 포터》에서 주인공이 기차 시간을 놓쳐 하늘을 나는 자동차를 타고 기차를 따라잡는 장면이 촬영됐다고 한다. 실제 배경을 보니 꽤 실감이 났다.

스코틀랜드 하면 위스키를 빼놓을 수 없다. 물이 깨끗하고 위스키가 숙성되기 좋은 날씨를 가지고 있기 때문이다. 양주에 대해서는 아는 것이 많지 않지만, 최근에 인상 깊게 본 영화 〈킹스맨〉에서 영국인이 위스키를 마시는 모습이 떠올랐다. 위스키 공장 중 가장 높은 곳에 있다는 달위니 싱글몰트 위스키 공장을 방문하고 에든버러로 돌아가기로 했다.

돌아가는 길에 워즈워스, 멘델스존과 같은 문학가와 예술가들이 산책했던 허미티지라는 곳을 잠시 들렀다. 성소처럼 보이는 돌 건축물을 지나서 문을 여니 폭포가 보였다. 이런 곳을 산책하면서 작품이나 악상을 구상한다면 영감이 저절로 떠오를 수밖에 없겠다는 생각이 들었다.

송창근 고려대 지리교육과 졸업

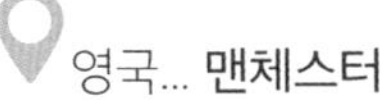

영국... **맨체스터**

축구의 성지를 가다 ... 스포츠관광

꼬맹이 맨유 팬, 자라서 성지를 가다

당시 5살이었던 나에게, 2002년의 기억은 아직까지 생생하다. 특히 포르투갈전에서 박지성의 골은 몇 번을 돌려 봐도 감탄만 나온다. 아마 그때부터 박지성이란 선수를 좋아했던 것 같다. 그리고 2005년 박지성이 영국 맨체스터 유나이티드에 입단했을 때부터 맨유의 팬이 됐다. 어린 나이에 새벽에 일어나 매 경기를 챙겨 봤고, 박지성 선수가 은퇴하고 나서도 쭉 맨유를 응원했다. 전 세계 맨유 팬의 꿈은 맨체스터 유나이티드의 홈구장인 올드 트래퍼드Old Trafford를 직접 방문하는 거다. 나도 마찬가지였다. 항상 TV로만 보던 그라운드와 선수들이 뛰는 경기를 직접 두 눈으로 보고 싶었다.

맨체스터에 도착했을 때 처음 느낀 점은 정말 추웠다는 거다. 맨체스터의 6월 평균기온은 18도라고 한다. 맨체스터에서 에어컨 장사하기는 힘들 것 같다는 생각이 들었다. 또 공항이 너무 조용했다. 나는 맨체스터가 영국의 유명한 관광지일 거란 생각을 했는데 공항이 작은 것을 보고 신기했다. 지금 생각해 보니 맨체스터를 제외하고 다녀왔던 도시들에서는 모두 도시만의 교통권이 있었다. 한데 맨체스터에서는 그냥 버스를 탈 때 그 자리에서 현금을 주고 타는 방식이었다.

올드 트래퍼드

아홉 시간을 비행기에서 보냈기에 너무 피곤해서 일찍 잠자리에 들었고, 다음 날 아침 일찍 올드 트래퍼드로 출발했다. 하필이면 내가 방문했을 때는 한 시즌이 끝난 시기여서, 경기는 물론 선수들도 보지 못해서 아쉬웠다. 스포츠관광은 스포츠에 참여 혹은 관람을 목적으로 하는 관광인데, 대학생의 방학시즌은 영국 축구의 쉬는 기간이라서 약간 아쉽다. 진정한 스포츠관광을 즐기려면 방학 중이 아닌 학기 중에 와야 한다는 사실이 사람들을 부담스럽게 하는 것 같다. 하지만 사람들이 알아야 하는 게 있다. 실제 스포츠에 참여하거나 경기를 관람하지 않더라도 충분히 스포츠관광을 즐길 수 있다. 올드 트래퍼드에는 맨체스터 유나이티드의 역사를 전시해 놓은 올드 트래퍼드 박물관이 있다. 맨유의 시작부터 현재를 한눈에 알아볼 수 있게 전시해 놓은 곳이다.

맨유의 홈구장, 올드 트래퍼드

올드 트래퍼드 박물관

박물관을 돌아보며 맨체스터 유나이티드의 역사가 엄청나게 길다는 것을 느낄 수 있었다. 또 개인적으로 박지성 선수에 대한 얘기도 있어서 좋았다. 팬들이 이곳을 방문하면 자신이 응원하는 구단의 옛이야기와 여태까지 이뤄 온 업적, 앞으로의 미래까지 모든 것을 알 수 있다. 직접 경기를 보지 않더라도 충분히 스포츠관광을 즐길 수 있는 것이다.

또한 관광객이 오랫동안 추억할 수 있도록 메가스토어를 운영한다. 이곳에서는 현재 맨유에서 활약하고 있는 선수들의 유니폼과 핸드폰 케이스 등 각종 기념품을 판다. 나도 이곳에서 좋아하는 선수의 유니폼을 샀다. 그 옷을 입고 맨체스터를 돌아다녔는데, 자기도 맨유 팬이라고 웃으면서 먼저 인사해 주는 사람이 많았다.

↑올드 트래퍼드 박물관 ↓박지성 선수 그림

맨체스터에서 단지 올드 트래퍼드에서만 이 스포츠관광을 즐길 수 있는 것은 아니다. 맨체스터 시티의 홈구장 에티하드 스타디움에서도 즐길 수 있는 것은 당연한 사실이고 위의 두 곳을 제외하고도 이 도시에서 축구는 어디든지 존재하기 때문에 어느 곳에서든 즐길 수 있다. 응원하는 팀만 다를 뿐 모두가 축구에 관심이 많고 축구를 좋아하기 때문에 거리를 걷다 보면 각 팀의 서포터즈를 많이 마주칠 수 있다. 축구 경기가 있는 날에는 경기장 안팎으로 모두가 모여 응원하기에 즐거움은 배가 된다고 한다. 경기가 있는 시즌에 꼭 방문해서 나도 같이 즐기고 싶다는 생각이 든다.

조성일 고려대 지리교육과 졸업

근사한 식사와 후식, 맥주 한 잔의 여유 … 음식관광

음식 관광은 여행의 주 목적이 그 지역의 음식과 음료를 즐기는 것이 되거나, 여행 일정 및 여행 경비의 대부분이 음식을 즐기는 것 혹은 음식과 관련된 활동을 하는 것을 말한다. 음식은 여행에서 떼어 놓을 수 없는 부분 중 하나로, 다른 활동에 수반하여 나타나는 경우가 많아 누구든 즐길 수 있는 틈새관광의 일종이다. 음식이란 단순히 끼니를 때우는 것이 아닌 다양한 인문·자연적 환경이 복합적으로 섞여 나타나는 문화의 일종이라고 볼 수 있다. 그 지역의 기후에서 주로 생산되는 식재료를 사용한다는 점에서 자연환경이 반영되며, 지역 축제와 종교 및 정책 측면에서 인문환경이 반영된다. 그러므로 음식을 즐긴다는 것은 문화의 집합체를 경험하는 것이나 다름없다.

과거 음식관광의 트렌드는 프랑스, 독일, 이탈리아, 벨기에 등의 유럽 국가가 중심을 이루었으나, 현재는 일본, 태국, 인도와 같은 동남아 및 아시아 국가로 그 중심지가 바뀌어 가고 있다. 아시아의 웰빙 음식 및 에스닉한 음식에 대한 관심이 증가함에 따라 그 열풍이 더해 가고 있다.

유럽의 숨은 맛집, 벨기에

벨기에는 북해 연안에 있는 작은 나라로, 유럽 여행을 하는 관광객에게 그리 인기 있는 여행지는 아니다. 보통 유로스타를 타고 영국에서 유럽 대륙으로 넘어올 때, 혹은 독일이나 프랑스로 이동하는 과정에서 잠깐 들르는 경우가 많다. 2015년 1월 초부터 2월 중순까지 남동생과 유럽 자유여행을 다니면서 2박 3일이라는 짧은 기간만 벨기에에 머물렀다. 이러한 틈새 여행지 신세인 벨기에에서 소소하지만 놓칠 수 없는 즐거움이 있었다. 바로 '먹거리'이다.

벨기에 맥주와 와플

처음 향한 곳은 브뤼셀 중앙역 근처의 캉티용이라는 곳이다. 이곳은 벨기에 전통 맥주인 람빅 맥주를 생산하는 양조장이다. 람빅 맥주가 양조되는 과정과 맥주를 숙성시키고 보관하는 곳을 구경하는 투어 프로그램을 신청하여 들어 보았다. 실제로 곡물이 발효되고 양조되어 오크통에서 숙성된 후, 병에 담겨 보관되는 과정까지 견학하니, 벨기에 사람들의 맥주에 대한 자부심이 실로 대단할 것이라 생각했다. 투어가 끝난 후 람빅 맥주 두 잔을 시음할 기회가 있었는데, 맥주의 맛이 일반적인 캔맥주의 맛과는 매우 달랐다. 일반적인 맥주는 탄산 때문에 청량감이 강한 반면, 람빅 맥주는 시큼한 맛과 발효되는 과정에서 생긴 특유의 향이 강하게 나서 맥주보다는 와인에 가까운 느낌이었다.

가볍게 저녁을 먹고 후식으로 찾은 것은 벨기에 와플이었다. 오줌싸개 동상을 보러갈 겸, 산책을 하다가 우연히 길가에서 발견하게 됐다. 와플의 본고장인 만큼 여러 가지 토핑으로 장식된 다양한 와플이 있었다. 모두 다 먹어 보진 못했지만, 플레인 와플은 향긋하고 바삭한 맛이었고, 생크림과 딸기를 올린 와플은 달콤했으며, 한

벨기에 와플

브뤼헤 마르크트 광장

입 베어 물었을 때 입 안에 꽉 차는 느낌이 너무 좋았다. 그리고 초콜릿을 뿌린 와플은 빵 냄새와 함께 진한 초콜릿 향까지 나서 냄새만 맡아도 기분이 좋아졌다. 김이 조화롭게 어우러져, 입맛을 돋궜다.

벨기에에서의 마지막 일정을 마치고 숙소로 돌아가던 중 길거리에서 감자튀김을 팔고 있었는데, 가게 앞에 줄이 너무 길어서 그 맛이 궁금했다. 평일 저녁에 현지인이 줄을 서서 먹는 것을 보니, 벨기에 사람들의 감자튀김에 대한 애정이 대단한 듯했다. 감자튀김에도 마요네즈를 베이스로 한 소스를 뿌려 먹었는데, 따끈하고 바삭한 튀김옷 속에 포슬한 감자가 인상적이었다. 영국에서 독일로 넘어가기 위해 벨기에에 머무는 이틀 동안 식사부터 후식, 그리고 맥주까지 무엇 하나 빠짐없이 만족스러웠다. 벨기에를 떠날 때에는 너무 짧게 머물렀다는 생각이 들어 아쉽기만 했다.

이초희 고려대 대학원 지리학과 졸업

프랑스... **부르고뉴**

최고급 와인의 고향 ... 와인여행

세계 최고 와인의 고향, 부르고뉴

부르고뉴 지방은 보르도Bordeaux와 더불어 와인 애호가들이 가장 사랑하는 여행지이다. 부르고뉴를 영어식으로 표현하면 버건디burgundy로 여기서 벌써 부르고뉴가 세계 최고의 레드 와인 생산지라는 사실을 짐작할 수 있다. 재배하기 까다로운 피노 누아Pinot Noir가 이 지역 대표 포도 품종이며, 세계에서 가장 비싼 와인으로 한국에도 널리 알려진 로마네 콩띠Domaine de la Romanee Conti가 바로 부르고뉴의 특등급 포도밭에서 만들어진다. 부르고뉴 와인의 분류체계는 매우 복잡한데 크게 네 등급으로 나누어진다고 보면 된다. 지방명·마을명·1등급 크뤼·그랑 크뤼 이렇게 나뉘고 여기서 가장 최상급인 그랑 크뤼Grand Cru 와인이 생산되는 포도밭이 집중적으로 분포하는 지역이 바로 코뜨 도르Côte dor, 즉 황금의 언덕이다. 코뜨 도르는 다시 코뜨 드 뉘Côte de Nuits와 코뜨 드 본Côte de Beaune으로 나뉘어진다.

부르고뉴에서 포도밭을 뜻하는 클리마Climat는 기후뿐만 아니라 땅과도 관련이 있다. 오래전부터 이곳에는 지형과 토양의 특징에 따라 포도밭을 구획

↑시토 수도원의 전통을 간직한 클로 드 부조성의 와이너리
↓자선병원이 운영하는 오스피스 드 본 와이너리

하였는데 부르고뉴에는 총 1247개의 클리마가 있다. 이러한 부르고뉴의 독특한 와인생산 문화는 2015년 유네스코 인류무형문화유산으로 등재되었다. 코뜨 도르에는 전체 33개의 그랑 크뤼 포도밭 중에 32개 포도밭이 존재한다. 특히 부르고뉴 지방의 중심도시 디종Dijon 남부에서부터 와인과 미식의 중심지 본Beaune 북부까지 이어지는 지역인 코뜨 드 뉘에서 생산되는 피노 누아 와인 중에서도 앞서 말한 로마네 콩티 외에 주브레 샹베르탱Gevrey-Chambertin, 클로 드 부조Clos de Vougeot, 샹볼 뮈지니Chambolle Musigny 등이 품질과 가격 모든 면에서 타의 추종을 불허하는 제품들이다. 코뜨 드 본에서는 주로 샤르도네 품종으로 만드는 특등급 화이트 와인이 생산되며 대표적인 것으로 꼬르통 샤를

마뉴Corton-Charlemagne, 퓔리니 몽라셰Puligny-Montrachet, 뫼르소Meursault 등이 있다.

부르고뉴 와인과 프랑스 음식의 본고장, 본

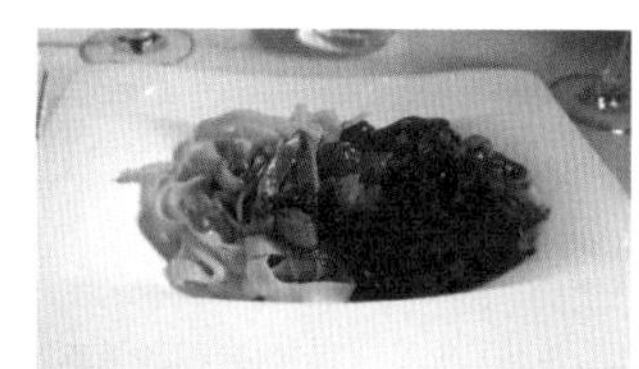
뵈프 부르기뇽. 보통 면과 함께 나온다.

본의 슈퍼마켓에서는 부르고뉴에서 생산되는 유명 브랜드의 와인 중 비교적 저렴한 제품을 만날 수 있다. 부르고뉴산 와인은 프랑스 와인 전체 생산량의 3%밖에 되지 않아 인근 유럽뿐 아니라 프랑스 자체에서도 매우 구하기 어렵기 때문에 동네 슈퍼마켓에서 부르고뉴 와인을 보는 것은 본이 아니라면 상상하기도 어려운 일이다. 따라서 본에 간다면 피노 누아 와인은 반드시 사 보길 권유한다. 특등급 그랑 크뤼가 아니더라도 10~20유로 내외의 제품들 역시 충분히 훌륭하다.

부르고뉴 와인의 본고장 본은 인구 2만 명이 조금 넘는 아주 작은 도시이며 오래된 마을은 언뜻 보기에 허름하기까지 하지만 사실 이 마을 구석구석에는 어디에서도 찾기 힘든 최고의 프렌치 레스토랑들이 자리하고 있다. 대부분의 식당이 미슐랭 가이드에 소개될 정도로, 어느 곳을 들어가도 훌륭한 맛을 보

본의 레스토랑들

장한다. 저녁 시간에는 한적한 길거리와 달리 식당 안은 모두 관광객으로 가득 찬다. 영어를 할 수 있는 직원이 대부분 있는 편이며, 테이블 수가 많지 않기 때문에 저녁식사는 예약이 필수이다. 대표 음식은 한국 갈비 혹은 꼬리찜의 맛과 비슷한 뵈프 부르기뇽이다.

산티아고 순례길의 출발지, 베즐레

베즐레Vézelay는 부르고뉴 욘현에 위치하며 인구 500명 정도로 부르고뉴 지방에서 가장 오래된 마을 중의 하나이다. 베즐레 와인을 생산하고 있으며 매년 와인 페스티벌도 개최한다. 또한 프랑스에서 가장 아름다운 마을 중 하나로 손꼽히는 곳이기도 하다. 예수의 발을 닦았다는 막달라 마리아의 유물을 보유한 막달라 마리아 대성당Basilique Sainte-Madeleine이 있어 베즐레는 예로부터 순례자의 성지로 불렸다. 성 야고보의 시신이 스페인의 산티아고 데 콤포스텔라로 옮겨졌다는 전설을 따라 떠나는 산티아고 성지순례가 출발하는 주요 지점이기도 하다. 막달라 마리아 대성당은 현재 유네스코문화유산이다.

베즐레 막달라 마리아 대성당

김부성 고려대 지리교육과 명예교수

제8장 남부 동부 유럽

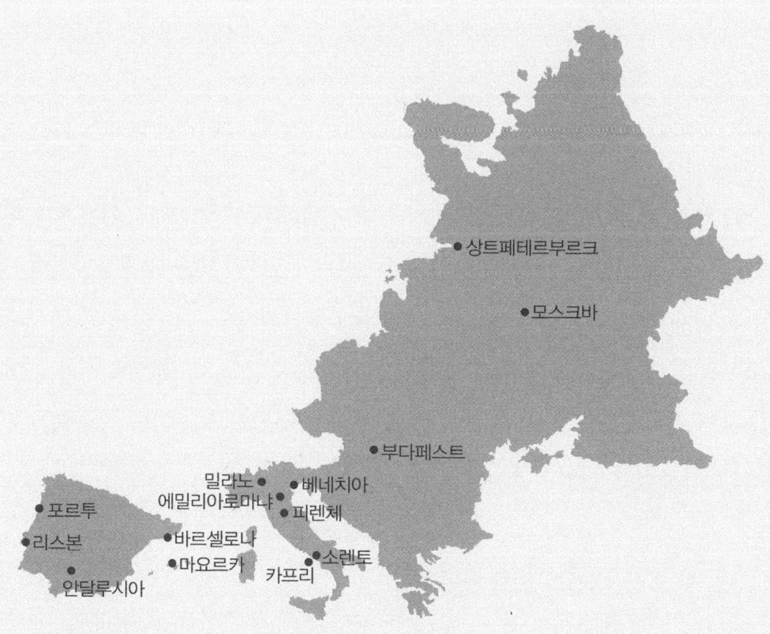
상트페테르부르크
모스크바
부다페스트
밀라노
베네치아
에밀리아로마냐
피렌체
포르투
리스본
바르셀로나
마요르카
안달루시아
소렌토
카프리

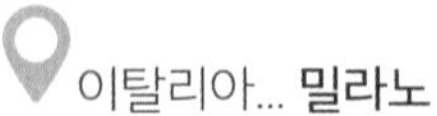

엑스포가 열리는 곳으로 ... MICE관광

MICE란 회의Meeting, 포상관광Incentive trip, 컨벤션Convention, 전시Exhibition의 앞 글자를 딴 것으로 이런 활동이 이루어지는 산업을 보통 MICE산업이라 칭한다. 국제 엑스포나 전시회, 기업 차원에서의 인센티브 관광 등이 한 번 진행되면 세계 각지에서 많은 수의 사람이 한꺼번에 모인다. 이 때문에 지역·국가의 경제적 파급효과가 매우 크고 많은 서비스 중심의 일자리가 창출되는 등 부가가치가 높은 산업이다.

나의 첫 유럽, 패션의 도시 밀라노

2015년 수능이 끝난 다음 날, 밀라노 말펜사 공항으로 가는 비행기를 탔다. 숙소는 밀라노 중앙역에서 매우 가까운 곳에 위치해 있었고, 도착했을 땐 저녁 7시쯤이 되었다. 도착하자마자 바로 가 본 곳은 밀라노의 두오모 성당, 처음 가 본 유럽이기 때문이겠지만 나에게 유럽의 이미지는 아직까지도 이 밀라노 두오모 성당으로 떠오른다. 아찔할 만큼 커다란 두오모 성당과 그 위의 수많은 첨탑과 조각, 광장에서 여유를 즐기는 사람들, 사진을 찍는 관광객, 그 옆

밀라노의 두오모 성당

몬테나폴레오네 거리의
패션스쿨 인스티튜트 마랑고니

갤러리아에 즐비한 화려한 명품 브랜드 매장과 쇼룸… 이러한 전체적인 경관이 깊숙이 각인되었나 보다.

밀라노를 대표하는 2대 산업은 패션과 디자인이다. 몬테나폴레오네 거리는 두오모 성당에서 얼마 걸리지 않는 위치에 있고 거리의 대부분은 이탈리아를 대표하는 브랜드 프라다, 구찌, 돌체앤가바나, 펜디, 에트로, 살바토레 페라가모, 조르지오 아르마니 등의 매장과 쇼룸으로 구석구석 가득 차 있다. 이곳에서는 밀라노 컬렉션으로 발표된 신작들이 진열되어 있고, 이곳에서만 살 수 있는 한정 아이템 또한 볼 수 있다. 이탈리아 기업이 아닌 다른 브랜드들 또한 몬테나폴레오네 거리에서 볼 수 있다.

오래된 친구 중 한 명이 이곳에 있는 패션스쿨에서 공부를 했다. 인스티튜트 마랑고니Institute Marangoni라는 곳이었는데 친구의 도움으로 그 안을 구경할 수 있었다. 세계 4대 패션쇼 중 하나인 밀라노 컬렉션의 본류에서 공부하려는 젊은이들이 전 세계로부터 이 거리로 모인다고 한다. 이곳 말고도 몬테나폴레오네 거리 주변으로, 매장 사이사이에 이러한 패션스쿨이 많이 있었다. 패션산업의 유망주와 패션산업의 현재 결과물이 바로 이 몬테나폴레오네 거리에 한데 모여 있는 걸 보자니 홍대 앞에 죽 늘어서 있는 미술입시 학원이 떠올랐다. 레오나르도 다빈치의 영향인가, 밀라노에서 패션은 단순한 명품 쇼핑이 아닌 거대한 시스템으로 작용한다는 느낌이 들었다.

패션의 올림픽을 견학하다!

시기적절하다는 말이 이럴 때 어울리는 것일까? 방문했을 당시 국제 섬유기계 박람회ITMA를 한다는 소식을 들었다. 보통이면 다른 관광지를 보러 갔을 텐데, 마침 또 4년에 한 번씩 일주일간만 열리는 박람회를 밀라노에서 한다는데 가 보지 않을 수가 없었다. 게다가 박람회가 열리는 곳은 그해 여름에 열린 밀라노 국제 엑스포가 열렸던 곳이었기 때문에 나의 흥미는 온통 그곳에 가는 것에 쏠려 있었다. 박람회장은 밀라노 중앙역에서 지하철로 얼마 떨어지지 않은 곳이었다.

박람회장은 정말 매우, 매우 컸다. 가장 최근에 엑스포가 열렸던 곳이어서 그런가 규모가 엄청났다. 사실 이 국제 섬유기계 박람회는 섬유 관련 종사자가 아니면 하는지도 모르는 그런 전문적인 박람회였다. 하지만 4년마다 열리는 섬유기계의 올림픽으로 불리며, 열릴 때마다 10만 명 이상의 사람이 모이기 때문에 그 규모와 권위는 매우 높은 박람회다. 4년마다 스페인의 바르셀로나와 밀라노에서 번갈아 가면서 개최된다고 한다. 규모가 매우 클 수밖에 없는 박람회이기 때문에 밀라노 박람회장만큼의 페어 그라운드fair ground가 아니면 사실 열기도 힘들 것이다. 박람회에는 섬유 관련 기계와 염색, 자수, 광섬유, 의류 산업 관련 IT 등 다 나열할 수 없을 정도의 분야들이 참여하였다. 섬유는커녕 기계에도 정말 문외한인데 박람회 특유의 느낌으로 최첨단의 기술을 전시해 놓은 것

박람회장 내부 전경

을 보면서 많은 흥미를 느꼈다.

밀라노에 갔다 온 후 느꼈던 것은 도시 전체가 패션 그 자체에 녹아 있다는 것이다. 물론 박람회는 4년에 한 번, 그것도 바르셀로나와 번갈아 가며 열리지만, 개최 도시라는 그 상징성에서 오는 분위기가 있다. 미래의 유명 디자이너를 꿈꾸는 패션스쿨의 학생들, 현재 활동하는 디자이너와 그들의 결과물이 집결된 몬테나폴레오네 거리, 패션을 넘어 의류산업에까지 미치는 일련의 시스템이 관광지 밀라노의 지역성을 새롭게 인식시켜 주기에 충분했다.

김수정 고려대 지리교육과 졸업

이탈리아... **카프리, 소렌토**

나폴리항을 대신하는 진정한 세계 3대 미항

... 휴양관광

세계 3대 미항을 아시나요?

세계 3대 미항美港이라고 들어 봤는가? 어지간한 사람이라면 들어 봤을 것이다. 세계에서 가장 아름다운 항구도시 세 곳으로 보통 오스트레일리아의 시드니, 브라질의 리우데자네이루, 이탈리아의 나폴리가 꼽힌다. 물론 사람들마다 취향이 달라 어떤 이들은 저곳들 중 하나를 빼고 홍콩이나 싱가포르를 넣기도 한다.

세계 3대 미항은 일본인이 처음 정립한 것이라고 한다. 일본인은 '세계 3대-'라고 언급하기를 좋아한다는 것이다. 물론 명확히 확인된 바는 아니지만 그렇게들 전해진다. 어쨌든 세계 3대 미항에 나폴리가 언급되는 건 맞다. 그래서 우리나라 남해안의 아름다운 항구도시 통영을 '한국의 나폴리'라고 칭하는 사람도 많다. 그러나 이러한 통념은 나폴리에 도착했을 때 여지없이 깨져 버렸다. 나폴리의 모든 곳을 가 보지는 못했지만 나폴리항에서 주변을 둘러봐도 도대체 여기가 왜 세계 3대 미항에 꼽히는지 이해할 수 없었다. 건물은 낡고 을씨년스럽고 낙후된 지역임이 분명해 보였다.

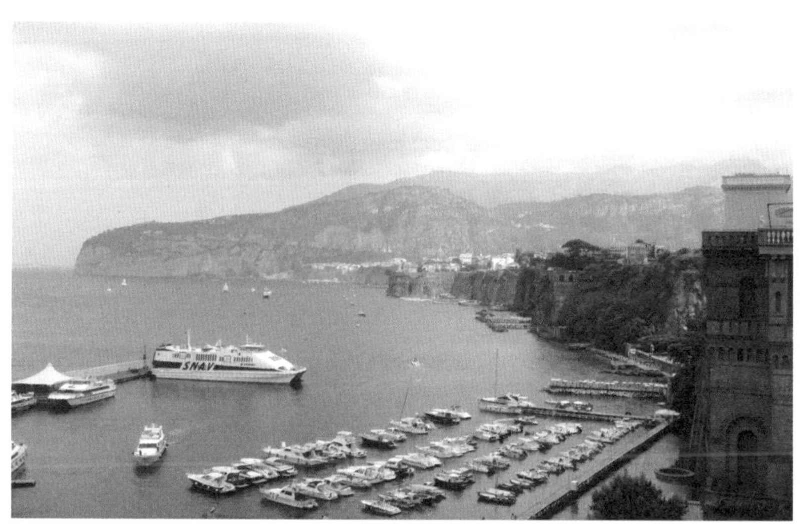

소렌토항의 풍경

나폴리는 사실 미항은커녕 범죄의 도시이자 마피아의 도시이다. 나폴리 방문객들에게 들려오는 괴담은 끔찍하고 무섭다. 그럼 왜 여기가 3대 미항으로 거론되는 걸까? 나폴리에서 나를 안내해 준 사람의 말로는 뱃사람들이 나폴리항으로 향할 때 나폴리가 푸근하게 안아 주는 느낌이 있어서 그런 것 같다고 한다. 그러나 그것만으로는 석연치 않다.

생각 끝에 내가 내린 결론은 이러하다. 나폴리항은 세계 3대 미항이 아니다. 나폴리만이 세계 3대 미항인 것이다. 근거는 나폴리만에 있는 소렌토와 카프리를 보라. 반박하기 어려울 정도로 아름답다. 나폴리항 대신 나폴리만으로 대신하고 보니 고개가 끄덕여진다. 그만큼 나폴리만의 소렌토와 카프리는 지중해가 왜 아름다운 바다인지를 증명해 주는 장소였다.

돌아오라 소렌토로!

Guardail mare come bello/Spira tanto senti mento

Comeil tuo so ave accento/Cheme desto fasognar

Senti come lieve sale/Daiziar di nio dor d'aranci

Un profumo non va eguale/Perci pal pi ta da mor

E tu di cilo par to a'ddio/Talontani dal mio core

Questa terra della more/haila forza di la sciar

Manonmi fuzir non darmi piu tormento/Torna a Surriento Non farmi morir

아름다운 저 바다 그리운 그 빛난 햇빛/내 맘속에 잠시라도 떠날 때가 없도다

향기로운 꽃 만발한 아름다운 동산에서/내게 준 고귀한 언약 어이하여 잊을까

멀리 떠나 버린 벗을 나는 홀로 사모하여/잊지 못할 이곳에서 기다리고 있노라

돌아오라 이곳을 잊지 말고/돌아오라 소렌토로 돌아오라

학교 다닐 때 음악 교과서에도 수록되었고 평소 방송에도 자주 나와 귀에 익은 노래인 이탈리아 나폴리 지방의 가곡 〈돌아오라 소렌토로〉의 가사이다. 좋아하는 이탈리아 가곡 중의 하나인데 이탈리아 가곡을 듣고 있다 보면 아름다운 경치에 저런 노래들이 저절로 만들어질 것 같다는 생각이 든다. 진짜 지중해변의 하이라이트라고 할 수 있는 소렌토와 카프리섬을 가 본다는 사실은 나를 흥분하게 했다.

소렌토는 일찍이 로마 황제와 귀족들의 휴양지였다. 힘 있고 돈 있는 사람들이 선택한 휴양지였으니 그 당시에도 경치가 무척 아름다웠음을 짐작할 수 있다. 그 외에 포도와 올리브 농업이 소렌토의 주요 산업이었다.

그런데 〈돌아오라 소렌토로〉라는 이탈리아 가곡은 사실 소렌토의 아름다운 경치와는 별 관계가 없는 노래다. 그렇다면 이 노래는 어떻게 탄생한 것일까? 알고 보면 좀 어이가 없다.

지금도 그렇지만 로마 남쪽부터의 이탈리아 남부 지방은 소득수준이 낮고 가난한 지역이 많다. 그리고 소렌토는 폼페이를 묻어 버린 베수비오 화산과 가까워 화산과 지진의 위협이 항상 있는 데다가 여름이 매우 건조해 가뭄

의 피해도 자주 입는 등 자연재해에 취약한 지역이었다. 1902년 9월, 극심한 가뭄이 이 일대를 덮쳤던 당시 이탈리아 총리가 소렌토를 방문했다. 소렌토의 특급 호텔인 임페리얼 트라몬타노에 묵은 총리에게 호텔 사장이자 소렌토 시장이었던 트라몬타노는 간절한 건의를 하나 올린다. 소렌토에 우체국이 없으니 우체국을 하나 마련해 달라는 것이었다. 총리는 예산 부족을 핑계로 거절했지만 자연재해로 고통 받는 지역의 숙원 사업을 마냥 거절할 수 없어 할 수 없이 우체국 건립을 약속했다.

트라몬타노는 지역의 음악가 형제인 쿠르티스 형제를 불러 이 약속을 총리가 기억하도록 하는 노래를 작곡하라고 명했다. 이들은 소렌토 바다가 내려다보이는 호텔의 발코니에서 불과 몇 시간만에 이 곡을 작곡했고 총리가 떠나기 전에 가수로 하여금 이 노래를 부르게 했다.

2년 후 이 노래는 이탈리아 가곡제에 참가했고 출판업자에 의해 출판되었는데 요즘 말로 '대박'이었다. 사람들은 이 멋진 노래를 들으며 자연스럽게 소렌토의 아름다운 해안 경치를 떠올렸다. 이미 우체국 신설을 약속했던 총리는 세상을 떠났고 소렌토에는 우체국이 건립된 뒤였지만 말이다. 하지만 이런 에피소드를 알고 있는 사람들도 여전히 〈돌아오라 소렌토로〉를 들으면 아름다운 소렌토의 경치를 연상한다. 나 역시 그렇다.

소렌토는 접근하기가 그리 쉽지 않다. 소렌토로 이어지는 넓은 도로가 없어 꼬불꼬불한 산길로 가야했다. 나는 폼페이에서 과거 우리나라의 비둘기호나 통일호를 연상시키는 낡고 오래된 완행열차를 타고 갔다. 덥고 힘들었지만 그것도 이탈리아 지중해 여행의 또 하나의 추억이었다. 그리고 소렌토에서 카프리로는 다시 배를 타야 한다. 아름다운 지중해와 나폴리만 일대를 여행하기 위한 '세금'이라고 생각했다.

아주린 카프리!

영어로 아주린Azurine이라는 색이 있다. 우리말로 번역하면 담청색, 여린 청

↑ 카프리의 항구인 마리나 그란데
○ 카프리와 지중해의 아주린색 바다
↓ 카프리의 마을과 바다

색 등의 뜻이다. 지중해의 바다색이라고 하며 이 색의 유니폼을 입는 이탈리아 축구 대표팀을 리 아주리Gli Azzurro라고도 부른다. 카프리섬에서 보는 바다 풍경은 아주린색이 어떤 색인지를 설명해 주는 것 같다.

카프리섬은 섬 전체가 화산암으로 덮여 있으며 기후가 온화하고 날씨가 좋으며 바다 풍경이 아름다워 소렌토와 마찬가지로 일찍이 로마 황제와 귀족들의 휴양지였다. 로마의 초대 황제인 아우구스투스가 황제의 소유로 만들었지만 정작 본인은 카프리섬을 자주 이용하지 못했고 2대 황제인 티베리우스가 정치를 등한시한 채 카프리섬에서 오랫동안 머무르면서 향락적인 생활을 한 것으로 알려져 있다. 카프리라는 지명도 라틴어의 염소capreae에서 유래했을 것으로 보는데 늙은 염소는 티베리우스를 가리키는 은어였다고 한다. 이후에도 많은 유명인이 카프리를 찾았는데 특히 미국 존 F. 케네디 대통령의 부인이었던 재클린은 이곳을 너무도 좋아해 자주 찾았고, 그가 여기서 즐겨 입던 흰 바지와 검은 선글라스는 많은 관광객이 따라하는 대표적인 카프리 패션이 되기도 했다.

좁고 오래된 골목길과 계단길을 따라 늘어선 명품 의류와 액세서리 상점, 카페와 레스토랑, 기념품 상점, 아이스크림 상점, 흰색으로 칠해진 저택들을 따라가다 보면 아주린색의 하늘과 바다를 마주하는 기쁨을 맛본다. 정말 지중해의 아름다운 경치는 바로 이곳이라는 것을 새삼 깨닫고 다시 항구로 내려가다 보면 아주린색에 다소 피로한 내 눈과 뜨거운 태양 빛 아래서 지친 내 몸을 달래 주듯이 레몬 음료를 파는 노란색 가게들이 나를 맞이한다. 그 여름날 아주린색과 노란색의 조화는 여전히 카프리섬의 풍경과 함께 내 마음에 남아 있다.

천종호 고려대 대학원 지리학과 졸업

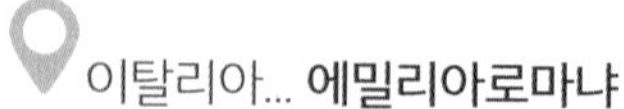

뚱보의 도시 볼로냐, 모데나, 파르마 ... 음식관광

이탈리아 음식 문화의 산실, 볼로냐

에밀리아로마냐Emilia-Romagna주는 이탈리아 중북부에 있으며 면적이 2만 2123km^2, 인구가 약 450만 명이다. 이 주는 북쪽으로 롬바르디아주·베네토주, 서쪽으로는 리구리아주, 남쪽으로 토스카나주·마르케주·산마리노와 접하며, 동쪽으로 아드리아해에 접하고 포강·아펜니노산맥·아드리아해 사이의 비옥한 지역을 포함한다. 오늘날 이탈리아 음식이 세계적으로 유명해진 데에는 볼로냐의 역할이 컸다. 이탈리아에서는 볼로냐 시민을 뚱뚱한 사람이라는 뜻의 '라그라싸La grassa'라고 부른다고 한다. 그만큼 음식이 맛있어서 뚱보가 될 정도라는 의미이다. 이곳은 예로부터 포강 유역에서 곡식이 많이 생산되고 가축 사육이 잘 이루어진 덕에 풍족한 생활을 영위해 왔으며, 로마·밀라노와 근접해 교통망도 일찌감치 구축되었다. 또한 이 지역은 소위 '제3의 이탈리아'라고 불리는 중소기업들이 집중된 이탈리아 중심부와 동북부 지역을 아우르는 산업지구의 일부로 중소기업들의 집중화 및 협력적 경쟁을 통해 주목할 만한 지역경제의 성장을 이룩했다.

유럽 최고의 대학, 볼로냐대학교

볼로냐대학교는 1088년에 설립된 유럽에서 현존하는 가장 오래된 대학이다. 이곳에는 과거 스투디움Studium이라고 불리는 교육제도가 있었다. 각각의 학생이 선생님에게 수강료를 지불하고 교육받는 시스템이었다. 볼로냐대학교는 로마법 연구로 명성이 나 있는데, 설립된 초창기에는 교회법canon과 민법만을 강의했고, 법률 교육의 선구자인 법률가 그라티안Gratian과 이르네리우스Irnerius가 12세기 볼로냐대학교에서 학생들을 가르쳤다. 현재 볼로냐대학교는 23개의 학부, 68개의 학과, 그리고 93개의 도서관을 가지고 있다. 볼로냐대학교에서 공부하였던 유명한 인물로는 신곡을 쓴 단테, 교황 니콜라우스 5세, 로테르담의 에라스뮈스, 지동설을 주장한 코페르니쿠스 등이 있다.

회랑의 도시로 알려진 볼로냐의 회랑 포르티코Portico는 그 길이가 약 38km

구 볼로냐대학교

볼로냐의 회랑

에 달하며 세계에서 가장 긴 회랑이다. 이 회랑 덕분에 눈, 비나 강렬한 햇빛을 피해 사계절 도시여행을 할 수 있다. 이 회랑은 구시가지 어디를 가나 볼 수 있으며 도시의 경관에도 상당히 영향을 미친다.

이탈리아 사람들의 소울푸드, 볼로냐 음식

볼로냐는 음식에 고기와 치즈를 주로 사용한다. 볼로냐만의 전통적인 조리법 때문이기도 하겠지만 앞서 말했듯이 비옥한 포강 유역에 가축 사육이 발달한 까닭이기도 하다. 돼지고기를 가공한 음식인 프로슈토, 모르타델라, 살라미 등이 유명하며, 잘 다진 고기에 으깬 토마토를 넣어 오래 끓여 낸 라구소스와 넓적한 파스타면인 탈리아텔레로 만든 라구파스타 또한 알아주는 음식이다. 또 밀가루와 신선한 계란으로 만든 생반죽을 얇게 밀어 라구소스와 크림소스를 켜켜이 펴서 5단 이상 쌓아 오븐에 굽는 라자냐도 볼로냐가 원조이다. 라자냐는 가족모임이나 축제 때 사랑받는 음식이기 때문에 이탈리아에서는 엄마나 할머니가 해 주던 감성을 자극하는 추억의 음식으로 통한다. 또 설이나 크리스마스 오찬에 즐기는 명절 음식으로도 유명한 토르텔리니 Tortellini는 고기만두와 비슷하다. 국물에 띄워 먹는 모양새와 맛이 만둣국과 닮은 점이 참 신기하다.

↑모르타델라 햄
↓토르텔리니

발사믹 식초의 고향, 모데나

모데나는 볼로냐의 북서쪽으로 세키아강과 파나로강 사이에 있는, 이탈리아 북부 에밀리아로마냐주의 도시이다. 이곳은 발사믹 식초로 유명할 뿐만 아니라 최고로 비싼 스포츠카인 페라리, 람보르기니의 본사가 있는 곳이다. 또한 세계적인 테너 루치아노 파바로티의 고향이기도 하다. 발사믹이란 '향기가 좋다'라는 뜻이라고 한다. 모데나 지방에서 나오는 순수한 발사믹은 이 지역에서 나는 단맛이 강한 포도즙을 오크통에 넣어 목질이 다른 통에 여러 번 옮겨 담아 숙성시킨 트레비아노종 포도를 주원료로 하는 고급 식초로 알려져 있다. 모데나 전통 발사믹 식초는 숙성 기간에 따라 두 가지 종류로 나뉘며, 12년 이상 숙성된 것을 베키오vecchio 혹은 아피나토affinato, 25년 이상 된 것을 엑스트라베키오extravecchio라고 한다. 이탈리아 내 슈퍼에서 볼 수 있는 발사믹은 숙성 기간이 아주 짧은 대중적인 발사믹 식초라고 보면 된다. 숙성 기간이 15년, 20년이 넘어가는 고급 발사믹 식초는 이탈리아 일반 슈퍼에서도 찾아보기 힘들고 한국에서는 수십만 원에 팔리기도 한다. 오랜 숙성 기간을 거친 음식 재료 이상의 건강식품이라고 할 수 있으며, 포도주를 숙성시킨 발사믹은 이탈리아 소믈리에의 마지막 코스라고 할 만큼 아주 고급 재료이다. 모데나 역시 미식가의 도시로 잘 알려진 곳이다. 이탈리아 북부 중에서도 부유층인 모데나 사람들은 오래전부터 요리뿐 아니라 식품 가공에도 많은 관심을 가졌으며, 요리계의 거장 마시모 보투라의 미슐랭 3스타, 2018년 월드베스트 레스토랑 1위를 차지한 레스토랑이 있기도 한 도시이다.

파르마 햄과 파르마산 치즈의 고향, 파르마

파르마는 에밀리아로마냐 주에 있는 인구 40만의 조그만 현으로서 미식의 도시인 볼로냐와 발사믹 식초의 도시인 모데나 사이에 있다. 이 도시는 이곳에서 생산되는 돼지 뒷다리로 만든 파르마 햄으로 유명할 뿐만 아니라 파르마산 치즈의 고향으로도 이름이 나 있다.

파르마 햄은 순한 매운맛이 나고 지방이 미세한 분홍빛을 띠고 있다. 파르마 햄의 발상지는 파르마 강의 랑기라노Langhirano이며, 오늘날에도 햄의 대부분이 이곳에서 생산된다. 이탈리아에서는 뼈가 보통 햄에 남아 있어 소비 직전에 매우 얇은 조각으로 자르며, 전통적으로 이 햄은 멜론 조각이나 다른 과

랑기라노의 파르마 햄 공장

발사믹식초 공장

일과 함께 전채로 제공된다. 파르마 햄은 라지화이트Large White, 랜드레이스Landrace 및 두록Duroc 품종의 돼지에서만 만들어지는데, 이 돼지는 독점적으로 에밀리아로마냐, 베네토, 롬바르디아 등 중앙 및 북부 이탈리아 지역에서 사육된다. 도축 시 9개월 이상된 돼지의 무게는 140kg 이상이어야 하며 이 돼지는 옥수수와 보리, 그리고 파르마에서 생산되는 우유로만 사육된다. 도축 후 평균 15kg의 돼지 다리를 바다 소금으로 문지르는데, 이렇게 소금에 절인 후 차가운 방에서 100일 동안 저장한다. 그래서 예전에는 겨울에 햄 생산을 시작했다고 한다. 이 기간 동안 햄은 소금을 흡수하게 되어 물과 자신의 무게를 모두 잃게 된다. 그러면 그 후에 소금을 씻어 낸다. 이러한 과정 후 돼지 뒷다리를 특수 숙성 저장공간에 공기 건조를 위해 매달아 두는데, 이 저장고에서는 일정한 공기 흐름을 위해 문을 열어 둔다. 통과하는 공기는 수증기를 소멸시키고 햄은 서서히 건조하여 향기를 내게 된다. 최소 1년에서 약 3년까지의 숙성 기간이 지난 후, 검사관은 5개의 구멍을 뚫어 햄의 냄새를 검사한다.

한국과 미국 등에서 파마산 치즈로 잘 알려져 있는 파르마 치즈는 우유를 발효해 원통 모양으로 숙성시켜 만든다. 이러면 수분 함량이 매우 적고 단단한 형태로 만들어지기 때문에 쪼개 먹거나 가루로 만들어 음식에 뿌려 먹기에 좋다. 세계의 미식가들이 선호하는 파르마 햄과 파르마 치즈는 파르마를 세계적인 미식도시의 반열에 올려놓았다.

김부성 고려대 지리교육과 명예교수

도시의 세 기둥 두오모, 르네상스, 메디치 가문

... 문화역사관광

유럽의 귀족도 자녀 교육에 공을 많이 들인 모양이다. 18~19세기 유럽에서는 그랑투어Grand Tour가 유행이었다. 명문가 자녀는 가정교사에게서 철학, 역사, 지리, 과학 등을 교육받고, 이 과정을 마치면 현장을 찾아 귀로 들은 것을 몸으로 체험하는 시간을 가졌다. 그랑투어로 불리는 이 여행은 보통 1년 이상 이어졌다고 한다. 배운 내용과 관심사에 따라 그 경로가 다양했지만 그들의 궁극적 목적지는 다름 아닌 이탈리아였다. 예나 지금이나 이탈리아는 여행자를 매료시킨다. 로마, 베네치아, 나폴리 등 기라성 같은 방문 리스트에서 피렌체의 이름이 빠지지 않는 것은, 작지만 강한 피렌체만의 매력 때문이다.

꽃의 도시 피렌체의 얼굴, 두오모

피렌체를 세 단어로 요약하면 두오모와 르네상스, 그리고 메디치 가문이라고 할 수 있다. 꽃의 도시 피렌체는 도시경관이 인상적이다. 피렌체Firenze, Florence라는 이름이 율리우스 카이사르가 '꽃이 만발한 곳'이라 언급한 데서 유래했다는 설과 함께 도시 중앙에 선 두오모에서 연유한다는 이야기도 있다. 본

아르노강이 흐르는 피렌체

래 두오모Duomo는 '집'을 뜻하는 라틴어 도무스Domus에서 유래한 말이다. 결국 '하나님의 집'이라는 의미로 우리네 성당인 셈이다. 이탈리아 전역에 두오모가 존재한다. 그런데 피렌체의 그것이 특히 매력적이기 때문에 두오모의 대명사가 되었다.

크리스트교의 교세가 강력했던 중세에는 종교가 존재의 중심이었고, 두오모가 생활의 중심이었다. 두오모 주변에 사람이 몰리고 자연스레 시장이 형성되면서 도시의 중심이 되었다. 두오모의 지붕과 첨탑은 피렌체 어디에서든 볼 수 있다. 주변에 두오모보다 크고 높은 건물이 없기 때문이다. 지붕이 크고 아름다운 돔이고, 하늘에서 볼 때 꽃 모양인 두오모는 꽃의 도시라는 피렌체에 너무나도 잘 어울린다. 성당의 이름도 '꽃의 성녀 마리아 성당Cattedrale di Santa Maria del Fiore'이라서 더더욱.

재미있는 것은 이러한 명작이 신을 향한 믿음보다는 경쟁자를 향한 질투에 뿌리를 둔다는 점에 있다. 중세의 절정이던 14세기, 피렌체와 줄곧 경쟁하던 시에나에 엄청나게 화려한 성당이 완공되었다는 사실이 피렌체 사람들의 투쟁심을 자극했던 것이다.

아름다운 파사드의 피렌체 두오모

로마 제국이 멸망한 후 이탈리아 전역은 크게 세 부분으로 나뉘었다. 남부에는 중앙집권적 봉건체제가, 로마 주변에는 교황청의 지배가 주도적이었다. 반면 북부에는 강력한 자치권을 가진 도시공국이 지배적이었다. 피렌체와 시에나는 이러한 도시 자치정부에 속하였다. 두 도시는 50km 정도의 비교적 가까운 거리에 있었고, 로마의 주요 간선도로상에 위치하여 상업을 중심으로 번성한 도시라는 공통점을 가지고 있었다. 이러니 당연히 여러 면에서 비교 대상이 되었다.

12~13세기 교역을 중심으로 도시 성장을 이룬 시에나에서 대성당을 완공했다는 사실이 피렌체인들에게 충격이었던 모양이다. 고딕 양식과 로마네스크 양식이 결합된 시에나의 성당은 규모면에서 압도적이고 특히 파사드성당 정면가 엄청나게 화려하여 시선을 뗄 수 없다. 그런데도 시에나 사람들에게는 여전히 부족했던 모양이다. 이내 성당 확장 공사가 추진되었다. 시에나에서 더 크고 더 화려한 성당을 기획한다는 소식이 들려오자 피렌체 사람들의 조바심은 커졌다. 하루라도 빨리 더 크고 아름다운 성당을 지어야만 한 것이다.

현실적으로도 새로운 성당의 필요성이 커졌다. 급속한 도시 성장으로 피렌체의 인구가 크게 늘었고 그 위상에 걸맞은 대형 성당에 대한 수요가 생겼다. 새 성당은 베키오궁을 건축한 명망 있는 건축가가 설계하였다. 워낙 기대가 컸던 탓에 우여곡절을 겪을 수밖에 없었고, 건설과 중단을 반복하다가, 지붕도 얹지 못한 상황에서 급하게 마무리 지었다. 완공 90여 년 후 천재 브루넬레스키가 비밀스레 돔을 완성하면서 1469년에서야 꽃의 도시 피렌체의 얼굴이 완성되었다. 세계에서 가장 큰 이 대리석 돔은 회백색 벽면과 연주홍 지붕의 장대한 산뜻함으로, 600년 이상 피렌체를 대표하고 있다.

르네상스 천재들의 경연장, 피렌체

중세의 두오모가 피렌체의 얼굴이라면, 아무래도 그 속살은 르네상스의 걸작들일테다. 피렌체는 도시 전체를 박물관이라 할 정도로 예술작품이 많다. 개중 상당수는 명작이다! 피렌체인들은 초기 르네상스의 역작들을 제 모습으로 지켜 오고 있다. 천재들의 회화, 조각, 건축물이 서로의 존재감을 뽐어내고 있었다. 무엇보다도 광장과 골목, 미술관과 박물관, 그리고 건축물과 조형물들이 제 위치에서 조화를 이루며 500년 이상의 삶을 응축하고 있는 것이 매우 인상적이었다. 주택의 문과 창문, 기단과 아치, 창살과 문고리, 닳고 닳은 벽장식과 도로의 박석들이 옆구리 쿡쿡 지르며 흥미로운 상상을 부추긴다. 이 순간이 답사의 즐거움을 만끽하는 시간이다.

유럽 건축사의 대가인 임석재에 따르면, 르네상스는 부르주아와 상인이 새로운 정치권력으로 등장한 시기이다. 경제적으로 성공한 이들은 권력자로서의 정체성을 어떻게 확립할 것인지를 고민하였다. 금융자본을 기반으로 대가문을 이루고 정치권력까지 얻은 이들은 '뽐내기'와 '지키기'라는 모순적 욕망을 드러내고 싶었다고 한다. 그리고 그 현시의 공간은 다름 아닌 '자신의' 도시였다. 그래서 주택 건축에 공을 많이 들였다고 한다. 그러나 규모가 큰 주택을 새롭게 건축할 만한 공간이 부족했기 때문에 공적 용도의 건물을 가문의 저택으로 바꾸는 방법으로 욕구를 충족시켰다. 공공건물에는 정치지배력과 시민

공공성의 이미지가 형성되어 있어 이제 새로운 정치권력이 자신들에게 있음을 알리는 데 효과적이었다. 동시에 돈놀이로 부를 이루었다는 부정적 이미지도 희석시킬 수 있었다. 혹시 모를 위협에 대해서도 안전을 담보할 수 있는 보수적 공간 구성을 가졌다는 점도 상당한 장점이었다. 그래서 르네상스는 중세보다 주거 건축의 비중이 높았다.

새로운 정치 권력자들은 과거의 그들과 다르다는 점을 강조하고 싶었다. 자신의 인문학적 소양, 예술적 취향 등을 과시하기 위해 그리스·로마 시대의 인문학적 유산으로 건축물 안팎을 장식하는 방법을 선택하였다. 이들이 고전주의를 선호하게 되면서 건축과 조각, 회화의 주제와 소재가 다양해졌다. 그리고 남다름을 표방하는 문화가 확산되면서 예술작품의 표현 방식 역시 자유로워졌다. 이러한 이유로 르네상스 초기, 피렌체에 천재적 예술가들이 집결하게 된 것이다. 이는 르네상스가 본격적으로 시작되었음을 알리는 계기가 되었다.

메디치 가문의 예술사랑

피렌체가 초기 르네상스의 본산이 된 이유는 천재적 예술가를 지원하는 유력 가문이 많았기 때문이다. 금융업을 기반으로 성장한 가문들이 경쟁적으로 도시의 속성을 바꾸는 데 큰 역할을 했다. 메디치Medici, 루첼라이Rucellai, 피티Pitti, 스트로치Strozzi 같은 여러 금융 가문 중 메디치 가문이 오늘날의 피렌체를 만드는 데 가장 큰 영향을 주었다고 할 수 있다. 메디치 가문을 평가하는 데 있어, 당대의 현안들에 대해 이중적 태도를 취하면서 시민의 자유를 제한하고 시민 위에 군림했다는 비판적 견해도 존재하지만, 학문 부흥과 예술 장려에 막대한 재산을 쏟아 부었다는 사실은 그것만으로도 전자의 비평을 상쇄할 정도이다.

우피치 미술관만 돌아보아도 메디치 가문의 헌신에 감사한 마음을 갖게 된다. 우피치는 메디치 가문의 소장품을 전시하는 미술관으로 이용되는데 양적, 질적으로 세계 최고의 르네상스 미술관으로 손꼽힌다. 메디치 가문의 마지막

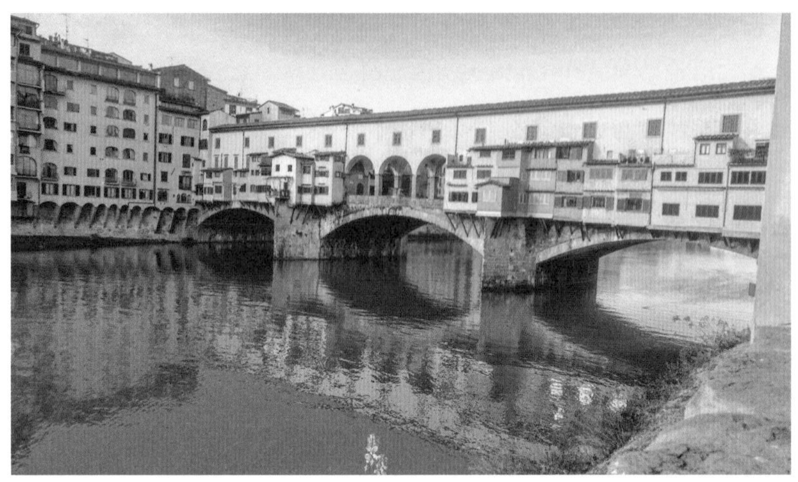

메디치 가문이 이용한 베키오 다리

후계자였던 안나 마리아 루이사가 가문의 모든 소장품을 피렌체 밖으로 반출하지 않는다는 조건으로 피렌체시에 기증하면서, 후대까지 메디치의 이름을 높이게 하였다.

미켈란젤로의 일화는 메디치 가문의 예술 사랑을 엿볼 수 있는 창이다. 15세 소년 미켈란젤로는 스승의 추천으로 메디치가에서 지낼 수 있는 기회를 얻었다. 메디치 팔라초메디치가의 주택에서 지내며 대리석 조각을 교육받았다는데, 대리석 조각을 연습하도록 지원했다는 것은 당시로서는 파격이었다고 한다. 또한 천부적 재능을 알아본 로렌초 메디치의 배려로 메디치가의 교사와 학자들로부터 수준 높은 교육을 받을 수 있었다. 미켈란젤로 조각과 회화, 건축과 시에 나타난 문학성과 예술성은 소년 시절 받은 수준 높은 교양 교육에 뿌리를 내리고 있다고 할 수 있다. 메디치가의 교육 시절 미켈란젤로는 특히 라틴어와 문학에서 두각을 나타냈던 것으로 전해진다. 그의 예술 전반에 고통과 순교, 구원의 주제가 녹아 있는 것은 단테의 문학을 사랑하였기 때문이다. 학문과 예술의 성장을 위해 양적, 질적 투자를 아끼지 않은 메디치 가문의 헌신은 다시 생각해도 놀랍기만 하다.

미켈란젤로, 보티첼리, 도나텔로, 레오나르도 다빈치 등이 당대 메디치 가문의 후원을 받아 활동을 영위한 대표적 예술가들이다. 피렌체 곳곳에 이들의 명작이 자리한다. 〈다비드상〉미켈란젤로, 〈비너스의 탄생〉보티첼리, 〈유디트와 홀로페르네스〉도나텔로, 〈수태고지〉레오나르도 다빈치 등에서 새로운 주제, 창의적 표현 방식, 독창적 구조와 섬세한 묘사를 느끼고 감상할 수 있다. 감탄이 절로 나오는 만찬이 도시 곳곳에 진열되어 있는 피렌체는 얼마나 고매한 아름다움을 지녔는가. 깨닫는 순간, 메디치 가문의 희생이 더욱 숭고해진다.

장규진 고려대 대학원 지리학과 졸업

이탈리아... **베네치아**

물 위의 도시, 수상교통의 천국 ... 교통관광

라틴어로 '계속해서 오라'라는 뜻을 가진 베네치아는 이탈리아 북동부에 위치한 수상도시이다. 베네치아 하면 가장 먼저 떠오르는 이미지는 물 위를 유유히 떠다니는 곤돌라일 것이다. 실제로 베네치아는 셀 수 없을 정도로 많은 말뚝 위에 건설한 118개의 섬으로 이루어져 있으며, 200개가 넘는 운하가 400여 개의 다리로 연결되어 있다. 이처럼 대표적인 운하도시로 꼽히는 베네치아는 그에 걸맞게 '물의 도시', '바다 위의 도시'처럼 낭만적인 별명을 가지고 있다.

베네치아는 일부 신시가지 지역을 제외하면 자동차는 물론 오토바이조차 찾아보기 힘들다. 게다가 길이 좁고 협소한 데다가 계단으로 이루어진 곳이 많아 애초에 차량 운행이 불가능하기도 하다. 이러한 이유로 베네치아는 여느 곳과는 다른 특수한 교통체계를 갖추고 있다. 베네치아에서 운행되는 버스, 택시, 자가용, 트럭 등이 모두 자동차가 아니라 배, 즉 수상교통이라는 점이다. 운하를 통해 이동하는 곤돌라, 바포레토, 수상택시, 모터보트 등이 베네치아의 대표적인 교통수단이다. 이러한 교통수단은 평소에는 잘 경험할 수 없다가 본격적인 운하관광을 하면서 경험하게 된다. 베네치아에서는 이들을 타보는 것 자체가 하나의 관광 역할을 하기 때문이다.

베네치아 시민들의 발, 바포레토

구 시가지 베네치아에서 가장 일반적인 교통수단인 바포레토는 길이가 10~20m에 달하는 선박으로 50~200여 명이 탈 수 있다. 배가 평균 10~20분 간격으로 오간다. 수상택시나 곤돌라에 비해 요금이 저렴하기 때문에, 시민들은 물론이고 베네치아를 찾는 관광객도 대부분 바포레토를 이용한다. 베네치아는 본섬이 아주 큰 편이 아니기 때문에 도보로 이동하는 경우가 많지만 바포레토를 타면서 운하를 구경하는 것도 나름의 관광으로, 특히 야경 볼 때 바포레토를 이용하면 좋다. 특별한 목적지가 없어도, 대운하를 관통하여 한 바퀴 도는 2번 바포레토를 이용하는 관광객이 많다.

베네치아의 대운하 주변에는 베네치아공화국 시절부터 지어진 베네치아 부유층의 개인저택이 대운하를 중점으로 양쪽으로 늘어서 있다. 저택들은 현재 박물관, 호텔 등으로 사용되고 있다.

베네치아 관광의 꽃, 곤돌라

이탈리아어로 '흔들리다'라는 뜻의 곤돌라는 베네치아의 대표적인 관광 교통수단이다. 베네치아는 운하가 다리의 역할을 하기 때문에 곤돌라는 오래전부터 사용되어 왔다. 배의 양 끝이 뾰족하고 둥글게 올라가 있고 바닥이 평평한 것이 특징인 곤돌라는 원래 장례용으로 사용하던 배였다. 이것이 점차 교통수단으로 변화하였고, 18세기까지는 1만 척 가까운 수의 곤돌라가 있었다고 한다. 지금은 바포레토나 수상택시에게 실질적인 기능을 내어 주고, 관광용으로 400척 정도의 곤돌라가 남아 있다.

곤돌라는 유람선이나 바포레토가 들어갈 수 없는 좁은 수로를 구경할 때 이용한다. 여행 코스와 시간에 따라 요금이 다르지만, 기본요금이 80유로 정도로 가격이 매우 비싸기 때문에 주로 5~6명이 그룹을 지어 타는 경우가 대부분이다. 거기에다 돈을 많이 줄수록 서비스가 좋아지기 때문에 노래라도 듣고 싶다면 10~20유로 정도의 팁은 필수이다.

곤돌라가 너무 비싸다면? 트라게토!

베네치아 운하 중에 가장 폭이 넓은 대운하를 건너려면 리알토 다리를 건너거나 바포레토 1번을 이용해도 좋지만, 트라게토를 타고 건너는 것을 추천한다. 주로 다리가 없는 운하를 건널 때 쓰이는 트라게토는 곤돌라와 비슷하게 생긴 교통수단이다. 타는 시간은 1분 남짓으로 승선장도 3~4개밖에 없지만, 50센트라는 저렴한 요금으로 곤돌라를 탄 기분을 느낄 수 있다.

리알토 다리

베네치아에서 가장 빠른 교통수단, 수상택시

수상택시는 5~10명이 타고 다닐 수 있는 보트로 베네치아에서 가장 빠르게 이동할 수 있는 교통수단이다. 물론 곤돌라만큼은 아니지만 원하는 곳까지 빠르게 이동할 수 있기 때문에 요금은 비싸다. 시민들이나 배낭 여행객은 급할 때를 제외하고는 거의 이용할 일이 없지만, 패키지투어에서는 베네치아의 S자형 대운하를 빠르게 둘러보기 위해 이를 이용하기도 한다.

수상택시

물 위의 자가용, 모터보트

베네치아에서 바포레토나 수상택시를 타고 운하를 관광하다 보면 종종 모터보트를 탄 사람들을 볼 수 있다. 베네치아에서는 자격증만 있다면 직접 모터보트를 타고 이동할 수도 있기 때문에 일종의 자가용 격으로 사용되며, 이를 갖고 있는 시민은 자동차 주차장에 해당되는 선착장을 갖고 있다. 이 외에도 일부 호텔에서 픽업 시 이용하거나 최근에는 야경 보트투어에 이용되기도 한다.

베네치아를 찾은 관광객은 생각보다 더러운 운하의 모습과 지나치게 비싼 물가에 실망하기도 한다. 거기에다 유명 관광지가 대부분 그러하듯 베네치아 역시 소매치기와 도둑이 기승을 부린다. 하지만 베네치아는 연간 2천만 명이 넘는 관광객이 찾는 매력적인 관광지이다.

안윤지 고려대 지리교육과 졸업

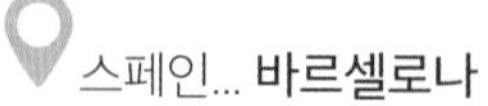

가우디의 작품을 찾아서 ... 건축여행

스페인을 여행하며 바르셀로나를 방문한다면, 그 이유는 여러 가지가 있을 것이다. 과거 이 지역이 스페인제국으로 통일되기 이전의 카탈루냐 문화와 현재 카탈루냐 독립운동의 분위기를 직접 느끼기 위해 여행을 계획할 수 있다. 혹은 FC바르셀로나의 홈 경기장에서 축구 경기를 관람하는 것 또한 하나의 목적이 될 수 있다. 그중 내가 바르셀로나를 방문한 가장 큰 이유는 바로 천재 건축가 가우디의 건축 유산이 바르셀로나 거리 곳곳에 남아 있다는 것이다.

자연을 닮은 가우디의 '카사'들

대부분의 사람은 가우디의 첫 작품을 카사 비센스Casa Vicens라고 알고 있지만, 이는 가우디가 건축 사무실을 시작한 이후 첫 번째 의뢰를 받고 만든 작품이다. 레이알 광장에 있는 가우디의 가로등이 그보다 더 전인, 가우디가 대학생이었던 시절에 만든 것이다. 당시 바르셀로나시에서 시내의 가로등을 교체하기 위해 가로등디자인 공모전을 열었고 이에 가우디가 입상하게 되었지만, 이 가로등은 바르셀로나시 전역에 설치되지는 못하였다. 이 가로등의 가장 큰 특징이자 실패의 이유는 큰 암석이 가로등의 기반을 지지하고 있다는 것과 하나의 가로등에 무려 6개의 등이 달려 있다는 것인데, 이 요인들로 인해 가로등의 설치 비용이 상당했기 때문이다.

가우디의 가로등

가우디는 건축가로서의 자부심이 대단했기에 자신이 설계한 가로등 역시 하나의 건축물이자 작품이라는 의미로 가로등을 지지하는 데에 큰 암석을 사용했다. 그뿐만 아니라 당시에는 전기등이 아닌 가스등을 사용했기 때문에 사람이 직접 불을 켜야 했는데, 하나의 가로등에 등이 6개나 있었던 까닭에 불을 켜는 시간과 연료비, 인건비의 문제로 인해 설치되지 못했다고 한다. 이 때문에 가우디의 자존심이 크게 상했으며, 바르셀로나시 의회와의 사이도 굉장히 나빠졌다고 한다.

첫 번째 의뢰작인 카사 비센스 이후로 구엘 저택, 카사밀라, 카사 바트요와 같은 건축물을 설계했다. 구엘 저택은 가우디의 친구이자, 든든한 지지자인 구엘을 위해 지은 집이다. 카사밀라의 경우에는 채석장이라는 뜻의 '라 페드레라La Pedrera'라는 또 다른 이름이 있다. 네모 반듯한 건물이 가득한 거리에서 유일하게 곡선의 형태를 보이기 때문에 다소 이질감이 들기도 했다. 실제로 가우디가 카사밀라를 지을 당시 바르셀로나시에서는 건물의 모양이 기괴하다는 이유로 건축을 반대했다. 가로등 설치 문제와 카사밀라 건축의 반대로 인해 가우디와 바르셀로나시 의회의 관계는 완전히 틀어져 버렸다고 한다.

카사 바트요는 건물의 외관에서 다양한 것을 발견할 수 있는 아주 재미있는 건물이다. 우선 지붕에서는 용의 모습을 찾을 수 있다. 또한 건물 꼭대기 층 가운데에는 튤립 모양을 한 테라스가 있으며, 건물의 3~5층의 테라스는 마치 사

카사밀라

카사 바트요

람의 얼굴 모양과도 같다. 건물의 2층에 보이는 기둥은 사람의 팔 혹은 다리 관절의 모습과 매우 흡사하다. 이 건물을 보고 있으면 사람이 사는 집을 이렇게 평범하지 않게 설계한 가우디 역시 평범한 인물은 아니라는 생각이 들곤 한다.

자연과 어울린 구엘 공원

가우디가 설계한 역작 중 하나인 구엘 공원은 자연을 그대로 활용하고, 자연과 조화를 이루는 요소들을 표현한 작품이라고 할 수 있다. 우선 구엘 공원의 벤치는 벤치 자체로도 굉장히 유명하다. 벤치의 등받이 방향으로 경사가 있기 때문에 기대어 앉았을 때 편안한 것은 물론, 비가 왔을 때 등받이 쪽으로 빗물이 흐르며 벤치를 씻어 내리기도 한다. 그리고 등받이 아래쪽에 드문드문 구멍을 뚫어 놓았는데, 이 구멍을 통해 빗물이 빠져나가면 벤치 뒤쪽에 있는 홈을 따라 물이 흐르게 되고, 이 빗물들을 공원의 1층에서 모아 재사용할 수 있도록 했다. 벤치에서 아래층으로 내려가면 구름을 연상케 하는, 둥근 모양으로 움푹움푹 팬 천장을 볼 수 있다. 둥글게 팬 부분의 가운데에는 사계절의 태양을 형상화한 문양이 있다. 이 문양들은 버려진 유리병과 자기를 재활용하여

구엘 공원의 나무를 닮은 조형물

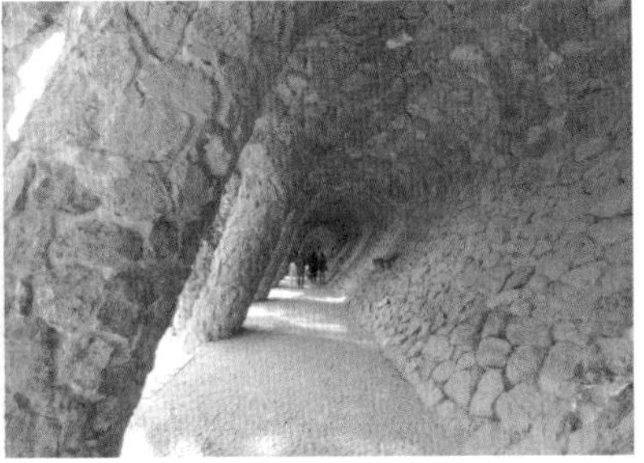
구엘 공원의 파도를 닮은 통로

만들었다고 한다.

이와 같이 자연을 아끼고 활용하기 위한 조형물 이외에도, 공원과 자연의 조화를 위해 자연을 형상화한 조형물들도 있다. 구엘 공원의 공터 한쪽을 감싸고 있는 벽은 나무와 조화를 잘 이루도록 나무를 형상화하기도 했다. 공원 1층의 한편에는 마치 파도가 밀려오는 것 같은 모양의 통로가 있는데, 한쪽 끝에서 통로의 반대쪽 끝을 보고 있으면 통로가 끝없이 이어져, 금방이라도 파도가 부서져 내릴 것 같아 시원하기도 하고 무서운 느낌마저 들기도 했다.

구엘 공원에 있는 조형물은 대부분 타일조각 혹은 유리조각 들을 붙여 만들었다. 이러한 방식을 트렌카디스Trencadis 기법이라고 한다. 이 기법은 구엘 공원뿐만 아니라 카사 바트요의 지붕에도 사용되었는데, 가우디가 작품을 만드는 데에 타일조각이나 유리조각을 재료로 선택한 이유는 햇빛의 강도나 햇빛이 드는 각도에 따라 그 색이 달리 보이기 때문이라고 한다. 이러한 이유로 타일과 유리조각마저 자연과 더 잘 동화되어 이질감이 없어 보였다. 카사밀라의 곡선, 카사 바트요에서 찾아볼 수 있는 사람 인체의 모습과 구엘 공원의 다양한 자연의 모습을 봤을 때, 가우디는 인공적인 건축물을 만드는 건축가지만, 자연의 위대함을 존중하는 건축가라는 생각이 들었다.

신 앞에 헌정하는 명작, 사그라다 파밀리아

가우디 생전 가장 마지막 작품은 바로 사그라다 파밀리아이다. 한국 이름으

↑사그라다 파밀리아 동면
○사그라다 파밀리아 서면
↓사그라다 파밀리아 내부

로는 성 가족 성당이다. 가우디는 사그라다 파밀리아를 건축하는 도중 길을 가다 전차에 치어 생을 마감하게 되고, 결국 이 작품은 미완성인 채로 남게 되었다. 가우디가 건축한 부분은 사그라다 파밀리아의 동면東面으로, 첨탑과 조각상이 모두 곡선으로 이루어져 있는 것이 특징이다. 실제로 가우디가 "곡선은 신이 주신 선이고, 직선은 인간의 선이다"라는 말을 한 적이 있다. 동면의 조각상을 만들기 위해 석고로 바르셀로나 사람들의 본을 떴으며, 아기 조각상의 경우에는 살아 있는 아기의 본을 뜨는 것이 불가능하여 죽은 시체를 이용했다고 한다. 그리고 설계도면 상에서 가장 높은 첨탑은 170m인데, 이는 이 일대에서 가장 높은 언덕인 몬주익 언덕231m을 초과하는 것이 신에게 도전하는 것이라고 생각하여, 이를 넘지 않도록 설계했다고 한다.

사그라다 파밀리아의 내부 역시 자연을 연상케 했다. 스테인드글라스의 색 때문인지, 마치 푸른 하늘에 따뜻한 햇빛이 내리쬐는 숲에 와 있는 느낌이 들었고, 성당 내부의 기둥 역시 나무의 가지가 뻗어 나가는 듯한 모양이었다.

현재 서면은 거의 다 완성이 된 상태이고, 북면을 건축 중이라고 한다. 다른 건축가가 이어받아 건축한 서면의 경우에는 동면과는 사뭇 다른 느낌이다. 날카로운 선이 돋보이고, 각각의 조각상 역시 영화 〈스타 워즈〉의 가공인물인 다스 베이더를 떠올리게 하는 직선을 많이 사용했다. 비록 미완성인 설계도면을 보고 유추와 상상을 더해서 만들었다지만, 가우디가 살아 생전에 중요하게 여겼던 곡선의 미학이 무시된 것이 아닌가 하는 염려가 들기도 했다.

가우디는 독실한 가톨릭 신자로서, 또 건축가로서 신과 자연을 존중하고 그 앞에 겸손한 사람이었던 것 같다. 모두 그를 천재 건축가라고 부르는 이유는 바로 당시의 고정관념을 깨는 건축물로써 그의 사상과 사명을 누구라도 알 수 있게 명확히 표현했기 때문이라는 생각이 들었다. 하루 동안 버스와 지하철을 이용하여 가우디의 작품을 통해 그의 생애를 따라가는 과정에서 숨이 가쁘기도 했고, 여러 차례 감동을 느낄 수 있었다.

이초희 고려대 대학원 지리학과 졸업

스페인... **마요르카**

관광 대중화와 오버투어리즘의 상징... 해변관광

지중해의 대표 관광지, 마요르카

지중해에서 유럽인에게 가장 대중적인 휴양지로 널리 사랑받고 있는 마요르카Mallorca는 스페인에서 가장 큰 섬이지만, 지금까지는 국내에서 크게 조명받지 못한 관광지이기도 하다. 1952년 5월 영국과 독일에서 최초로 마요르카 여행 상품이 판매되었다. 그 후 이곳은 유럽인의 각광을 받아 1960년대에는 이미 관광 대중화의 상징으로 통했다. 숙박업소만 해도 수천 개에 달하며 2016년 관광객 수는 1100만 명에 육박했다. 그중 450만 명이 독일인이다. 유독 독일인이 많이 방문하여 일명 독일 식민지라는 말이 있을 정도이다. 섬의 크기는 3640km^{2}이고 인구는 약 86만 명으로 섬의 이름은 '더 큰 섬'이라는 뜻의 라틴어 'insula maior'에서 유래하였다고 한다. 마요르카는 180개에 달하는 해변뿐만 아니라 1400m의 산맥, 구릉, 평원 등 다채로운 지형과 식생이 조화를 이룬 다양한 자연경관으로 관광객을 유인한다. 그뿐만 아니라 마요르카섬의 항구도시이자 스페인의 자치지방인, 발레아레스 제도의 중심이기도 한 팔마 데 마요르카Palma de Mallorca를 비롯하여 그 인근의 발데모사Valldemossa, 소예르Soller 등의 휴양도시와 수많은 아름다운 마을들은 유서 깊은 문화, 역사적 관광자원을 보유하고 있다. 발레아레스 제도의 또 다른 섬 이비자Ibiza는 근래 클럽 문화의 중심지로 부상하고 있다.

2018년 여름 유럽에도 불볕더위가 기승을 부릴 무렵, 독일에서 비행기로 약 두 시간 정도 떨어진 팔마 데 마요르카 공항에 도착하였다. 밖으로 나오니 한국의 한여름이 연상되는 높은 습도로 인해 매우 무덥게 느껴졌고, 간혹 불어오는 바람 속에서는 바다 냄새가 나는 듯했다. 공항 주차장에는 그야말로 장관이 펼쳐져 있었는데, 세계 각지에서 온 관광객을 리조트나 호텔로 안내할 여행사가 미리 마련해 둔 수백 대의 대형 관광버스가 줄지어 서 있는 것이었다. 이처럼 여름 성수기에는 여행사를 통해 숙소를 예약한 후, 공항에서부터 간편하게 숙소 앞까지 버스를 타고 이동할 수 있는 시스템이 잘 갖추어져 있다. 해변을 비롯하여 그 주위에는 최상급의 고층 호텔이 즐비했는데, 마요르카의 최대 여름 휴양지로서의 위상을 다시 한번 확인할 수 있는 계기가 되었다. 호텔과 리조트가 밀집된 바닷가 근처에는 꽤 밤이 늦은 시간이었는데도 각종 레스토랑과 술집이 불을 밝히고 있었고, 관광객의 떠들썩한 웃음소리가 끊이지 않았다. 숙소에 도착하여 짐을 풀고, 걸어서 멀지 않은 곳에 있는 스페인 요리 전문점에 들어가 대표적인 스페인 요리로 알려진 스페인식 볶음밥 파에야를 맛보았는데, 해산물의 풍미가 밥과 잘 어우러져 깊은 맛을 내니 여행

마요르카의 흔한 호텔 전경

첫날의 피로가 싹 풀리는 느낌이었다.

마요르카의 주요 산업, 관광

여름 휴양지인 만큼 팔마 데 마요르카에 방문하는 휴양객은 대부분 가족 단위이다. 그들은 일광욕이나 바다 수영을 하면서 시간을 보내며 많은 호텔에서 별도로 갖추고 있는 수영장을 이용하기도 한다. 버스나 택시 등의 교통수단을 이용해 인근의 대형 쇼핑몰로 이동하여 쇼핑을 즐기기도 한다. 날씨가 덥고 태양이 강렬하므로 여행객을 위한 간이열차가 마련되어 있는데, 이를 이용하면 길게 이어진 해변을 편하게 둘러볼 수도 있다. 발데모사, 소예르 등의 인근 도시나 시내를 방문하고 싶다면, 시티투어 버스를 이용하는 방법도 추천한다. 애국가의 작곡가인 안익태 선생이 이곳에 머물렀기 때문에 팔마 데 마요르카의 도심에는 안익태 선생의 기념비도 세워져 있다.

지중해의 낙원인 마요르카는 유럽의 왕족이 즐겨 찾았고 여전히 유명한 할리우드 스타들이 사랑하는 휴양지 중 하나이다. 특히 독일인에게 매우 대중적인 피서지로 오랜 세월 각광받고 있는데, 그러한 이유에서인지 흥미롭게도 독일어로 된 간판의 호프집도 자주 눈에 띈다. 해변에는 다양한 종류의 식당이 있고, 여행사를 통해 호텔에서 매일 제공하는 훌륭한 해산물 뷔페도 예약할

마요르카의 해변 전경

수 있으니 보는 즐거움과 동시에 먹는 즐거움도 놓치지 않길 바란다.

이렇게 마요르카 지역 총생산의 75%를 차지하는 관광업이지만 이로 인해 마요르카에서도 베네치아, 바르셀로나 등과 같은 오버투어리즘의 문제점이 심각한 수준에 이르고 있다. 쓰레기처리 문제, 물 부족, 삼림 화재, 무분별한 개발로 인한 경관 파괴 등 환경 파괴뿐만 아니라 관광에의 지나친 의존도, 교통 혼잡, 물가 상승, 원주민과의 갈등, 범죄 증가 등 관광으로 인한 온갖 부작용이 한계점에 도달해 주민들이 반관광antitourism 시위까지 벌이는 실정이다. 관광세 신설, 자연보호구역 지정, 개발 가이드라인 등 다양한 방법을 시행하고 있지만 관광객을 계속 유치하면서도 그 부작용을 최소화하는 그야말로 두 마리 토끼를 잡는 것은 쉽지 않은 일이다.

김부성 고려대 지리교육과 명예교수

이슬람 문화와 플라멩코 ... 문화역사관광

지중해성 농업의 중심지, 안달루시아

안달루시아에는 올리브 나무가 지천이다. 열 시간 운전하는 내내 차창 밖은 올리브 숲이요, 타파스 가게에서는 어김없이 발효된 올리브가 오른다. 여느 호프의 강냉이처럼 말이다. 그도 그럴 것이 전 세계 올리브 생산의 절반을 스페인이 담당하고, 그 3분의 2를 안달루시아가 맡고 있다. 그야말로 올리브천국이다. 안달루시아 올리브의 90%는 기름으로, 나머지는 식용으로 소비된다. 우리가 수입하는 올리브유도 상당수 스페인산이란다.

안달루시아는 농업이 발달하였다. 올리브를 비롯하여 포도, 오렌지, 커피 등의 재배가 활발하고, 소와 양을 중심으로 목축도 발달하였다. 안달루시아의 기후와 지형이 풍부한 농산물을 허락한 덕이다. 지중해성기후로 여름은 사막같이 덥고 건조하며, 겨울은 서유럽처럼 습하지만 기온은 10도 안팎으로 춥진 않다. 유럽에서 유일하게 지중해와 대서양에 모두 연한 안달루시아는 북쪽과 남쪽에 높은 산지가 분포한다. 두 산지 사이를 흐르는 과달키비르강Guadalquivir을 중심으로 관개 농업이 성하고, 강 하류 삼각주도 농업 발달에 유리한 환

안달루시아의 가로수

경을 제공한다.

다양한 민족의 모자이크

천혜의 환경 때문인지 안달루시아의 역사는 순탄치 않다. 이베리아인, 페니키아인, 카르타고인, 그리스인, 로마인, 반달족, 유대인, 무슬림, 집시 그리고 카스티야인까지 안달루시아의 역사는 민족의 모자이크라 할 만큼 다양하고 복잡하다. 특히 반달족, 무슬림, 집시의 유산이 안달루시아 저변 곳곳에 녹아 있다.

반달족은 스칸디나비아반도에서 남쪽으로 이동하여 오늘날의 폴란드 부근에 정착했던 민족인데, 4세기 훈족이 서쪽으로 이동하면서 이베리아반도로 떠밀린 것으로 알려졌다. 피레네산맥을 넘어 남하하던 반달족은 스페인 남부를 거쳐 지브롤터 해협을 건넜다고 한다. 그리고 카르타고오늘날 튀니지에서 왕국을 건설하였다. '반달리즘'이라는 말이 아직까지 통용되는 것을 보면 로마가 두려워할 만큼 강한 세력을 구축했던 듯하다.

이슬람의 땅, 알안달루스

7~8세기에는 이슬람 세력이 북부아프리카를 중심으로 교세를 넓혔는데,

우마이야 왕조에 이르러 오늘날의 모로코, 알제리, 튀니지 지역을 점령하면서 동시에 스페인 전역을 섭렵하였다. 전성기 우마이아 왕조의 영토는 피레네산맥에 이른다. 이후 700년 이상 무슬림이 스페인 남부를 통치하였다. 이때 아랍인은 무슬림의 통치를 받는 지역을 '알안달루스al-Andalus'라 불렀는데, 반달족이 건넌 땅이라는 의미라고 한다. 안달루시아Andalucia라는 이름이 여기에서 유래했다고 한다. 물론 다른 해석이 존재하긴 한다.

그래서인지 안달루시아에는 무슬림의 유산이 곳곳에 보인다. 안달루시아를 대표하는 세비야Sevilla, 코르도바Córdoba, 그라나다Granada, 카디스Cadiz 같은 도시에서는 물론이고 크고 작은 시골 마을에서도 안달루시아의 독특함이 묻어난다. 특히 도자기와 유리, 타일은 상당히 인상적이다. 식기와 생활용품뿐 아니라 건축 자재와 인테리어 소품, 예술작품 등에서 폭넓게 활용되고 있었다. 타일에 그림을 그려 건물 외벽을 장식하고, 간판과 문패를 자기로 구워 매달아 놓은 모습들은 작지만 큰 차이를 만들어 내고 있었다.

무슬림의 성곽이나 관개 수로는 안달루시아의 경관을 다른 이와 구별시킨다. 우리에게도 익숙한 세비야의 알카사르와 그라나다의 알람브라 역시 스페인의 다른 지역과 차별되는 무슬림의 유산이다. 알카사르는 본래 성城을 뜻하는 스페인어이다. 무슬림이 만든 것과, 레콩키스타 이후 축성된 것 모두를 알카사르라 이른다. 세비야의 알카사르는 세비야를 재탈환한 크리스트교도들이 국왕을 위해 만든 궁이다. 본래 군사 요새를 궁으로 개조한 것을 새롭게 개축한 것인데, 왕궁을 건축한 이들이 무데하르레콩키스타 이후 스페인에 잔류했던 무슬림 장인들이었다. 너무도 당연하게 아랍의 전통에 따라 궁전을 건축하였다. 물동이 형상의 아치, 돔형 천장, 화려한 타일 장식과 정원의 분수들은 당시에도 많은 사랑을 받았다.

그라나다의 알람브라는 한국 관광객으로 인산인해다. 여기저기서 들리는 한국인 가이드의 설명 소리가 알람브라를 가득 채웠다. 알람브라 궁전은 아기자기한 아름다움과 요모조모 재기발랄함이 곳곳에 묻어 있다. 스페인에서 단한 곳만 갈 수 있다면 알람브라를 꼽을 테다. 알람브라는 가파른 언덕 위에 위치한 최적의 요새로, 본래 군사기지로 만들어졌다. 이후 왕궁이 추가되고 별궁이 더해지면서 하나의 성채로 완성되었다. 절벽 위에 입지하여 접근이 어려웠던 것이 마지막 무슬림 왕궁으로 기능할 수 있었던 이유이다.

나스르궁 정원 테라스에서 서쪽을 바라보면 구릉을 가르는 성벽이 보인다. 성벽 안쪽은 가옥이 즐비하지만 그 바깥은 민둥산에 가깝다. '사크로몬테Sacromonte, 성스러운 산'의 유래를 설명하던 가이드가 절대 저쪽은 가지 말라 신신당부를 한다. 생명의 위협이 생길 수 있다나… 이를 어쩌나 반나절 전에 이미 다녀왔는걸….

집시의 한이 서린 춤, 플라멩코

안달루시아 답사는 플라멩코flamenco 답사라 생각했다. 지구상에서 가장 강렬한 개성을 지닌 전통예술이라는 플라멩코. 스페인하고도 안달루시아까지 와서 이를 놓칠 순 없었다. 세비야와 그라나다 중심의 안달루시아는 플라멩코의 본고장이다. 플라멩코는 기타와 춤, 노래로 구성된다. 그런데 어느 하나 밋밋하게 존재감을 감추지 않는다. 서로가 주연이 되는 치열한 경연인 셈이다. 빠르지만 가볍지 않은 현란한 기교의 기타, 원색의 화려한 주름치마는 차라리 처연함인 매력적 춤사위, 거칠고 탁한 줄타는 고음의 한서린 노래는 어느 하나 뒤처지지 않고 제 색을 드러낸다.

정형화되지 않은 자유의 민낯을 눈앞에서 직접 보고 느껴 볼 심산이었다. 세비야에서, 헤레스에서, 또 그라나다에서 플라멩코를 관람하였다. 무희의 춤이 열정적이다. 박수로 박자를 맞추며 발을 구른다. 무릎이 성할까 싶을 정도로 연신 마루를 때린다. 한 번도 들어보지 못한 기타 반주에 적응되지 않는 멜로디 라인이 춤과 어우러진다. 공감하기 어려운 춤과 음악이지만, 무희와 악사, 가수의 열정이 관중을 매료하여 눈을 떼지 못하게 한다. 공연장에서, 광장과 골목에서, 혼자서 또 무리지어, 관심을 받던 그렇지 않던, 플라멩코는 다양하

플라멩코를 추는 무희

게 변주된다.

답사에서 즐긴 5~6번의 공연이 모두 인상적이었다. 음악과 레퍼토리가 모두 달랐지만 빠져들기는 매한가지. '그런데 왜 이리 한스럽지 않지?' 그들이 가졌다는 '한'이 도무지 느껴지지 않았다. 우리네 감성에도 녹아 있어 쉽게 공감할 것이라는데 그걸 모르겠으니 여간 답답한 것이 아니었다.

집시에게 허락된 땅, 그라나다

사크로몬테를 누빈 이유가 여기에 있다. 그 '한'에 한 걸음 더 가까이하려고. 알람브라를 마주보고 있는 이곳은 집시 마을이다. 알람브라는 스페인에 남은 무슬림 왕조가 이사벨 여왕과 마지막까지 대치한 곳이다. 알람브라의 아름다움에 매료되었던 이사벨 여왕은 이 붉은 요새에 상처가 생기길 원치 않았다. 그래서 전술에 변화를 주었다. 성을 포위해 주둔하면서 흉흉한 소문을 만들어 성안의 무슬림 군사들을 동요시킬 생각이었다. 이때 성 안팎을 드나들며 허드렛일을 하던 집시들에게 조용히 이 일을 맡겼다. 스페인 군대의 규모가 상당하고 전쟁을 이기기 어렵고, 항복하는 군사들에겐 죄를 묻지 않을 것이란 소문이 무슬림 진영에 퍼졌다. 오랜 대치에 지쳐 있던 군사들은 하나 둘 진영을 이탈했고, 알람브라는 허무하게 함락되었다. 이사벨 여왕은 그라나다의 무슬

사크로몬테에서 바라본 알람브라

림 90%를 처형했는데, 그 피로 물든 언덕이 저기 저 사크로몬테이다. 이사벨 여왕은 누구도 거들떠보지 않는 버려진 땅을, 기거할 곳 없는 집시들의 땅으로 허하였다.

본래 집시는 정처 없이 유랑하는 소규모 혈연 중심의 공동체를 의미한다. 인도에서 비롯했다는 설과 이집트에서 이동했다는 설 등 여러 주장이 존재하지만 정설은 없다. 14~15세기를 거치며 유럽 각지로 퍼져 나갔다는 사실과, 어느 지역에서도 환영받지 못했다는 사실만이 실증적 사실이다. 부유하는 집시에게 생활의 근거지가 마련되었다는 것은 하나의 혁명이었다. 그것도 전쟁의 공로로 당당하게 얻은 것이고, 왕의 허락까지 받은, 정당한 땅이었다.

하지만 스페인 사회에서 그들은 여전히 이방인이었다. 제도권에 안정적으로 진입하기가 여간 어려운 것이 아니었다. 결국 가난과 질병, 차별과 천대는 태생적 유산이 되었다. 생존이 또 하나의 전쟁이 되어 버린 이들에게 응어리와 한은 켜켜이 쌓여 갔고, 이를 가장 단순한 방식으로 표현한 것이 플라멩코였다. 가장 기본적인 악기로, 가장 마지막까지 지닐 손과 발을 이용하여 자신들의 회한을 표현한 것이다. 다른 이의 주목을 받아 동전 한 닢을 구하기 위해

손이 발갛도록 리듬을 맞추고, 무릎이 다하도록 지면을 굴렀다. 골목 한구석에 웅크려 비겁하게 구걸하기보다, 그들이 지닌 아픔이 예술로 승화되기까지 열정을 불사르는 길을 택한 것이다.

플라멩코는 예술과 생존의 경계에 있는 집시들의 서글픈 몸부림이었던 셈이다. 아프리카와 유럽의 경계, 온대기후와 건조기후의 경계, 바다와 육지의 경계인 안달루시아는, 그렇게 경계에 선 사람들의 처절한 몸부림을 묵묵히 안고 있었다.

장규진 고려대 대학원 지리학과 졸업

포르투갈... **리스본**

항해왕 엔히크의 도시 ... 역사관광

세상의 끝에서 새로운 세상으로 나아간 포르투갈

포르투갈은 유럽의 서쪽 끝에 위치한 나라이다. 과거 그리스, 로마, 서고트의 지배를 받다가 8세기부터 약 400년간 이슬람 치하에 있었다. 1147년이 되서야 알폰소 1세에 의해 해방되었고 당시 포르투갈은 별 볼 일 없는 그런 국가였다. 지중해 무역으로부터 소외되었고, 농사가 잘 되는 곡창지대도 아니었기 때문이다. 그런데 포르투갈의 이러한 약점은 도리어 발전의 기회가 되었다. 유럽 대륙에서 답을 찾지 못한 포르투갈은 지중해를 넘어 더 큰 바다를, 더 넓은 그 어딘가를 강렬하게 갈망하기 시작했다. 이들의 꿈은 바다를 통해 이루어졌고 이것이 15~16세기의 찬란한

바다로 가는 코메르시우 광장 개선문

대항해 시대의 서막이다.

대서양 연안에 위치한 포르투갈은 이슬람 세력에 의해 막힌 실크로드를 대신할 바닷길을 개척하기 시작했다. 바스쿠 다가마는 아프리카 대륙을 따라 남으로 내려가 희망봉을 돌아 인도에 도달하여 마침내 해상 실크로드를 개척하게 된다. 이후 포르투갈은 이슬람 상인을 밀어내고 아시아와의 동방무역을 독점한다. 이를 통해서 아시아의 후추·육계 등의 향신료, 비단을 비롯한 진귀한 물품이 유럽에 유입된다. 이로 인해 포르투갈은 빠른 속도로 발전하면서 역사상 최고 전성기를 누리게 된다.

포르투갈은 지금도 15~16세기를 그리워하고 있다. 1775년 포르투갈는 지진이 일어났는데, 그로 인한 화재와 해일로 시가지 대부분이 파괴되어 역사적 건축물이 그리 많이 남아 있지는 않다. 그럼에도 대항해 시대를 기리는 유적과 유물이 유난히 많음을 볼 수 있었다.

탐험가들의 출발지, 까보 데 로까

리스본을 방문했을 당시는 무더운 여름이었다. 더우면 얼마나 더울까! 진정한 남유럽의 여름을 만끽해 보자는 생각으로 도착한 포르투갈은 불가마 그 자체였다. 한국과는 다르게 건조하여서 많이 덥지 않다고 책에서 봤었는데, 그늘이 없으면 낮에는 돌아다니는 것조차도 쉽지 않았다. 그래서 바다 쪽이 조금은 시원하지 않을까 해서 무작정 서쪽으로 방향을 잡았다.

리스본에서 벗어나 신트라에서 15분 정도 걷다 보면 호카곶이 나온다. 이곳은 유라시아 대륙의 최서단으로 리스본의 바위라는 별명을 가지고 있다. 신트라 산지가 대서양으로 돌출하여 높이 144m의 화강암 절벽을 이루고 있다. 해식애도 장관이지만, 이곳에 서서 대서양의 파도와 바람을 맞게 되면 15~16세기 세계에서 가장 넓은 영토를 지녔던 해양 왕국 포르투갈의 향수를 느낄 수 있다. 아메리카가 발견되지 않았던 당시 이곳은 땅이 끝나고 바다가 시작되는 곳이었다.

호카곶의 해식애

위대한 탐험가의 안식처에서 탄생한 에그타르크

호카곶에서 포르투갈이 시작하였다면 그들이 이룩한 역사는 발견의 탑에 담겨 있다. 벨렘 지구의 테주강변을 걷다 보면 범선 모양의 큰 기념비를 볼 수 있다. 발견의 탑이라 불리는 기념비는 대항해 시대를 열었던 엔히크 왕자, 콜럼버스, 마젤란, 바스쿠 다가마 그리고 용감한 선원들과 그들의 후원자의 모습이 조각되어 있다. 1960년 항해왕이라 불리는 엔히크 사후 500년을 기리며 세워졌는데, 그 위치는 바스쿠 다가마가 항해를 떠난 자리이기도 하다. 희망봉을 돌아 캘리컷에 도착한 바스쿠 다가마는 후추, 정향 등 향신료를 입수하고 리스본으로 돌아온다. 엔히크는 이를 기리기 위해서 본

범선 모양의 발견의 탑

제로니무스 수도원의 전경

래 왕실 묘비로 사용하려 했던 건물을 인도에서의 귀환을 축하하는 기념 건물로서 사용한다. 그리고 바스쿠 다가마는 생애를 마치고 제로니무스 수도원 속에 안치되었다.

이 제로니무스 수도원은 음식에 관한 재밌는 이야기를 가지고 있다. 포르투갈에서 가장 유명한 음식은 아마 에그타르트일 것이다. 이것의 시초가 바로 제로니무스 수도원이다. 이곳에 살고 있던 수녀들의 일과 중 하나는 달걀의 흰자로 수녀복에 풀을 먹이는 일이었다. 그런데 흰자를 다 쓰고 남은 노른자를 사용할 곳이 없었다. 이를 고심한 끝에 디저트를 만들게 되는데 이것이 지금의 나따Nata라 불리는 에그타르트가 된다. 수도원 앞에 위치한 벨렘 빵집은 1837년부터 시작하여 5대째 에그타르트를 만들고 있다. 항상 문전성시를 이루며 긴 줄이 서 있는 것을 볼 수 있다. 에그타르트는 한 개에 1유로 정도로 하루 2만 개에서 3만 개 정도가 팔린다고 하니, 그 인기가 어느 정도인지 짐작해 볼 수 있다. 주인장이 추천하는 에그타르트를 가장 맛있게 먹는 방법은 계피와 설탕을 뿌려 먹는 것이라고 한다. 긴 줄을 따라 30분 정도 기다려서 에그타르트를 먹어 볼 수 있었다. 겉은 생각보다 딱딱한데 한 입 크게 베어 물자 속에

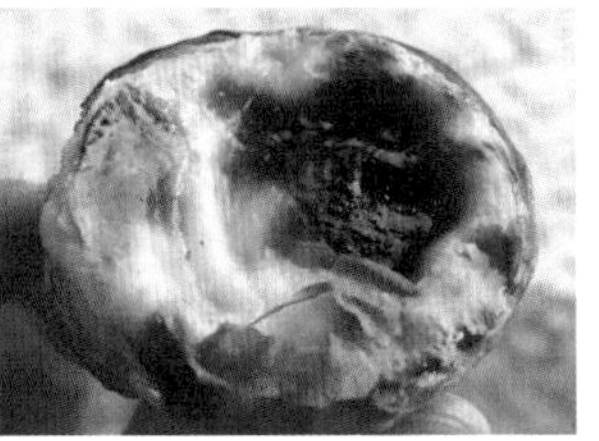

벨렘 빵집의 에그타르트

에그타르트를 사기 위한 줄

있던 크림이 부드럽게 입에 들어왔다. 그리고 약간의 느끼함을 잡아 주는 커피는 단연 최고의 조합이 아닐까 생각이 들었다.

양근범 고려대 지리교육과 졸업

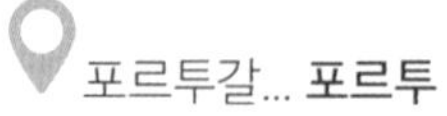

포르투갈... **포르투**

국가 이름과 포트 와인의 기원 ... 역사관광

매력적인 선물의 도시, 포르투

포르투는 리스본 북쪽 280km 지점에 있는 도시이다. 수도인 리스본에 이어 포르투갈 제2의 도시이기도 한 포르투는 로마가 이베리아반도를 정복하면서부터 항구도시로서 번성하기 시작했다. 지중해와 북유럽을 오가는 가교로서의 가치를 인정받았기 때문이다. 포르투갈이라는 국가명이 유래된 곳이라는 점 역시 역사적인 중요성을 보여 주기도 한다. 유럽에서도 매우 오래된 도시로서 도시 곳곳에 보존가치가 높은 유적지가 많으며 수백 년의 전통적인 생활양식을 간직하고 있다. 수도인 리스본만큼이나 많은 관광객이 포르투를 찾으며 과거의 영광을 떠올리는 도시이다.

포르투에 도착한 뒤 설레는 마음으로 지하철도 타고 걷기도 하며 꽤 먼 거리를 즐겁게 이동했다. 숙소에 짐을 풀기도 전에 간단히 식사라도 할까 싶어서 숙소 근처에 있는 시장으로 갔는데 나중에 알아보니 꽤나 유명하고 전통 있는 시장이어서 놀랐다. 1996년 유네스코 세계문화유산으로 지정된 포르투 역사지구 내에서 가장 중심부에 있는 인기 관광지인 볼량 시장이었다. 우리나라

재래시장과 비슷한 분위기를 느끼면서도 와인을 비롯한 여러 가지 과일과 생선, 빵 등의 식료품은 물론이고 포르투만의 느낌과 감성을 주는 각종 기념품을 보니 색다른 기분이 들었다. 저렴한 값에 포르투의 기념품을 구입하기에도 좋아서 결국 마음에 드는 물건들을 집어 들고야 말았다. 이곳에서 산 코르크 액자와 타일 장식 기념품은 지금도 집 한쪽을 꾸미는 장식품이 되어 분위기를 더해 주는 역할을 톡톡히 하고 있다. 시장 입구에서 오르골과 같은 악기를 연주하는 노파의 모습을 보는 즐거움은 생각하지도 않았던 즐거움이라 더 기분 좋게 다가왔다.

볼량 시장

시장 구경을 마치고 간단히 요기도 하니 어느새 해가 뉘엿뉘엿 지고 있었다. 우리는 포르투의 야경을 보기 위해 골목골목을 걸어서 강가로 갔다. 걸으면서 보이는 길, 집들과 담벼락, 모든 것이 낯설면서도 친숙한 느낌으로 다가왔다. 아마도 골목이라는 장소에서 느껴지는 어릴 적의 친숙한 기억 때문이 아닐까 싶다. 드디어 낮보다 밤에 더욱 아름답다는 도루강과 그 강을 가로지르는 동 루이스 다리를 마주했다. 이 다리는 이층교 구조로 상층 385.25m, 하층 172m의 길이에 아치형으로 설계되었는데 에펠탑을 설계한 에펠의 조수인 테오필레 세리그의 작품이다. 그래서 그런지 파리에서 봤던 에펠탑의 구조가 연상되기도 했다. 또한 포르투의 구시가지와 신시가지를 연결하는 역할을 해 다리 양옆의 야경 또한 매우 아름다웠다. 그날따라 사람이 많지 않았던 터라 여유롭게 한참을 다리에서 밤바람을 맞으며 기념 사진을 찍었다. 이곳 포르투의 밤을 느끼며 기억할 수 있었다. 다리를 지나서 한참을 걷고 또 걸었다.

포르투에는 세계문화유산으로 등재된 문화재가 무려 15개나 있을 정도로

동 루이스 다리

역사적 가치가 있는 곳이다. 고대부터 현대까지 역사가 공존하는 도시이다 보니 포르투를 걸으며 알게 모르게 다양한 문화유산을 접할 수 있었다. 특히 촘촘히 들어선 건축물들 사이로 펼쳐지는 골목길들이 아름다웠는데 밤이라 더욱 조용하기도 했고 아늑하기도 했다.

상벤투역과 아줄레주 타일

거리를 쏘다니다 만난 상벤투역은 기대 이상의 감동을 주기도 했다. 상벤투역은 기차역이라기보다는 박물관이나 성당 같은 웅장함으로 다가왔다. 19세기에 건축된 기차역으로 포르투 중앙역이라고 불리기도 하는 상벤투역은 포르투갈의 공공 보존 건축물로서 특히 내부에 장식된 아줄레주 벽화들이 유명한 곳이다. 2만 개가량의 아줄레주 타일이 벽면 곳곳에 붙어 포르투갈의 중요한 역사적 사건들을 묘사하고 있었다. 아줄레주란 말은 아랍어로 '반짝이는 푸른 돌, 작고 아름다운 돌'이라는 의미를 가지고 있는데 이슬람 문화에서 전해진 타일 양식을 의미한다고 한다. 흰색 바탕의 타일에 푸른색으로 그려진 그림들이 상벤투역을 아름답게 장식하고 있었다. 특히 이 아줄레주 타일은 포르투갈의 역사와 사회, 문화를 이해하는 중요한 물건이기도 했다. 포르투갈은 지중해성기후 때문에 내구성이 뛰어난 건축 자재를 사용해야만 했는데 그중 하나가 바로 타일이었던 것이다. 내구성이 뛰어난데다 장식 효과까지 뛰어난 타일은 건축물의 벽, 바닥, 지붕 등의 마감재로 활발하게 사용되었다. 또한 이

상벤투역 내부

타일은 장식적 요소로만 쓰였던 것이 아니라 집에서 온도를 재는 기능적 역할도 하였다. 아마 요즘 최신 아파트 내부에 벽면과 바닥재로 타일을 사용하는 곳이 많이 늘어난 것도 이런 이유에서일까 하는 생각이 들었다.

역사적으로 포르투갈은 16세기 중반까지 스페인에서 타일을 수입해서 쓰는 소비국가였다. 하지만 16세기 후반부터 타일 수입선이 바뀌게 되자, 몇몇 도공이 리스본으로 이주하게 되었고 비로소 포르투갈은 스스로 타일을 생산할 수 있는 능력을 갖게 되었다고 한다. 포르투갈의 타일산업은 계속 발전을 거듭하다가 스페인 아줄레주 산업을 몰락시키기에 이르렀다고 한다. 건축물 하나를 관람하면서도 한 국가의 역사와 문화를 아우를 수 있어서 상벤투 역은 늦은 밤 피곤한 가운데 관람했음에도 불구하고 굉장히 기억에 오래 남았다. 소박하면서도 화려한 포르투의 첫날을 시간 가는 줄 모르게 보내고 잠자리에 들면서 여기 참 잘 왔다는 생각이 들었다.

포트 와인과 함께하는 와이너리투어

포르투의 둘째 날은 미리 예약을 해 둔 와이너리투어와 함께했다. 와이너리 입장료는 와인 시음까지 포함해서 1인 15유로 정도의 가격이었다. 포트 와인을 맛볼 수 있는 와이너리를 선택했는데 굉장히 매력적인 향과 맛을 느낄 수 있었던 여행이었다. 포트 와인은 도루강 상류 지역에서 재배된 포도로 만들어지는데, 도루강의 계곡은 상품성이 우수한 포도를 생산하기에 좋은 지형과 기후 조건을 갖추었다고 한다. 일반적으로 와인을 위한 포도 재배는 적절한 기온, 일조량, 강우량, 포도밭의 지형과 토양 등 다양한 요소에 영향을 받는데 포르투는 척박하면서도 단점을 극복하는 독특한 자연환경이 조성된 곳이었다. 특히 지형이 신기했는데 포도가 재배되는 토양이 흙보다 납작한 돌로 겹겹이 층지어져 있었다. 설명을 들어 보니 이곳의 지형은 편암과 화강암이 주를 이루고 있어 와인 산지라기에는 매우 척박한 곳이라 포도밭으로 개간하기 어려웠지만 대신 배수가 잘 되고 뿌리가 깊게 내려갈 수 있어 오히려 질 좋은 포도의 생산이 가능하다고 한다.

재배된 포도는 전통적인 방식으로 처리된다. 사람들이 발로 으깨어 와인을 만들어 내는 것이다. 이 으깨진 포도는 발효 과정을 거치게 되는데, 발효를 충분히 하지 않고 중간에 브랜디를 첨가하여 발효를 멈추는 것이 포트 와인의 특징이다. 그러면 미처 발효되지 못한 당분이 와인에 그대로 남으면서 포트 와인 특유의 단맛을 내게 되는 것이다. 이런 발효 방식을 시작하게 된 것은 백년 전쟁 이후 영국이 프랑스 와인을 대체할 만한 것을 찾다가 포르투갈과 와인 무역을 시작하게 되었기 때문이라고 한다. 수송되는 오랜 시간 동안 배에서 변질되는 것을 막기 위해서 브랜디를 첨가하면서 일반 와인보다 도수가 강한 특징이 생기기도 했다. 포트 와인과 관련된 다양한 이야기를 들으면서 마지막에는 시음을 하게 되었다. 평소 술을 잘 못 마셔서 와인에 대해 딱히 관심이 없었는데 포르투 여행을 기점으로 와인을 사랑하는 한 사람이 되었다.

《해리 포터》를 만들어 준 렐루 서점

와이너리투어를 마치고 《해리 포터》에 나오는 호그와트 마법학교의 모티브가 된 렐루 서점으로 향했다. 작가 조앤 롤링은 렐루 서점을 방문하고 그 디자인에 영감을 받아 《해리 포터》에 나오는 마법학교의 내부 모습을 구상했다고 한다. 이 서점은 '렐루 형제 서점' 또는 최초 설립자의 이름을 따서 '샤르드롱 서점'이라고도 한다. 포르투 역사지구 안의 카르멜리타스 거리에 위치해 있다. 포르투갈에서 가장 오래된 서점 가운데 하나로 2013년 포르투갈의 특별 보호 건축물로 등록되었다. 생각보다 내부는 크지 않았다. 입구에 들어서면 2층으로 올라가는 붉은색의 중앙 계단이 보이고 섬세하게 조각된 목조 난간과 스테인드글라스의 천장이 아름다웠다. 유럽의 고풍스러움 그 자체였다. 서점에 갔으니 책 한 권이라도 사야 할 것 같아서 둘러보다가 조카 선물을 위해 가장 많이 전시되어 있는《해리 포터》시리즈 중 비교적 작은 사이즈로 구입했다. 시간이 지날수록 관광객은 늘어나고 마침 비가 그쳐서 더 혼잡해지기 전에 빨리 빠져나왔다. 계획엔 없었지만 걷다가 우연히 보게 되어 맥도날드에 들어갔는데 이곳 역시 '세상에서 가장 아름다운'이라는 수식어가 붙은 맥도날드라고 한다. 외관의 간판은 확실히 달랐지만 내부의 모습은 천장에 화려한 샹젤리제 조명을 제외하면 여느 맥도날드와 다를 바 없는 듯했다. 메뉴에 좀 색다른 것이 있을까 기대를 했지만 전혀 다른 게 없어서 유명세와 다른 현실에 약간 실망하기도 했다.

렐루 서점과 내부

✐ 장수영 고려대 대학원 지리학과 졸업

하나의 도시 안에서 두 얼굴을 보다 ... 야경관광

부다페스트의 상징, 푸른 도나우강

부다페스트는 중부 유럽에 위치한 헝가리의 수도로 헝가리분지 거의 중앙부에 위치하고 있다. 부다페스트는 인구 200만 명이 넘는 대도시이며 도시 중앙을 가로지르는 도나우강을 기준으로 서쪽의 부다 지역과 동쪽의 페스트 지

페스트 지역의 강변에서 바라본 도나우강과 부다 왕궁

역으로 나누어진다. 이 두 지역의 경관의 차이는 아주 큰데, 이는 과거 부다가 귀족과 부호 들의 영역이었던 것에 비해 페스트가 서민의 생활 영역이었기 때문이다.

부다페스트를 여행하면서 가장 많이 본 풍경 중 하나가 바로 도나우강이다. 부다 지역의 대표적인 관광지인 겔레르트 언덕과 부다 왕궁, 어부의 요새에 올라가 보면 도나우강의 경치가 한눈에 내려다보인다. 페스트 지역을 여행할 때도 마찬가지이다. 도나우강은 항상 우리의 눈길이 닿는 곳에서 유유히 흐르고 있다. 페스트 지역의 유명 관광지 중 부다페스트 주민의 일상을 엿볼 수 있는 부다페스트 중앙시장과 화려한 첨탑, 헝가리 민주화의 상징으로 유명한 국회의사당은 페스트 지역과 부다 지역을 연결하는 다리 바로 앞에 위치해 있다. 또한 헝가리하면 떠오르는 가장 대표적 관광지인 세체니 다리는 도나우강에 놓여진 다리 중 하나이니, 도나우강과 그 연안이 부다페스트의 상징적 경관임에는 의심의 여지가 없다.

언제 또 부다페스트에 와 도나우 강변을 걸어 보겠나 싶은 생각에 결코 짧은 거리가 아님에도 불구하고 헝가리 중앙시장 구경을 마치고 국회의사당까지 강변을 따라 걷기로 하였다. 여느 유럽의 도시보다 채도가 낮은 고풍스러운 건물을 배경으로 유유히 흘러가는 도나우강을 바라보고 있으니 머릿속에 자연스럽게 떠오르는 음악이 있다. 왈츠 음악으로 우리에게도 잘 알려진 요한 스트라우스 2세의 〈아름답고 푸른 도나우〉이다. 음악에 붙여진 제목처럼 그다지 푸르지도 않았고 강물 자체가 아름답다고는 하지 못하겠으나애초에 오스트리아 비엔나를 위해 작곡된 곡이기는 하다. 삐죽 튀어나온 고층 건물 하나 없이 어깨를 맞대고 늘어서 있는 절제된 색감의 옛 건축물의 행렬과 이에 어우러진 도나우강의 풍경은 음악의 제목처럼 아름답다.

도나우의 또 다른 모습, 아름다운 야경

'화려한'이라는 수식어보다는 '수수한'이라는 수식어가 더 어울리는 도나우

강변의 풍경은 도시가 어둠으로 물들기 시작하면 우리에게 완전히 다른 얼굴을 보여 준다. 해가 지물고 하늘이 붉은 빛이 섞인 청보라색으로 변하면 강변 도로와 다리에 붉은 빛의 조명이 켜지기 시작한다. 해가 완전히 지기까지의 이 짤막한 시간의 경관 또한 매우 볼 만하다. 강둑에서 구릉지에 위치한 부다 왕궁의 벽면까지 밝혀진 조명과 도나우 강물에 비춰진 또 다른 조명은《해리포터》에 등장하는 학생식당의 수많은 떠다니는 촛불을 연상시켰다. 이 짧은 시간이 지나면 하늘은 더더욱 빠르게 어두워진다. 땅거미조차 그 흔적을 감췄을 때, 눈앞에 펼쳐진 풍경은 그야말로 장관이었다. 부다 왕궁, 마차시 성당, 국회의사당 그리고 세체니 다리의 체인을 따라서 조명이 밝혀졌는데, 이 조명 역시 강둑의 가로등과 마찬가지로 붉은 빛을 띠었다. 해가 져 갈 때쯤의 풍경과 달랐던 것은, 그때의 풍경이 수많은 불 밝힌 촛불을 연상시켰다면, 이때의 풍경은 은은하게 타오르는 황금을 연상시킨다는 것이다.

대도시의 형형색색으로 빛나는 야경과는 다르게 부다페스트의 야경은 같은 계열 색의 조명으로 이루어져 통일감을 느낄 수 있다. 그래서 더욱 차분하고, 무게감 있게 느껴진다. 절제된 화려함 속에서 느껴지는 웅장함, 그것이 바로 부다페스트가 자랑하는 야경인 것이다. 야경은 부다페스트의 다른 어떤 것보다도 이곳에 관광객이 몰려들게 하는 가장 결정적인 이유일 것이다. 사실 부다페스트는 다른 유럽의 나라보다 음식이 유명한 나라도, 랜드마크가 많은 나라도 아니다. 즉 상대적으로 관광산업의 기반이 취약하다고 볼 수 있겠다. 그럼에도 불구하고 '야경'이라는 도시의 일상적 풍경이 훌륭한 관광자원의 역할을 해내어 관광객을 부다페스트에 모여들게 한다. 해가 어느 정도 진 후, 야경을 감상할 수 있는 장소에 나가 보면 알 수 있다. 낮에는 서로 다른 곳에서 다른 것을 보고 있던 관광객을 모두 만날 수 있을 테니 말이다.

부다페스트의 야경을 즐기는 방법에는 여러 가지가 있다. 먼저 대표적인 야경 조망 지역인 부다 지역의 겔레르트 언덕, 부다 왕궁 그리고 어부의 요새에서 야경을 조망하는 것이다. 이 지역들은 부다페스트에서 상대적으로 고도가

세체니 다리의 야경

유람선에서 본 국회의사당

방에서 바라본 부다 왕궁과 세체니 다리

높은 곳으로, 강의 모양을 따라 밝혀진 불과 여러 다리, 각종 건축물을 한눈에 볼 수 있다. 그러나 내가 선택한 야경 감상의 방법은 다음 두 가지이다. 먼저 유람선을 이용한 야경투어이다. 부다 지역에서 보는 것과 같은 전체적인 조망은 어렵지만 배를 타고 건축물들의 바로 앞을 지나가며 건축물을 가까이에서 볼 수 있고, 아름다운 다리 밑을 배를 타고 통과하며 부다페스트의 야경을 조금 더 자세히 들여다볼 수 있다. 더 나아가 도나우강 위에 떠다니는 배에 타고 있다는 것만으로도 나 자신도 야경의 일부가 된 느낌을 받을 수 있었다. 부다페스트에는 다양한 유람선 상품이 나와 있는데, 단순히 유람만 하는 상품부터, 배 위에서 식사를 하며 야경을 볼 수 있는 상품까지 매우 다양했다. 나는 와인이 제공되는 유람선을 탔는데 한화 약 2만 원 정도로 생각보다 저렴한 가격에 부다페스트의 야경을 감상할 수 있었다. 그 다음 방법은 야경이 보이는 숙소를 잡는 것이다. 여름의 유럽은 해가 아주 늦게 진다. 밤 9시가 가까워지는 시간에도 완전히 어두워지지 않고, 제대로 된 야경을 보려면 잠도 자지 못한 채 하늘이 어두워지기만을 기다려야 한다. 겁이 많은 성격 탓에 늦은 밤에 대중교통을 타고 겔레르트 언덕까지 갈 용기가 없어 부다 지역에서 보는 야경을 과감히 포기하고 선택한 것이 도나우강 바로 앞에 위치한 호텔이다. 리버뷰 방에서는 아무리 늦은 시간이라도 걱정 없이 불이 밝혀진 부다 왕궁과 세체니 다리를 만날 수 있었다. 넓은 유리창에 비치는 부다페스트의 야경은 어떠한 장식보다 아름다웠으며, 다소 비싼 숙박 가격에도 고개를 끄덕거릴 수밖에 없게 했다.

김혜진 고려대 지리교육과 졸업

러시아... **상트페테르부르크, 모스크바**

화려함의 정수를 맛보다 ... 문화예술관광

국가 이미지 제고를 위한 문화 정책, 관광

일반적으로 많은 사람이 여행지로 선택하고 관광으로 이름을 떨친 다른 곳과는 달리, 러시아는 상대적으로 최근에 들어서야 여행이 활성화되었다. 이는 1990년 구 소련연방이 해체되면서, 러시아가 폐쇄 국가에서 벗어나 관광객에게도 도시를 개방했기 때문이다. 소련의 해체 이후로 문화관광이 번성하기 시작했는데 그전까지는 외국인 관광객에게도 개방되지 않고 있었다. 또 다른 이유로는 러시아의 국가 이미지 때문이라고 볼 수 있다. 러시아는 제1차 북핵 위기에 뒤이어 2002년 제2차 북핵 위기 해결 과정에서 주도적인 역할을 제대로 하지 못하여 비판을 받은 적이 있다. 또한 러시아의 푸틴 대통령은 국내 정치를 연방체제 개편을 통해 질서를 확립하는 성과를 거뒀지만 국제 언론사 통폐합, 비자 탄압, 러시아 인권 상황의 개선 미흡 등으로 민주주의에서는 도리어 후퇴하고 있다는 비난을 받았다. 그뿐만 아니라 러시아 국내의 치안 문제와도 관련이 있다. 극단적인 인종차별의 성향을 보이는 반체제적 집단인 러시아 스킨헤드가 외국인을 공격하기도 하는데 이를 방치하고 기본 치안도 확보하지 못해 공권력이 부실하다는 인식을 심어 주었다.

그리하여 2012년 러시아 정부는 정부 조직 개편과 함께 관광 정책의 변화를 시도하며 국가 주도의 여러 목적성 프로그램을 통하여 관광을 국가의 핵심사업으로 추진하고 있다. 관광을 문화의 한 부분으로 적극 수용하고 있는 것이다. 특히 '글로벌 지역관광 노선' 7개 프로젝트에서는 모든 노선에 '문화'라는 키워드를 최우선적으로 배치하였고, 그 대상을 러시아 국내 지역을 넘어 아시아-유럽 간의 글로벌 노선으로 확대하였다. 또한 기존에 국내적 관점에서만 바라보았던 관광이라는 문제를 국내외적 관점, 외국인을 유입하는 인바운드적 관점, 다시 말해 글로벌 관광을 적극적으로 추진해 나가기 위해 러시아의 문화 및 문화유산과 관광을 연결짓기 시작했다. 이는 관광이 경제적 측면을 넘어 국가 이미지로 이어지는 적극적인 문화 정책으로 변모하고 있음을 보여준다.

● 넵스키대로

상트페테르부르크의 모든 길은 넵스키대로로 통한다는 말이 있다. 그만큼

넵스키대로

'네바강의 거리'라는 뜻을 담고 있는 이곳은 상트페테르부르크의 특징을 가장 잘 담고 있는 거리였다. 특히 테트리스 성당으로도 유명한 모스크바의 성 바실리 성당은 아니지만, 그와 비슷하게 생긴 피의 사원이 있어 러시아의 스타일을 보여 주었다. 강을 따라 양옆에 건물이 빽빽하게 즐비해 있었는데 모든 건물이 알록달록 색이 칠해져 있었으며 유럽풍의 건축양식을 하고 있었다.

● 여름 궁전의 분수 정원

표트르대제가 스웨덴과의 전쟁에서 승리를 기념하며 지었다고 알려진 여름 궁전은 궁전 자체도 아름답지만 분수 정원이 아주 인상적이었다. 엄청나게 넓은 부지에 아름다운 정원을 조성해 두었는데 무엇보다도 분수가 셀 수 없이 많아서 궁전을 지은 목적을 명확하게 보여 주는 것 같았다. 입구에서부터 한참을 걸어 들어가서 분수 정원을 구경하고 나올 때에 길이 헷갈릴 정도로 넓었다. 분수 정원만을 구경하고 온 것인데도 헷갈린 터라 궁전 전체를 둘러보려면 시간이 얼마나 걸릴지 감도 잡히지 않았다. 궁전에 펄럭이는 러시아 깃발과, 형형색색의 건물에 금빛 조각물과 분수의 조화는 이번 러시아 여행 중에 다녀온 어느 곳보다도 가장 아름다웠다.

● 겨울 궁전 예르미타시

예르미타시는 루브르, 프라도와 함께 세계 3대 미술관으로 꼽히는, 상트페테르부르크 여행에서 항상 빠지지 않는 관광지라고 할 수 있다. 에메랄드색과 아이보리색으로 칠해진 예르미타시는 우리나라의 흔한 건축물과는 다르게 층수는 낮으면서도 가로로 길게 뻗어 넓은 부지를 차지하고 있어서 더욱 색다른 분위기를 자아내고 있었다. 예르미타시 앞에는 커다란 광장이 있고 가운데에 높은 탑도 있었는데 그 광장의 한 면을 모두 감싸고 있을 정도로 큰 규모라 웅장함이 느껴졌다. 현재 약 300만 점의 전시품을 소장하고 있어 예술과 문화의 대표적인 박물관이라고 할 수 있고, 러시아를 방문하는 관광객들이 가장 기대하고 실제로 방문한 후에도 만족도가 높은 곳이라고 한다.

광장의 한 면을 감싸는 예르미타시

● 네바강의 유람선

예로부터 도시가 형성되는 데에 빠지지 않는 필수적인 조건으로 강을 들곤 한다. 상트페테르부르크 역시 강을 끼고 발달하였는데 바로 네바강이다. 네바강이 상트페테르부르크의 주요 지역을 모두 꿰뚫고 지나가기 때문에 유람선을 타면서 육로로 다녔던 관광지들을 다시 한번 볼 수 있었다. 그러나 밤에 탔기 때문에 반짝반짝한 야경을 보기는 좋았지만 건물을 제대로 살펴보지는 못했고, 7월임에도 불구하고 강바람이 더해진 러시아의 밤은 너무 추웠다. 큰 강을 끼고 발달한 대부분의 도시에 이렇게 유람선을 관광자원으로 활용하는데, 직접 들러 가까이서 관람할 수 있는 육로 관광과 다르게 약간 거리를 두고 멀리서 조망할 수 있다는 점에서 좋은 관광 전략이라는 생각이 들었다.

네바강의 유람선

모스크바

● 민속공연

러시아를 이야기할 때 문화예술을 빼놓을 수 없을 정도로 러시아는 예로부터 세계의 예술을 이끌어 왔다. 러시아의 발레는 서양 무용사에서 큰 위치를 차지했고, 음악에서는 차이콥스키와 무소륵스키 등의 음악가가 활약했으며 톨스토이, 도스토옙스키, 톨스토이 같은 유명한 문학가도 러시아에서 탄생했다. 그런 이유로 이번 러시아 여행에서도 러시아만의 특색 있는 예술공연을 하나쯤은 꼭 관람하고 싶었다. 모스크바에서 본 민속공연은 화려한 무대와 전통음악이 울려 퍼지는 가운데에 무용수들이 러시아 고유의 민속춤을 선보였는데 짙은 화장과 특이한 의상이 그 독특함을 더해 주었다. 진기한 동작을 가뿐하게 해내는 모습은 관람객의 탄성을 자아내기에 충분했고, 나도 공연 내내 눈을 떼지 못하고 집중해서 모두 기억에 담으려 노력했다. 두 시간 넘는 공연이 순식간에 끝나 버린 기분이었다. 러시아를 관광한다면, 꼭 극장을 방문해 민속공연을 비롯해 오페라, 발레 같은 공연예술을 즐기라고 추천하고 싶다.

● 붉은 광장과 성 바실리 성당

붉은 광장과 성 바실리 대성당은 사실상 러시아를 대표한다고 해도 과언이 아닌 곳이다. 어마어마한 크기의 면적을 자랑하는 붉은 광장은 성 바실리 대성당과 굼백화점, 크렘린 외벽, 국립역사박물관으로 둘러싸여 있고 바로 옆에 레닌의 묘도 있기 때문에 광장임에도 사방이 막혀 있다는 느낌을 받았다. 붉은 광장과 주변 건물들 역시 러시아의 다른 곳과 마찬가지로 다채롭게 칠해져 있었는데 문득 이런 다채로움이 러시아의 춥고 우중충한 날씨를 극복하기 위함이 아닐까 하는 생각이 들기도 했다. 실제로 내가 붉은 광장을 돌아다닐 때에 갑작스레 천둥번개를 동반한 소나기가 와서 하늘이 순식간에 어두워졌었다. 주변에 보이는 것들마저 칙칙했다면 기분도 가라앉고 울적하지 않았을까 하는 생각을 해 보았다. 붉은 광장 한편에 있는 성 바실리 대성당은 테트리스 성당으로도 유명한 러시아의 마스코트이다. 러시아 특유의 분위기를 제대로

붉은 광장과 성 바실리 성당

보여 주는 대표적인 건축물이라는 것은 누구도 반박하기 어려울 것이다. 알록달록한 색채와 울룩불룩한 무늬는 웅장하고 화려했으며 내가 러시아에 와 있다는 사실을 실감나게 했다.

조유경 고려대 지리교육과 졸업

4. 아메리카

제9장 북아메리카

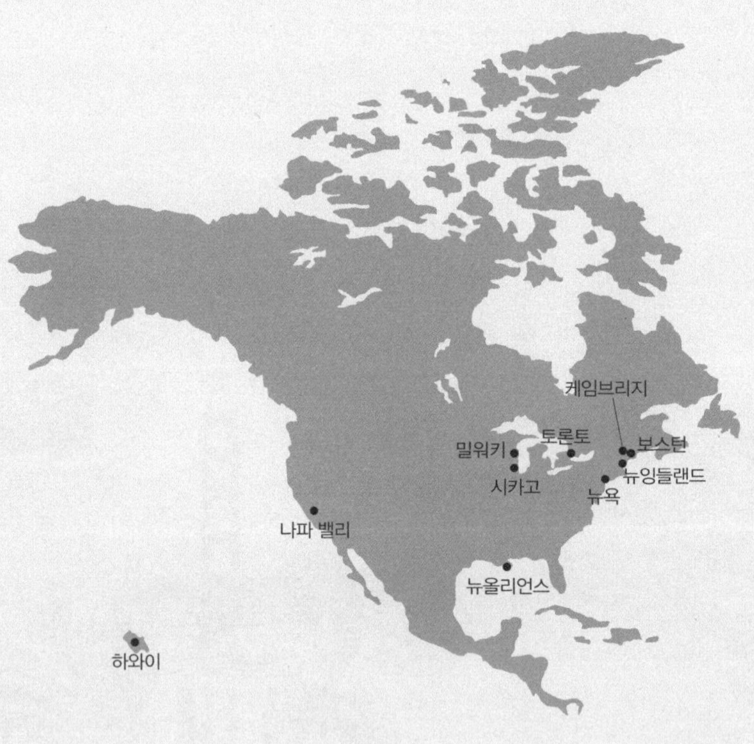

캐나다... **토론토**

이민자의 천국, 그러나 변화하는 삶의 질 ... 체험관광

노스요크의 한인들

토론토는 미국과 캐나다의 경계가 되는 오대호 중 온타리오호 북단에 위치한 캐나다 최대의 도시이다. 추운 겨울을 보낸 토론토 사람이 환호하는 빛나는 4월 4일, 나는 토론토 공항에 내렸다. 버스를 타고 한인이 많이 거주하는 노스요크 지구의 핀치스테이션에 내려 예약한 한인 민박으로 갔다. 민박은 정원이 아름다운 단독주택이 모여 있는 마을에 위치했다. 인근의 아름다운 주택 정원에는 수선화 종류의 구근식물이 만발하고 있었다. 토론토의 겨울은 약 10월 말경부터 4월 초순까지 계속된다. 혹한기 최저기온이 북극권의 기온과 비슷할 때도 있을 정도이다. 처음에는 일자리가 많은 토론토에 정착했다가 겨울을 견디지 못하여 밴쿠버로 거주지를 옮기는 이민자도 있다고 한다. 그러나 꽃피는 4월부터 가을까지의 6개월은 추운 겨울을 보낸 토론토 사람을 위한 하늘의 선물인 쾌적한 날씨가 가을까지 계속된다. 추위를 싫어하는 평범한 사람들의 여행시즌은 대략 4월 중순부터 10월 초순 약 6개월간이다.

토론토 인근 관광명소는 나이아가라 폭포이다. 그러나 자세히 보면 토론토의 볼거리는 더 다양하다. 역사가 묻어나는 토론토 남부 온타리오호 연안 다운타운 지역은 모두가 명소이다. 나는 이번 여행에서 캐나다 토론토 시가지를 무작정 걷기로 하였다.

우선 숙소 부근의 핀치스테이션 주변부터 걷기 시작했다. 역 주변의 한국 가게들이 마냥 반가웠다. 북창동 순두부, 평안식당, 한남 슈퍼 등 한글로 쓰인 간판이 왠지 마음을 저리게 한다. 캐나다 한인 자영업자들은 겉보기와는 달리 높은 임대료, 한국보다 높은 세금과 임금 때문에 상당수가 만성 적자에 시달린다고 한다. 이민 1세대는 한국에서도 영어 때문에 스트레스를 받았을 터인데 이민을 와서도 마찬가지였다. 내가 머문 민박집 대표는 약 50세가량의 시민권이 있는 여성이었는데 이민 온 지 10년이 훨씬 지난 최근에서야 국가가 제공하는 저렴한 학비의 칼리지에서 영어를 배우고 있었다.

한편 역시 토론토시 중앙에 위치하는 교통과 학군이 좋은 노스요크 주변은 한인이 많이 거주하며 코리아타운을 형성하고 있었다. 그러나 최근 치솟는 부동산 가격 때문에 한인들은 주택 가격이 보다 저렴한 노스요크 북쪽으로 점차 거주지를 옮기는 추세였다. 노스요크에 거주하는 상당수의 교민은 아름다운 정원이 딸린 번듯한 2층 하우스에 거주하고 그럴듯한 승용차를 타고 다닌다. 그러나 알고 보면 거의 30여 년의 장기 모기지로 구매한 주택이며 자동차도 장기 월부이다. 이들 대부분이 생활을 유지하기 위하여 민박이나 유학생 상대의 홈스테이를 하고 있었다. 삶의 질을 찾아 의료와 사회복지 시스템이 세계 최고 수준이라는 꿈의 나라에 희망을 안고 고국을 떠났지만 어디에도 유토피아는 없었던 것이다.

토론토를 좋아하는 사람 중에는 장애우를 둔 가정이 많았다. 장애우, 노약자를 위한 시설이나 시스템이 잘 갖추어졌기 때문이다. 노후의 적절한 연금을 기대하면 젊어서의 과중한 세금은 나중에 받는 연금보험이라고 생각하면 된다. 또한 삶의 경쟁이 치열한 한국과 달리 법과 질서에 순응하고 천혜의 캐나다 자연경관을 즐기며 살 수 있으면 좋은 나라이다.

걷기 편안한 토론토의 가로

짧은 여행 일정이어서 토론토의 구석구석을 살필 수 없었지만 세계 각국에서 모여든 다양한 민족으로 붐비는 교통의 중심지 영스트리트에 대도시의 전형적인 상가가 즐비해서 세계화에 동참한 국제도시의 면모를 볼 수 있었다. 도심 거리에서 딱히 캐나다의 개성은 느껴지지 않으나 한국의 삼성과 엘지 로고 그리고 도로를 질주하는 현대 자동차에 한국에서 온 여행자로서 잠시 뿌듯하였다. 도심의 남북으로 길게 뻗은 영스트리트 중앙부에는 쇼핑상가, 레스토랑 등 편의시설이 갖춰져서 도시 취향의 젊은 여행자에게 편안한 곳이었다. 주거지 최고의 요건으로 교통을 꼽는 한국의 젊은이들, 특히 유학생이나 젊은 이민자가 많이 선호하는 지역이었다. 스타벅스, 버거킹, 켄터키치킨 등 세계화로 익숙한 가게들은 신선함은 없어도 익숙함에서 오는 편안함이 있었다. 낯선 도시에서 익숙함을 느끼게 하는 이 패스트푸드 가게들도 '안전 추구형 여행자'에게는 좋은 관광자원이 될 수 있으리라.

노스요크를 등지고 핀치역에서 지하철을 타고 온타리호 연안의 다운타운 토론토 남단으로 갔다. 일반적으로 대도시의 중앙업무지구는 도시 중앙에 위치한다. 그러나 토론토의 다운타운은 온타리오 호수의 북쪽, 그러니까 도시 전체로 보아 미국과의 국경지대인 남단에 자리 잡고 있다. 다운타운을 걷는 즐거움은 영스트리트 주변을 걷는 편안함과는 또 달랐다. 유니언스테이션역에서 지상으로 오르니 우람하고 고풍스런 구시청사가 나타났다. 런던의 빅토리아 시대가 연상되는 고성 같은 건축물이다. 회색의 세월 때가 잔뜩 묻은 건물은 알고 보면 많은 여행자가 즐겨 찾고, 토론토 시민도 아끼며 사랑하는 명소다. 매점에는 토론토 관련 기념품, 세밀한 여행안내 지도 등이 풍성하게 비치되어 관광산업에 대한 토론토 행정당국의 많은 관심이 드러났다. 시청사에서 배포해 관광명소 팸플릿을 읽어 보니 다운타운 주변에는 숱한 미술관과 박물관이 포진해 있었다. 걸어서 갈 수 있는 하키 박물관, 로열온타리오 박물관, 가드너 도자기미술관, 온타리오 미술관 등 품격 높은 시설물이 여행자에게 다음과 같이 말하고 있다.

"토론토를 신대륙의 무미건조한 대도시로만 보지 마세요. 품격 있는 우리가 있답니다."

어떤 한국 작가가 저 미술품들을 "서늘한 미인"이라 했었다. 말하지 않는 미인들과의 대화는 시간의 제약으로 다음 방문 때로 미루고 그냥 무작정 신발만 믿고 도심을 한나절 걷고 또 걸었다. 이 도시는 밤에 여행자가 혼자 걸어 다녀도 안전한, 보안이 철저한 도시다. 다운타운의 뒷골목도 생각과 달리 무척 청결하였다. 게다가 초기의 정착자들이 남긴 도시 문화의 흔적은 근대 유럽이 연상되어 19세기에 형성된 신대륙의 도시 같지가 않다. 다운타운은 서유럽의 역사적 대도시와 같이 기품 있게 다가왔다. 버스나 지하철로 움직이며 이곳저곳 기웃거리며 걷기 정말 좋은 곳이었다.

지하철로 토론토대학교 주변으로 이동하니 주변 건물이 모두 토론토대학교였다. 토론토대학교는 온타리오가 어퍼캐나다로 불렸던 1827년에 킹스칼리지라는 이름으로 문을 연 유서 깊은 대학이다. 1921년 약학부가 당뇨병 치료제 인슐린을 개발하면서 유명해졌다고 한다. 세인트 조지 스트리트 중심으로 분포해 있는 대학 건축물도 관광객의 시선을 유도하고, 주변의 빅토리아풍의 헤리티지heritage로 선정된 고택들은 영국의 고주택가를 연상케 하였다. 이집 저집의 뾰족한 지붕, 그리고 오래된 창틀에 칠해진 낡은 페인트는 자연스레 투톤 컬러의 빈티지스타일이 되었다. 19세기풍의 어떤 창가에서 어쩐지 제인 오스틴의 소설 속 여주인공이 커튼을 치고 창밖을 슬쩍 내다보는 것 같았다. 잘 다듬어진 정원을 기웃거리며 걷는 것도 재미다. 도보 여행자는 다운타운이라는 복잡한 도심에서 놀랍게도 잘 보존된 역사 속의 주택가를 걸으며 과거와 현재의 시공이 중첩된 환상적인 증강현실 속에 있는 듯한 느낌을 받을 수 있을 것이다.

다운타운 관광의 백미는 아마 옛 양조장을 개조한 디스틸러리 디스트릭트Distillery District일 것이다. 1832년 영국에서 온 구더햄Gooderham과 워츠Works가

다운타운 양조장지구

함께 만들었는데 그 당시 영연방에서 가장 큰 양조장이었다고 한다. 지금은 박물관이 되어 과거 양조장에서 사용했던 각종 민속적 도구를 전시하고 있었다. 주변에는 클래식한 펍, 예쁜 잡화점, 디자이너의 의류 가게, 커피숍 등 보며 사며 즐길 것이 도로를 따라 나란히 줄지어 있어 걷기만 해도 유쾌하였다.

변화하는 삶의 질

토론토는 치열한 경쟁에 지친 한국인뿐 아니라 전 세계 특히 제3세계 난민이 꿈꾸는 도시다. 캐나다 정부의 관용적 난민 정책과 유연한 이민 정책, 그리고 다양한 일자리 때문이다. 통계에 의하면 토론토는 최근 수년간 '삶의 질이 높은 세계의 도시 베스트 10'에 꼽히고 있다. 그러나 현지 주민 특히 이민 생활이 10여 년 이상 된 사람들 말에 의하면 삶의 질이 높은 도시라는 평판에 걸맞지 않게 최근 토론토에서는 각종 사건 사고가 빈번히 발생하고 있다고 한다. 최근 2~3년간 계속 1년에 10% 이상 치솟는 주택 가격도 주민들의 경제생활을 옥죄고, 그간 거의 드물었던 총기난사 사고도 이따금 발생하여 우려가 깊다고 한다.

급격한 이민자 수효의 증가로 공급이 수요를 채 따라가지 못해 주택 가격이

폭등하자 이는 정부 행정에 대한 불만으로 이어졌다. 정부가 이민의 문호를 너무 급격히 확대하여 주택이 부족하니 가격이 상승할 수밖에 없다는 것이었다. 무차별적으로 집을 사들이는 중국의 신흥 부호들이 주택 가격 상승의 원인으로 지목되어 눈총을 받기도 했다. 최근 한국의 제주도 지가가 급등한 이유와 비슷한 현상이었다.

캐나다 여행의 매력은 동부의 메이플 경관에서 서부의 로키산맥까지 펼쳐지는 경이로운 대자연과 여행자의 안전이 보장된다는 점에 있다. 그러나 만약 캐나다에서도 미국이나 라틴아메리카에서 벌어질 법한 충격적인 총기사고 보도를 자주 듣는다면 여행자들이 속 편하게 여행할 수 있을까? 의료와 사회복지 시스템이 세계 최상이어서 한국인의 이민 선호도가 높은 나라가 옛날 같지 않다는 이야기를 들으니 어쩐지 아쉬웠다.

김양자 고려대 대학원 지리학과 졸업

잠들지 않는 도시 ... 도시관광

뉴욕은 미국 최대의 도시로 '잠들지 않는 도시', '세계의 수도'라는 별칭을 가지고 있다. 세계적으로 상업·금융·미디어·예술·패션·교육 등 많은 분야에 걸쳐 큰 영향을 끼치고 있으며, 국제 외교에서도 중요한 위치를 차지해 UN본부가 위치하고 있다. 2015년 세계에서 가장 많은 수입을 올린 관광도시 2위에 오른 뉴욕은 그야말로 도시관광의 대표 주자 격이라 할 수 있다.

뉴욕에서의 관광은 크게 다섯 가지로 분류해 볼 수 있다. 버스·문화·생활·쇼핑·먹거리 투어가 그것이다.

버스투어

뉴욕이라는 광활한 도시를 한번에 요약해서 보길 원한다면 버스투어가 제격이다. 뉴욕 도심에서는 빨간색 2층버스를 흔하게 볼 수 있는데, 이 버스를 타면 관광명소와 번화가, 주거 지역, 그리고 야경까지 감상할 수 있다. 버스투어의 매력은 바로 혼잡한 대중교통 이용이 불필요하다는 점이다. 출퇴근 시간이더라도 티켓을 산 관광객만이 탈 수 있기 때문에 언제든지 쾌적하게 돌아다닐 수 있다. 또한 직접 가이드의 설명을 듣는 것이 가능하고 본인이 원할 때 언제든지 원하는 곳에서 내리고 탈 수 있다.

쇼핑투어

도시관광에서 빼놓을 수 없는 요소가 바로 쇼핑이다. 뉴욕은 관광객이 가장 많은 소비를 하는 도시 2위이다. 5번가와 타임스퀘어 역시 쇼핑의 명소이지만 뉴욕을 간다 하면 하루는 꼭 투자하라고 권하고 싶은 곳이 바로 우드버리 아웃렛이다. 우드버리 아웃렛은 면적 약 2만 2천 평의 거대한 마을을 이루고 있으며, 240여 개의 점포가 입점해 있다. 관광객은 지도가 없으면 거의 길을 잃을 정도로 넓다. 이곳은 쇼핑하기 위해 캐리어를 끌고 다니고, 줄을 길게 서는 등의 풍경이 흔하다.

문화투어

뉴욕의 문화관광에는 크게 박물관, 미술관 투어와 뮤지컬투어가 있다. 예술에 관심 없는 사람들마저 뉴욕에 오게 되면 박물관을 찾게 만드는 것이 바로 뉴욕이 지닌 문화파급력이다. 뉴욕에는 미국 최대 종합미술관인 메트로폴리탄 미술관, 영화 〈박물관이 살아 있다〉의 배경으로 유명한 자연사 박물관 등이 있다. 뉴욕의 미술관과 박물관을 이용하는 데에는 '기부'라는 개념이 크게 작용한다. 보통 20달러 이상의 입장료를 내고 들어가는 박물관이, 입구에서 '기부입장'을 한다고 얘기한 후 1달러 이상만 기부한다면 바로 입장할 수 있다. 또한 요일별로 무료입장이 가능한 곳도 있다. 예를 들어 뉴욕 최고의 현대미술관인 모마

메트로폴리탄 미술관

브로드웨이의 공연 홍보 간판들

MOMA는 금요일 오후에 무료로 오픈한다.

뮤지컬은 뉴욕에서 반드시 경험해야 할 문화투어이다. 브로드웨이는 세계 뮤지컬의 메카이며, 세계 엔터테인먼트 산업의 중심지로 '불야성의 거리'라고 불린다. 여기서는 30여 개의 뮤지컬이 공연 중이고 그중에서도 전용 극장에서 장기공연 중인 것만 10여 개나 된다. 한국인이 많이 찾고 좋아하는 작품으로는 〈라이온킹〉, 〈레미제라블〉, 〈오페라의 유령〉, 〈위키드〉 등이 있다.

생활투어

뉴욕의 도심 내 빌딩숲 사이에는 뉴욕 시민의 지친 생활을 달래 주는 공원이 곳곳에 존재한다. 그중 미국 전역을 통틀어 가장 많은 사람이 찾는 공원인 센트럴 파크는 "도심에서 자연으로 최단 시간 탈출"이라는 설계 개념과 딱 맞아떨어지는 곳으로 이후 세계적으로 도시 공원 설계의 전형적인 표본이 되었다.

일반적인 공원의 모습과는 다른 하이라인 파크 역시 뉴욕의 매력을 느낄 수

센트럴 파크

있는 공원 중 하나이다. 죽음의 거리라고 불리던 버려진 고가철도를 공원으로 바꾼 것이다. 하이라인 파크는 일정한 장소에 나무와 꽃, 호수, 쉼터 등을 배치한 공원이 아닌 철로를 보존하고 있는 공중에 떠 있는 공원이다. 고가철도를 따라서 걷기 때문에 뉴욕 시내를 구경하면서 움직인다는 것이 가장 큰 특징이다. 오랫동안 도시의 애물단지이자 흉물이었던 것을 관광객이 넘쳐나는 공원으로 만든 점이 아주 흥미롭다.

먹거리투어

마지막으로 관광 하면 그중 최고의 묘미인 음식투어를 빼놓을 수 없다. 뉴욕에는 그저 쉑쉑버거와 피자만 유명한 것이 아니다. 거리에 즐비한 푸드트럭은 관광객뿐 아니라 바쁘게 생활하는 뉴욕 직장인도 많이 찾는다. 말끔한 레스토랑과는 다르게 웨이터나 테이블도 없고 부과세나 팁도 불필요하다. 저렴하고 푸짐한 양으로 승부하는 것이다. 또 하나 특이한 점은 바로 푸드트럭계에도 마치 오스카상처럼 벤디상Vendy Award이 존재한다는 점이다. 올해의 루키상, 베스트 디저트상, 베스트 마켓상 등 다양해서 음식투어를 하기 전에 참조하면 좋다. 푸드트럭은 단순히 양식만 취급하는 것이 아니라 우리나라 음식을 포함한 세계 각국의 다양한 음식을 판매한다.

푸드트럭

조예진 고려대 지리교육과 졸업

다양한 건축물과 음악이 만나는 곳 ... 건축여행

가장 미국다운 도시, 시카고

시카고의 역사는 짧다. 1833년 인구 200명의 작은 마을에서 시작하여 지금은 미국에서 세 번째로 가는 거대한 도시로 성장했다. 시카고는 아마 가장 많은 별명을 가진 도시일 것이다. '윈디 시티', '재즈·블루스의 도시', '현대 건축의 메카' 등 그를 설명하는 여러 수식어에서 느낄 수 있듯, 시카고는 비교적 짧은 시간 동안 엄청난 역동성으로 현재의 모습을 갖추었다. 그리고 이는 시카고가 많은 여행객의 목적지로서 충분한 매력을 지니고 있음을 보여 준다. 혹자는 시카고를 가장 미국적인 도시라고 표현한다. 뉴욕만큼 긴 역사를 지닌 것도 LA처럼 차별적으로 미국의 모습을 대변하는 것도 아니지만, 불과 230년의 역사 속에서 급성장하여 유수의 여러 나라를 제치고 세계 최강대국이 된 미국의 모습을 가장 잘 보여 주는 것이 시카고이기 때문이다.

그 역사를 속속들이 알지 못하더라도 시카고가 풍기는 특유의 미국적 느낌에 사람들은 이곳으로 발길을 청하는 것은 아닐까. 시카고를 설명하는 많은 수식어 중 가장 궁금했던 건 현대 건축예술의 진수를 보여 준다는 시카고의

시카고 대화재에서 살아남은 워터타워

루프Loop 지역과 재즈·블루스 도시로서의 시카고 풍경이었다. 그래서 2016년 7월, 캐나다 생활을 마무리하고 교통편과 숙소만 예약한 채로 시카고로 떠났다. 시카고 여름의 햇빛은 매우 강렬하다. 길을 걷다 흐르는 땀을 식히려 미시간 호수 앞의 벤치에 앉아 있노라면 호수에서 불어오는 바람으로 어느새 땀은 식고 다시 상쾌한 기분으로 여정을 지속할 수 있다.

현대 건축의 경연장

중서부 주요 산업과 주요 철로의 목적지가 집중되며 관문도시로서 성장하던 시카고는 1871년 대화재로 도심 대부분이 전소되고 당시 시 인구 3분의 1에 해당하는 사람들의 집이 불타 사라지게 된다. 대화재로 다운타운에 유일하게 남은 건물은 타지 않는 석조로 건축된 워터타워로 시카고의 수많은 관광명소 중 하나가 되었다. 그러나 위기는 기회가 되어 도시를 새롭게 재건하기 위해 수많은 건축가가 시카고로 모여들었고, 이들의 노력으로 시카고는 근대 이후 미국 건축의 흐름을 보여 주며 현대 건축의 메카로 재탄생한다.

뉴욕의 마천루 못지않게 시카고 역시 대화재 이후 1세대 근대 건축가를 비롯한 많은 신진 건축가의 시도로 다양한 고층건물이 다운타운인 루프를 중심으로 모여 있다. 특히 환상의 1마일Magnificent Mile을 걷다 보면 자신만의 독특한 개성을 드러내는 건물들을 볼 수 있다. 100층에 달하는 존 핸콕 센터와 시

존 핸콕 센터 전망대에서 내려다본 시카고 마천루의 모습

리버크루즈 투어

카고의 산증인과 같은 워터타워를 지나쳐 리글리빌딩과 트럼프타워, 시카고 트리뷴의 본사인 트리뷴타워가 한 장소에서 서로 마주하는 곳에 다다르면 그 장관에 입이 벌어진다. 이내 다른 관광객처럼 카메라 셔터를 누르기에 여념이 없다.

대화재 이후 시대적 요구에 따라 등장한 시카고 프레임은 요철이 적고 가능한 장식이 적으며 채광을 극대화한 시카고 창을 도입한 다소 차가운 느낌이 드는 건축방식으로 이를 따른 많은 건물과 트리뷴타워, 리글리빌딩, 마리나시티와 같이 건축가의 독자성이 두드러지는 건물을 함께 감상하는 것은 시카고 여행의 묘미가 된다. 시카고 건축재단에서 시카고의 장소와 건축물을 다양한 주제로 둘러볼 수 있는 여러 관광 프로그램을 제공하고 그 밖에도 2층버스투어, 시카고강을 따라 배를 타고 시카고의 주요 건물을 살펴보는 리버크루즈투어 등도 시카고를 알아가는 첫 단추로 유용하다.

시카고의 밤을 물들이는 블루스와 재즈

시카고에 자리하는 유수한 근대 건축물 외에도 시카고를 설명할 수 있는 키워드는 많다. 그중에서도 시카고를 여행하리라 다짐하게 된 이유 중 하나인 음악 역시 시카고를 이야기할 때 빼놓을 수 없다. 노예해방 이후 남부 흑인들에게 시카고는 꿈과 기회의 공간이었다고 한다. 제1차 세계대전 이후 전시 경제 체제로 호황을 겪으면서 많은 흑인이 시카고로 이주해 왔다. 역사적 배경 속에서 흑인들의 감수성을 기반으로 시카고 블루스, 시카고 재즈가 탄생한 것이다. 해가 질 무렵 밀레니엄 파크 안 공연장에서 흘러나오는 음악을 들으니 여행 전 시카고라는 도시에 품었던 막연한 느낌들이 구체적인 이미지가 되어 눈과 귀에 나타나는 듯했다. 시카고 블루스 명곡인 〈홈 스윗 시카고〉를 들으며 길을 걷다 보면 시카고의 마천루와 그 공간을 이루는 딱딱하게 느껴지는 시카고만의 근대적 건축물이 생경하게 다가온다.

시카고의 밤이 찾아오면 시카고 블루스와 재즈의 본연을 느낄 수 있는 다양한 클럽이 활기를 띠기 시작한다. 전설적인 블루스 뮤지션 버디 가이Buddy Guy가 직접 운영하는 버디가이즈레전드Buddy Guy's Legends를 비롯한 블루시카고Blue Chicago 등지의 블루스 클럽이나 알 카포네가 즐겨 찾았다던 그린밀재즈클럽Green Mill jazz club 등 오랜 역사를 지닌 재즈클럽을 방문하는 것도 시카고를 느낄 수 있는 좋은 방법이다.

시카고라는 도시가 주는 역동성과 그 속에서 만들어진 다양한 문화 역시 사

그린밀재즈클럽의 공연

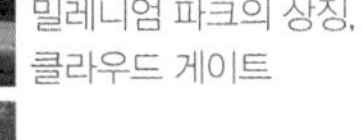

밀레니엄 파크의 상징,
클라우드 게이트

시카고의 상징, 크라운 분수

람들을 매료한다. 2004년 완공된 밀레니엄 파크는 루프 지역에 있는 공원으로 미시간 호수 강변을 바로 앞에 두고 있다. 이곳에서 호수와 더불어 루프의 스카이라인을 한눈에 바라볼 수 있다. 공원 중심의 제이 프리츠커 공연장에서는 매일 밤 각종 장르의, 특히 재즈·블루스 등의 연주회, 영화 상영회 등이 펼쳐진다. 사람들은 탁 트인 공연장과 더불어 그 앞에 넓게 트인 잔디밭에 자유롭게 돗자리, 간의 의자, 텐트와 주전부리를 들고 자리를 잡아 공연을 관람하거나 이야기를 한다. 연주가 잠시 멈추면 사람들은 공연장의 객석과 잔디밭을 자유롭게 드나든다. 공연장 주변의 콩이라는 애칭으로 불리는 거대한 거울 같은 조형물인 클라우드 게이트 앞을 서성이거나 LED 타워로 13분마다 시민들의 얼굴이 바뀌어 나오며 때때로 물을 토해 내는 크라운 분수 주변으로 모여들며 서로의 추억을 남긴다. 그 분위기, 그 속에서 그저 잠시 걸음을 멈추고 사람들 속에 합류해 앉아 즐기다 보면 어느새 이방인이 아닌 시카고의 한 사람으로서 자신만의 느낌을 간직할 수 있다.

신현주 고려대 지리교육과 졸업

미국... **보스턴, 케임브리지**

대학 캠퍼스투어의 성지 ... 교육관광

현대 교육관광 시장은 계속해서 성장 중이다. 과학기술과 교통이 발달하며 세계화로 인해 국가 간 상호의존적 관계가 심화된 현대 사회에서는 타문화에 대한 이해와 지식이 중요하게 되었고, 교실에서의 교육만으로 경쟁력을 갖추기가 어렵게 되었기 때문이다. 문화의 이해, 외국어 습득, 새로운 경험, 학습 내용의 실생활 적용 등을 위해 구체적인 사전계획을 가지고 의식적으로 학습하는 것이 교육관광의 특징이다. 답사, 견학, 수학여행, 교환학생, 유학, 워킹홀리데이, 기업연수, 해외인턴십 등 다양한 형태의 교육관광이 가능하다.

미국 북동부 8개의 명문 사립대학인 아이비리그 견학을 위해 미국을 방문했고, 견학 일정의 일환으로 아이비리그 대학 중 두 곳이 자리한 케임브리지에서 반나절 정도를 보내게 되었다. 미국 매사추세츠주 미들섹스 카운티 케임브리지는 1630년에 건설되었고, 원래 뉴타운으로 불리다가 1638년 청교도 신학의 중심이었던 영국의 케임브리지대학교의 이름을 따 지금의 이름을 갖게 되었다. 인구 약 12만 명2011년 기준의 소도시로, 찰스강을 끼고 있으며 보스턴 북서부에 위치해 있다. 아이비리그에 속해 있는 하버드대학교와 매사추세츠 공과대학교 등 유명한 대학교가 모여 있는 대학도시이다.

하버드대학교 탐방

하버드대학교는 1636년 설립된 미국에서 가장 오래된 대학교이자 세계에서 가장 많은 노벨상 수상자를 배출한 학교다. 프랭클린 루스벨트, 존 F. 케네디, 버락 오바마 대통령도 하버드 출신이다. 《하버드 새벽 4시 반》이라는 책이 베스트셀러가 될 정도로 하버드는 국적을 불문하고 공부하는 사람들에게 최고의 학교 중 하나로 손꼽힌다.

존 하버드 동상

하버드대학교에 들어설 때는 쪽문을 이용했다. 정문으로 들어가면 하버드대학교에 입학하지 못한다는 속설이 있기 때문에 대부분의 관광객이 쪽문을 이용했다. 들어서면 보이는 설립자 존 하버드John Harvard 동상에도 여러 가지 속설이 있는데 첫 번째는 왼발을 만지면 자손이 하버드에 입학한다는 것이고, 두 번째는 그가 설립자가 아니라는 것, 세 번째는 그의 실제 얼굴이 아니라는 것이다. 첫 번째 속설 때문인지 존 하버드의 왼발은 칠이 벗겨져 황금빛을 띠고 있었다.

건물들은 대체로 붉은 벽돌을 이용해 지었는데 모든 건물이 통일된 건축양식은 아닌 듯해 보였다. 가장 눈에 띄는 건물이었던 사이언스 센터는 카메라 모양을 본떠 만든 건물로 오른쪽 부분이 계단식으로 되어 있다. 하버드 내 다른 건물과 조화를 이루지 못하기 때문에 'Ugly Building'이라 부른다고 한다. 하버드에는 약 320만 권의 장서를 보유하고 있는 세계 최대의 대학 도서관인 와이드너 도서관이 있는데, 타이타닉호 침몰사고로 사망한 하버드 졸업생 해리 엘킨스 와이드너를 기리기 위해 그의 어머니 와이드너 부인이 기부금을 내 1914년 준공되었다.

카메라 모양의 사이언스 센터

와이드너 도서관

매사추세츠 공과대학교 탐방

매사추세츠 공과대학교MIT는 하버드대학교에서 버스로 불과 15분 정도밖에 걸리지 않은 곳에 위치해 있고, 건축물의 외형부터 하버드와 사뭇 다른 느낌을 준다. 1861년에 자연철학자 윌리엄 로저스가 보스턴에서 과학의 진흥을 목적으로 설립한 매사추세츠 공과대학교는 세계 최초의 공과대학으로 2018년 기준 노벨상 수상자를 UC 버클리와 더불어 세계에서 두 번째로 많이 배출한 학교이다.

매사추세츠 공과대학교를 대표하는 건물은 스타타 센터Stata Center이다. 컴퓨터·인공지능 공학대학 건물인 스타타 센터는 월트디즈니 콘서트홀 및 구겐하임 미술관을 건축한 저명한 건축가 프랭크 게리Frank Gehry가 설계했다. 외형이 매우 특이하며, 내부시설도 다른 건물과는 다르게 전형적인 대학 건물 느낌이 없다. 이 건물 안에는 경찰차 모형이 전시되어 있는데, 이 경찰차가 'MIT Hacks'라는 지금은 전통이 된 장난의 시발점이었다. 1994년 MIT 학생이 경찰에게 억울하게 딱지를 떼이고 나서, 차를 가져와 분해 후 재조립해 경찰차처럼 꾸며 학교 본관의 돔 위에 올려놓았다. 그 이후 교내 곳곳에서 창의적이고 반권위주의적인 장난이 일어났고, 이는 지금도 몇 가지 원칙에 따라 계속되고 있다.

제너럴모터스General Motors의 기술센터를 설계한 건축가 에로 사리넨Eero

스타타 센터

매사추세츠 공과대학 본관

MIT hacks 시작 당시 돔에 올려져 있던 경찰차

Saarinen이 설계한 크레스지 강당 또한 외형이 특이한데 얇은 콘크리트 돔이 특징이다. 에로 사리넨이 강당과 함께 설계한 건물인 크레스지 채플은 내부를 살펴보면 역시 MIT라는 생각이 들게 한다. 예배실 내벽에 작은 곡면이 반복되어 파형을 띠고 있어 소리를 효과적으로 확산시키는 역할을 하도록 설계되어 있다.

케임브리지에서 가장 눈에 띈 것은 대학교 내부와 외부의 경계가 확실한 한국과는 달리 학교와 도심 간 경계가 모호해 일반 주민도 학교를 자유롭게 드나드는 것이었다. 또한 두 대학교를 탐방하며 다양한 인종의 학생을 보았고, 관광객 무리를 흔히 볼 수 있었다. 실제로 보스턴-케임브리지 여행객 중 다수가 하버드대학교 탐방을 위해 방문한 한국과 중국 학부모 및 학생이라 이들을 상대로 한 숙박, 관광업이 성행하고 있다고 한다. 세계 최고의 학생이 모여 있는 학교를 방문함으로써 당시 학습동기 부여가 확실히 되었을 뿐 아니라 다문화사회를 실제로 접할 수 있는 좋은 기회였다.

권민지 고려대 지리교육과 졸업

미국... **밀워키**

밀러 브루어리투어 ... 음식관광

맥주의 도시, 밀워키

밀워키Milwaukee는 위스콘신주 최대 도시로 미시간호 서쪽에 위치해 있는 도시이다. 이 지역은 1818년에 프랑스 가톨릭 선교사 및 모피 교역자 들로 인해 정착이 이루어지기 시작했으며, 1840년대부터는 독일인 이민자도 대거 정착하게 되며 본격적인 발전이 이루어진 것으로 알려져 있다. 밀워키는 미시간호 서쪽에 위치한 통관항이라는 입지적 조건 덕분에 금속, 건설, 기계 등 다양한 산업이 발전할 수 있었으며, 이중에서도 특히 맥주공업이 유명하다. 1850년대부터 밀워키는 '독일'과 '맥주'의 동의어로 불렸다는 우스갯소리가 있는데, 그 이유는 이 지역에 독일인 이민자가 대거 정착한 것과 밀접한 연관을 갖고 있다. 독일인이 이곳에 정착하며 많은 양조장을 만들었기 때문이다. 1856년 밀워키에는 이미 40여 개가 넘는 양조장이 생겨났다는 기록이 존재하며, 대부분은 독일인에 의해 설립되고 운영되어 온 것으로 알려져 있다. 이로 인해 밀워키 사람들은 오래전부터 이 지역에서 생산된 다양한 맥주를 즐겨 온 것으로 유명하다.

밀워키는 한때 세계 4대 브루어리Schlitz, Blatz, Pabst, Miller로 알려져 있는 브루어리가 모두 입지해 있던 곳으로, 수년간 세계 제일의 맥주생산 도시라는 명성을 갖고 있었다. 그러나 현재는 이 중에서 밀러Miller만이 유일하게 밀워키에 남아 있으며, 세계 제일의 맥주생산 도시라는 타이틀에서는 멀어지게 되었다. 그러나 밀러가 미국 국내 맥주 시장에서 여전히 세계 최대 맥주그룹인 앤하이저부시 인베브ABInBev에 이은 두 번째로 큰 맥주 회사라는 입지를 굳건히 지키고 있음으로 인해, 밀워키는 아직도 비어타운의 명성을 유지하고 있다. 특히 최근 들어 크래프트 맥주가 유행하면서 밀러 공장이 입지해 있는 밀러 밸리 인근에는 많은 마이크로브루어리, 나노브루어리, 브루펍 등이 들어서고 있다.

↑ 밀러 밸리 내부의 다양한 건물
○ 밀러 공장 초입에 있는 맥주 모형
↓ 샘플 맥주를 맛보는 곳

밀러 브루어리투어

친구들과 함께 밀러 브루어리투어를 할 기회가 있었다. 밀러 브루어리투어는 외국인보다는 미국인 관광객에게 더 잘 알려져 있어서 그런지 우리 일행을 제외하고는 외국인을 많이 찾아볼 수 없었다. 투어 프로그램은 무료이다. 투어가 시작되면 일단 세미나룸 같은 곳에 가서 밀러 맥주의 설립 과정 및 역사 등에 대해 듣고, 질의응답 시간도 갖게 된다. 밀러 맥주의 설립 배경은 1855년 프레드릭 존 밀러Fredrick John Miller라는 독일인이 밀워키로 이주해서 밀러 양조 회사를 설립하여 맥주를 생산하기 시작한 것에서 비롯된다. 히트작은 칼로리를 낮추면서도 맥주의 풍미를 잘 살린 라이트 브랜드 맥주이며, 밀러 라이트는 일반 블루칼라 노동자에게 큰 사랑을 받으며 밀러가 미국의 맥주 시장에서 중요한 위치를 차지하게 하는 데 큰 기여를 하게 된다. 이러한 이야기를 들은 후에는 인도자의 인솔하에 생산 체인을 구경하는 시간을 갖게 된다. 공장의 체계적이고 효율적인 생산시스템도 기억에 남았지만, 무엇보다도 투어의 대미는 투어 루트를 다 끝낸 자에게 주는 샘플 맥주이다. 공장단지 내에는 관광객에게 무료로 맥주를 시음할 수 있게 하는 아기자기한 펍이 자리잡고 있는데, 투어를 마친 관광객은 여기서 1인당 두 잔씩 주문을 할 수 있다. 그러면 일반 펍에서와 같이 웨이터가 주문한 맥주를 서빙해 주며, 조그만한 봉지에 들어 있는 프레첼을 안주로 준다. 일상의 스트레스에서 벗어난 것만으로도 기분이 매우 좋았는데, 이 기회를 통해 밀러 맥주에 대해 조금 더 잘 알게 되고, 맥주산업에 대해서도 생각해 볼 수 있는 유익한 시간이었다.

김민지 고려대 대학원 지리학과 졸업

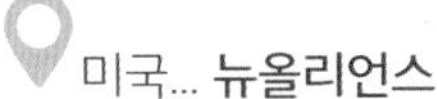

미국... 뉴올리언스

재즈의 도시에서 노예제도의 잔혹한 역사를 느끼다

... 다크투어리즘

뉴올리언스의 사탕수수 플랜테이션, 오크앨리

조지아와 미시시피, 루이지애나 등 미국 남부에는 플랜테이션 농장이 수도 없이 많았지만 다수가 남북전쟁의 포화 속에 파괴됐다. 그럼에도 불구하고 남부 지역에는 아직 플랜테이션이 많이 남아 있다. 이 중에는 오크앨리처럼 역사 랜드마크로 지정되어 관리되는 것이 있으며, 개인이 상업적 목적으로 운영하는 곳도 있다. 뉴올리언스 북서쪽 베체리Vacherie 부근에 위치한 오크앨리 플랜테이션은 저택 주위에 조성된 무성한 오크나무 길이 풍기는 독특한 풍경 덕분에 관광지로 유명세를 얻고 있는 곳이다. 또한 수려한 풍경 덕분에 여러 영화 및 뮤직비디오의 촬영 장소로 활용되기도 하였다.

1893년에 건립된 이곳은 사탕수수 플랜테이션을 주로 하던 곳이다. 남북전쟁 이후 오크앨리는 경매로 팔리기도 했지만, 이를 인수했던 소유자들이 지속적으로 유지할 수 없어서 여러 차례 되팔다가 결국은 황폐에 이르렀다. 그러나 1925년 조세핀 스튜어트에 의해 본격적으로 복구되기 시작하였다. 이후 1972년 조세핀은 세상을 떠나기를 얼마 남기지 않고 비영리 재단인 오크앨리

파운데이션Oak Alley Foundation을 설립하였다. 이들의 노력으로 오크앨리는 역사 랜드마크로 지정되어 교육적 목표를 위해 대중에게 공개되었다. 오크앨리 플랜테이션은 노예역사 전시장, 'Big House'라고 불리는 백인 농장주들이 거주하던 호화로운 맨션, 사탕수수 전시 극장, 남북전쟁이 오크앨리에 미친 영향에 대해 소개하는 남북전쟁 텐트로 구성되어 있다. 이 외에도 게스트가 숙박하며 플랜테이션을 체험할 수 있게 하는 시설도 잘 구비되어 있다.

학회 발표를 위에 뉴올리언스에 찾았던 나는, 마지막 날에 여유가 생겨 함께 갔던 동료들과 우버 택시를 잡아타고 이곳을 찾게 되었다. 뉴올리언스 시내로부터 약 86km 정도 떨어져 있는 곳이기 때문에 택시로 한 시간 조금 넘게 걸렸다.

흑인 노예의 고된 삶이 남아 있는 곳

오크앨리 플랜테이션에는 듣던대로 성인 2~3명이 손을 맞잡아도 닿지 않을 만큼 굵은 오크나무들이 무성히 자리하고 있었고, 이는 장관이었다. 그러나 이 아름다움 속에서 알 수 없는 을씨년스러움을 느꼈는데, 이는 아마도 수려해 보이는 겉모습이 전부가 아닌, 이곳에 서려 있는 노예제도라는 잔혹한 역사가 함께 투영되어 보였기 때문일 것이다. 아니나 다를까 입장권을 구매한 후 조금만 걸으니 제일 먼저 눈에 들어오는 것은 노예들이 실제로 살았던 집촌quarters을 일부 복원하여 노예의 역사를 전시해 놓은 곳이었다. 여기 있는 전시품을 살펴보니 참혹하고 고통스러웠을 노예 생활이 저절로 머릿속에 그려져 숙연해졌다.

제공되는 설명에 따르면, 노예는 1년 사계절 단 하루도 쉬는 날 없이 빽빽한 사탕수수 재배 스케줄을 소화해야 했다. 그럼에도 불구하고 이들은 짐승만도 못한 취급과 학대를 받아야만 했다. 농기구를 다루다 다쳐도 제대로 된 치료를 받을 수 없었으며, 조금이라도 게으름을 피울 시에는 주인에게 채찍질을 당해야 했고, 도망가다 붙잡힐 시에는 손발이 잘리거나 목숨까지 빼앗길 위협

노예들이 살았던 숙소를 일부 복원하여 조성한 노예 역사 전시실

고된 생활을 보여 주는 노예의 생활표

을 평생 안고 살아야 했다. 이곳을 둘러보는 내내 마음이 무거웠다.

아름답지만 결코 아름다울 수 없는…

무거웠던 마음은 Big House라고 불리는 백인 농장주들이 거주하던 호화롭고 의리의리한 맨션에 들어가 보면서 배가 되었다. 안내인이 친절하게 맨션의 역사에 대해 설명해 주었고, 그 후엔 층마다 방마다 투어를 시켜 주었다. 바닥 면적만 100평이 넘을 것 같았고, 내부는 대리석과 오크 등 고급 마감재가 사용되었으며, 침실은 화려한 엔틱가구로 채워져 있었다. 이러한 사치스러운 광경은 앞서 보았던 비참했던 생활환경과 선명하게 대비가 되어 아이러니함을 자아냈다. 백인 농장주들이 이곳에서 누렸을 풍요로움은 철저히 흑인 노예를 착취함으로써 얻어 낸 결과물이었다는 점을 부인할 자는 많지 않을 것이다.

오크나무들과 맨션이 한데 어우러져 조화를 이루고 있는 오크앨리 플랜테이션의 경관은 분명 충분히 아름다웠다. 그러나 투어를 마친 후 아이러니하게도 머릿속은 여러 생각으로 무거워졌고, 오크앨리를 떠나는 발걸음이 마냥 가

오크앨리와 그 너머로 보이는 백인 농장주들이 거주하던 호화 맨션

볍지는 않았다. 투어를 마치고 다시 숙소가 있던 뉴올리언스 시내로 돌아가기 위해 우리를 기다려 주던 우버 택시로 발걸음을 돌렸다. 이 택시 기사님은 연세가 꽤 있어 보이는 흑인 기사님이었다. 기사님이 투어가 어땠냐고 물어봤는데, 이럴 때 일반적으로 미국인들은 "It was good"이라고 대답한다. 그래서였을까. 나 역시 습관적으로 "It was good"이 튀어나왔다. 그러나 "good"이라는 단어를 내뱉을 때쯤 나도 모르게 얼버무렸다.

1863년에 1월 1일에 링컨 대통령은 노예해방을 선언했고, 그 후로 이미 약 한 세기 반이 넘는 시절이 흘렀다. 그러나 초강대국 미국의 인종 문제는 여전히 현재진행형이며, 흑인을 포함한 많은 소수인종은 극복이 쉽지 않아 보이는 차별의 굴레를 벗어 내지 못한 채 살아가고 있다. 그런데 내가 어떻게 이곳을 보고 난 후의 느낌을 "good"이라고 표현할 수 있었겠는가.

김민지 고려대 대학원 지리학과 졸업

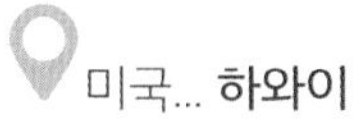

미국... 하와이

반전의 화산섬 ... 지질관광

반전의 매력이 즐비한 하와이

하와이는 미국의 영토이지만 북아메리카 미국 본토와는 매우 멀리 떨어진 태평양 한복판에 위치해 있다. 그 때문에 미국과 유사하면서도 하와이만의 독특한 경관과 문화를 자랑한다. 우리는 하와이라고 하면 훌라춤과 하얀 백사장, 넘실대는 파도, 낭만적인 신혼 여행지를 떠올린다. 실제로 하와이는 이런 분위기가 맞다. 하와이는 와이키키 해변과 진주만, 다이아몬드헤드 등의 명소로 유명한 세계적인 관광지이지만, 이것들은 하와이의 여러 관광명소 중 일부분에 불과하다. 하와이는 평온하고 여유롭고 낭만적인 장소만 있는 것이 아니라 우리가 일반적으로 알지 못했던 반전의 매력이 즐비한 섬이다.

하와이는 100여 개의 섬으로 이루어진 군도로 오아후, 카우아이, 빅아일랜드, 몰로카이, 마우이의 다섯 개 큰 섬으로 이루어져 있으며 각각의 섬은 비슷하면서도 각자의 독특한 매력을 가지고 있다. 우리가 호놀룰루라고 알고 있는 도시는 하와이의 주도로 하와이 제도 북쪽의 오아후섬에 위치해 있다. 하와이 주에서 제일 큰 도시인 터라 대부분의 여행이 이곳에서 시작된다. 그리고 가장 인기가 많은 와이키키 해변과 진주만, 다이아몬드헤드도 이곳에 위치하고 있으며 각종 호텔과 리조트, 유명 레스토랑, 쇼핑아웃렛도 인근에 위치하고 있다. 하지만 이곳 호놀룰루만 둘러보는 여행으로는 화산섬 하와이의 숨겨진 본 모습을 다 볼 수 없다. 하와이의 반전매력을 찾기 위해서는 다른 섬들을 가 보아야 한다.

활화산들의 섬, 빅아일랜드

내가 찾은 곳은 호놀룰루 공항에서 비행기를 타고 30분 정도 걸리는 하와이의 빅아일랜드이다. 이 섬의 원래 이름이 하와이섬인데 하와이 제도와 구별되도록 빅아일랜드라는 이름으로 부른다. 하와이 제도는 태평양 바다 해양지각 밑 열점에 의한 연쇄적인 화산폭발로 만들어졌는데 빅아일랜드섬은 하와이 제도 중에서 가장 최근에 만들어졌으며 크기도 가장 크다. 그렇기 때문에 아직도 활동이 활발한 화산인 킬라우에아 화산, 할레마우마우 크레이터 등을 볼 수 있으며 하와이 제도 최고봉인 해발고도 4200m의 마우나케아산도 위치해 있다.

빅아일랜드에는 용암이 흘렀던 흔적이 그대로 남아 롤러코스터처럼 기복이 심한 도로라든가 화산폭발로 용암이 흘러내리면서 사라진 마을 등이 곳곳에 남아 있다. 그러기에 빅아일랜드의 가장 유명한 관광지는 단연 볼케이노 국립공원이다. 이 국립공원에 들어서면 곳곳에서 지열에 의한 증기가 솟아오르는 스팀벤트를 관찰할 수 있는데, 이를 보면 확실히 내가 화산에 왔구나 하는 느낌을 받게 된다.

스팀벤트를 지나면 하와이에 최초로 화산관측소를 세운 토마스 재거Thomas Jaggar를 기리는 토마스 재거 박물관에 도착한다. 이 박물관은 하와이의 화산에 대한 폭발 정보와 관측의 역사, 하와이 원주민이 화산에 대해 가졌던 토속신앙과 불의 여신 펠레를 소개하고 있다. 더불어 박물관에서 볼 수 있는 할레마우마우 분화구는 지금도 실제 용암을 분출하고 있어 이곳 빅아일랜드의 명

하늘에서 바라본 할레마우마우 분화구

밤에 바라본 할레마우마우 분화구의 용암

물이다. 낮에 멀리서 보면 연기만 풀풀 나는 것 같지만 밤에 관찰하면 빨간 용암을 쉽게 관찰할 수 있다. 하와이 원주민 출신의 박물관 직원이 화산과 용암에 대해 설명을 해 주는데 설명이 매우 자세하여 열심히 들으면 좋다. 이 외에도 화산동굴과 용암이 굳은 용암대지, 칼데라 분화구 등 다양한 화산지형을 볼 수 있다. 이곳을 트레킹 하다 보면 하와이 열대우림도 직접적으로 체험할 수 있다. 하와이숲의 특징은 고사리 같은 양치식물이 많다는 점이다. 이 모습이 마치 원시세계의 숲 같아서 〈쥬라기 공원〉의 촬영지로도 이용되었다.

다양한 기후가 공존하는 빅아일랜드

하와이 제도에서 가장 높은 산인 마우나케아산은 해발고도가 무려 4200m에 이른다. 제주도의 한라산이 2000m 정도인 것을 감안하면 두 배가 넘는 높이이다. 그렇기 때문에 이 마우나케아산의 정상부는 우리가 생각하는 따뜻한 하와이와는 거리가 멀다. 마치 화성이나 달의 표면과도 같이 풀 한 포기 없이 황량한 분위기뿐이다. 산의 2700m 부근에 관광안내센터가 있는데 여기에만 와도 예민한 사람은 낮은 기압에 어지러움을 호소하기도 하며 기온도 매우 낮아져 긴팔 외투가 필요하다. 산의 정상부에는 천체관측을 위한 관측소가 설치되어 있다. 이곳은 적도 부근에 위치해 북위도 남위도의 별을 관찰할 수 있고 습도가 낮으며 공해가 적어 천체를 관측하는 데 최적의 위치로 알려져 있다. 높은 고도로 인해 겨울철 산의 정상부에는 눈이 내리기도 한다. 그렇기 때문

하와이에서 쉽게 볼 수 있는 양치식물

에 겨울에는 썰매나 스키를 타는 관광객도 존재한다.

화산지형도 유명하지만 하와이 빅아일랜드는 다양한 기후가 나타나는 곳으로도 유명하다. 하와이 빅아일랜드는 제주도의 여섯 배 정도 되는 크기에 불과하지만 무려 열 가지의 기후가 나타나는 아주 특이한 곳이다. 그 이유는 이 섬이 태평양 한가운데에 있어 바람이 강한 데다가 산들의 고도도 높아 바람받이 사면과 바람그늘 사면의 기후 차가 크기 때문이다. 하와이가 위치한 북위도 20도 부근에서는 연중 북동무역풍이 불어 하와이 제도 모든 섬의 북동사면은 습윤한 기후, 그리고 남쪽과 서쪽은 건조한 기후를 보인다. 또한 산의 고도가 3000~4000m에 달하여 고도에 의한 기온차도 심하게 나타난다. 결국 이 하나의 섬에 열대기후부터 툰드라기후까지 다양한 기후가 존재한다. 차를 타고 섬을 다니다 보면 열대우림이 무성한 곳을 지나다가도 금세 사막이 펼쳐지고 또 날씨가 덥다가도 추워지고, 비가 오다가도 금방 멈추기도 하는 신비한 경험을 할 수 있다.

하와이는 고립된 섬이고 또 다른 대륙으로부터 거리가 멀기 때문에 필요한 물건이나 식료품을 지역에서 거래하는 로컬장터가 발달했다. 파머스마켓은 빅아일랜드섬의 로컬장터라고 할 수 있다. 40여 개의 점포에서는 음료수나 간단한 식사, 공예품, 옷, 특산품, 식재료 등을 판매하며 시골 같은 분위기를 연출한다. 요즘에는 하와이만의 분위기를 느낄 수 있고 하와이 특산품을 저렴한

힐로의 파머스마켓

가격에 살 수 있어 지역 거주민뿐만 아니라 관광객도 많이 찾는다.

하와이는 태평양이라고 하는 대양 한복판에 위치하고 열점과 화산이라고 하는 독특한 형성 원인을 가지고 있어 전 세계의 어느 곳에서도 볼 수 없는 독특한 자연경관을 자랑한다. 또한 기후도 다양해서 열대부터 한대, 습윤과 건조 기후를 모두 아우르며 바다와 화산, 물과 불, 여유와 역동 등 대비되는 매력을 한곳에 모두 가지고 있다. 이에 더해 미국이라는 학문적 선진국의 영향으로 관련된 연구도 활발히 진행되어 있고 각종 관광 인프라도 완벽하게 구축되어 있어 지오투어리즘을 체험하기에 최적의 장소이다.

이정웅 고려대 지리교육과 졸업

미국… **나파 밸리**

미국 최대 와인 산지 … 와인여행

압도적인 스케일의 와인 생산지, 나파 밸리

나파 밸리Napa Valley는 미국 캘리포니아주 나파 카운티에 위치한 대규모 와인 생산지이다. 캘리포니아 와인은 미국 와인의 대명사라고 할 수 있다. 19세기 후반 스페인 선교단 시기 이래 와인이 생산되어 왔으며 생산량뿐 아니라 품질 면에서도 미국 최고라고 할 수 있다. 더욱이 포도는 캘리포니아주 제1의 환금작물이다. 남한의 네 배 크기인 캘리포니아주는 이상적인 기후 조건과 막강한 자본, 꾸준한 연구 개발로 이루어진 최신 양조기법 등으로 와인의 신흥 명산지로 급성장하고 있다. 어느 면에선 이미 프랑스 와인을 능가한다는 평을 받고 있기도 하다. 1976년과 2006년에 행해진 캘리포니아와 프랑스의 고급 와인을 대상으로 한 전문가 블라인드 테이스팅에서 캘리포니아 와인이 프랑스 와인을 누르고 승리한 것은 유명한 일화이다.

캘리포니아의 레드 와인 품종은 카베르네 소비뇽이 강세이고 화이트 와인 품종으로는 샤르도네가 가장 많이 재배되고 있다. 캘리포니아에는 2300여 개의 와이너리가 있다고 하는데, 큰 용기에 담아 파는 저가 와인은 주로 산 호아

나파 밸리 표지판

나파 밸리 포도밭

킨 밸리에서 대량 생산되고 대부분의 고급 와인은 북부해안 지역의 나파 밸리와 서노마 카운티에서 생산된다.

나파 밸리는 와인 생산을 위한 천혜의 자연환경을 지니고 있는데, 첫째는 낮 기온이 온난하고 밤기온은 서늘하다는 점이다. 낮의 온난함은 포도의 당도를 높여 주고 밤의 서늘함은 적정한 산도를 유지시켜 준다. 또 건조한 여름과 약 600mm의 낮은 연강수량은 포도를 병충해로부터 막아 주고 곰팡이가 생기지 않게 한다. 토양도 서쪽 산맥은 퇴적토가 주류를 이루고 동쪽 산맥은 화산토로 다양한 품종의 포도를 재배할 수 있다.

샌프란시스코를 여행하던 중에 미국 최대의 포도 산지인 나파 밸리의 와이너리를 방문할 기회를 가지게 되었다. 가는 내내 펼쳐져 있는 방대한 포도밭을 직접 눈으로 확인하니 역시 미국의 스케일에 압도되는 기분이었다. 나파 밸리에는 유명한 와이너리가 밀집되어 있는데, 이 중 시간관계상 스털링 와이너리와 로버트 몬다비 와이너리를 방문하기로 결정하였다. 나파 밸리의 와이너리에서는 질 좋은 와인을 저렴하게 구입할 수 있고, 와인생산 과정도 직접 엿볼 수 있으니 전 세계의 와인 애호가를 매료시키기에 충분할 것이다.

차로 달리는 동안 포도밭이 끊이지 않고 연달아 보이니 미국의 영토가 얼마나 넓은지 새삼 깨닫게 되었다. 동행한 가이드의 말로는 여름에 방문하면 포도가 열린 모습을 직접 볼 수 있어 더 아름답다고 하는데, 겨울이라서 푸른 포도밭은 감상하지 못했다. 아쉬움을 뒤로 한 채 와이너리로 향했다. 여름의 경관은 정말 장관이라고 하니, 와인을 좋아하는 사람들은 여름에 투어를 하는 것도 추천하는 바이다.

보는 즐거움과 맛보는 즐거움이 함께하는 와이너리투어

나파 밸리 입구에 들어선 후에도 차로 한참을 더 들어가서야 스털링 와이너리를 마주할 수 있었다. 비교적 나파 밸리의 끝에 위치하고 있기 때문이다. 1964년에 설립된 스털링 와이너리는 관광객을 위해 케이블카도 운영하고 와인 제조공정을 한눈에 잘 볼 수 있게 전시해 놓아서 겨울임에도 관광객으로 북적였다. 케이블카를 타고 잠시 올라가면 와인 시음도 가능하고 와인생산 과정도 체험할 수 있다. 입장료 가격은 와인 시음을 추가할 경우 약간 더 비싼 것으로 기억하는데, 이왕 온 김에 산지에서 직접 와인을 몇 잔 더 마셔 보고 싶어 비싼 입장권을 구매하기로 결정했다. 입장권을 받은 후 케이블카를 타고 본격적으로 위로 이동하였다. 투어하는 내내 입장권을 목에 걸고 다니면서 와인 시음도 하고 와이너리를 둘러보면 되는데, 이 외에도 와인열차를 타고 스털링 외 다른 와이너리를 투어하는 방법도 있다. 열차 안에서 와인도 마시고 포도밭 구경도 할 수 있다고 하니 실로 일석이조가 아닐 수 없다.

케이블카를 타고 위에 도착해서 내려다본 포도밭의 전경이 날씨도 화창해서 그런지 참 아름다웠다. 원래 샌프란시스코 자체는 안개의 도시이고 겨울철에는 비도 자주 내려서 해를 보기 힘든 날이 더 많은데, 다행히 여행할 때는 계속 날씨가 정말 좋아서 기분도 덩달아 좋아졌다. 겨울인데도 날씨가 온화하니 벌들이 날아다니는 모습을 쉽게 볼 수 있었다. 와이너리에서 어떻게 와인을 제조하고 보관하는지에 대해 영어로 상세한 설명을 들을 수도 있다.

와이너리를 둘러보면서 예쁜 야외 테라스에서 와인 한잔을 즐기는 여유를 만끽할 수 있었다. 여름에는 기온이 매우 높은 것과는 달리 겨울에는 오히려 따뜻하고 햇살도 받을 수 있어서 행복했다. 트램을 타고 도착하면 와인잔을 하나씩 나누어 주는데, 이것을 계속 들고 다니면서 와인을 시음할 수 있다. 주의할 것은 성인이라도 여권 검사를 하고 나이를 확인하는 경우가 있으니, 와인을 시음하고 싶다면 여권 지참은 필수라는 점이다. 앞서 말했듯이 입장권 중 금액이 더 큰 쪽을 구입하면 간단한 와인 설명을 들으면서 와인 시음을 네 잔 더 할 수 있다.

나파 밸리에서 생산된 포도를 일정량 이상 사용해야만 와인병에 '나파 밸리'라는 표시를 할 수 있다고 하며, 나파 밸리에서 생산된 와인은 미국 내에서도 품질 좋은 고급 와인으로 통한다고 한다. 개인적으로는 피노 누아로 만든 와인이 색도 연하고 맛있게 느껴졌다. 유명 와인 평론가 로버트 파커가 호평한 와인도 시음할 수 있는 기회를 가졌다. 개인적으로는 화이트 와인이 달고 향기롭게 느껴졌는데, 추가비용을 내면 간단한 치즈 플레이트 등과 함께 와인을 즐길 수 있었다. 치즈 종류도 다양하고 맛이 좋았다.

와이너리투어를 마치고 나가면서 마지막으로 시음했던 와인들을 저렴한 가격에 구입할 수 있다. 연말이라 가게 내부에는 화려한 트리를 비롯하여 크리스마스 분위기가 한껏 풍기고 있었다. 와이너리마다 가격은 약간 차이가 있지

로버트 몬다비 와이너리 전경

만 대략 2달러 내외면 와인병이 깨지지 않게 하기 위한 와인스킨도 구매할 수 있으니 걱정 없이 와인을 안전하게 한국까지 가져올 수 있다.

스털링에서 나와 요즘 한국에서도 꽤 잘 알려진 로버트 몬다비 와이너리로 출발하였다. 입구에서부터 멋진 조각상이 서 있었다. 스털링과는 분위기가 사뭇 다르지만 나름의 매력이 느껴지는데, 비교적 비수기라고 생각했는데도 관광객으로 북적거리고 있었다. 안에 들어가 보니 운치 있고 아늑한 정원이 펼쳐져 있기도 하였다. 와인들을 찬찬히 구경하면서, 가게 내부를 둘러보았다. 미국 와인산업의 메카에 직접 방문하여 질 좋은 와인을 맛볼 수 있어 참으로 행복한 하루가 아닐 수 없었는데, 다음 일정을 위해 아쉬움을 뒤로 하고 가게를 나왔다.

김부성 고려대 지리교육과 명예교수

미국 건국의 산실 ... 역사관광

미국이 시작된 곳, 플리머스

뉴잉글랜드의 작은 항구도시 플리머스의 해안가에서는 많은 관광객이 덩그러니 놓인 바위를 보며 해설사의 설명을 듣고 고개를 끄덕이는 모습을 심심치 않게 볼 수 있다. 뉴잉글랜드는 코네티컷, 로드아일랜드, 매사추세츠, 버몬트, 뉴햄프셔, 메인의 미국 북동부 여섯 개 주를 아우르는 지역이다. 지명에서 암시하듯 뉴잉글랜드는 영국의 청교도인들이 대서양을 건너 최초로 정착한 지역으로 미국 역사의 시작과 함께한다.

16세기 종교개혁 이후, 영국 내에서는 여전히 청교도인을 중심으로 영국 성공회에 대한 개혁의 소리가 이어지고 있었다. 분리주의자라고도 불리는 이들은 영국 성공회로부터의 박해를 피하고 종교의 자유를 찾아 네덜란드를 거쳐 아메리카 대륙으로 향하게 된다. 청교도인 102명을 태운 메이플라워 호는 1620년 12월 잉글랜드의 플리머스를 떠나 뉴잉글랜드의 남동부 지역에 도착하게 되는데, 최초 정박 지역을 자신들이 출발했던 지역의 이름을 따서 플리머스라고 명명하였다. 후대에는 이들을 특별히 필그림 파더스Pilgrim Fathers로

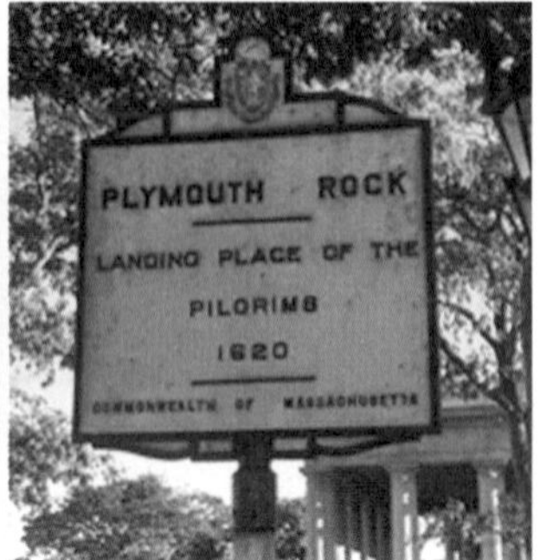

청교도인들이 최초로 밟았다는 바위와 표지판

칭하여 그들을 신성시하였다. 청교도인들은 인디언 원주민으로부터 익힌 경작법으로 기반을 잡고 생계를 이어 나갈 수 있었는데, 가을 수확에 대한 기쁨과 동시에 원주민에게 감사를 표하고자 곡식과 과일, 칠면조 등을 대접하였다. 이 풍습은 오늘날 미국의 추수감사절까지 이어진다. 매사추세츠 주에서는 영국 청교도 필그림 파더스가 정착한 날을 선조의 날Forefathers' Day로 기념하고 있으며, 이들이 최초로 밟았다고 전해지는 바위 또한 플리머스 바위라 불리며 관광명소로 자리 잡았다.

미국 독립 역사의 흔적, 프리덤 트레일

플리머스를 포함한 뉴잉글랜드 남동부 대서양 연안은 최초의 영국 식민지 중 하나가 되었다. 청교도인은 하버드대학교와 예일대학교 등 교육기관을 설립하여 영국 본국의 교육체계를 식민지에 이식하게 되고, 이후 경제적으로도 발전하여 본국과 대등한 위치가 되었다. 하지만 역설적이게도 미국 독립전쟁의 발단이 된 보스턴차사건Boston Tea Party과 보스턴학살이 일어났으며, 독립전쟁이 발발한 장소 또한 뉴잉글랜드였다. 일련의 사건을 기념하기 위해 보스턴시는 미국 독립과 관련된 사건이 일어났던 장소를 붉은 벽돌로 연결하여 프리덤 트레일Freedom Trail로 지정하였다. 보스턴학살 장소, 올드 사우스 집회소Old South Meeting House, 벙커힐 기념탑Bunker Hill Monument, 사무엘 아담스Samuel

프리덤 트레일 코스 중 하나인 퍼네일 홀

Adams 동상이 서 있는 퍼네일 홀Faneuil Hall 등을 포함하여 16개의 역사 유적지를 연결한 탐방로이다. 이 탐방로는 미국인에게는 미국 독립 역사의 탐방 지역으로 유명하다. 흑인 역사 탐방로인 블랙 헤리티지 트레일Black Heritage Trail도 지정되어 있다.

원주민 보호구역과 카지노

한편, 유럽인이 아메리카 대륙에 진출하기 전부터 여러 부족의 북아메리카 원주민은 뉴잉글랜드 전역에 퍼져 있었다. 주로 알곤킨Algonquian어족의 원주민이 뉴잉글랜드를 포함한 미국 북동부 지역에 분포하고 있었다. 대표적인 부족으로는 피코트Pequot, 모히간Mohegan, 퀴니피악Quinnipiac, 매사추세츠, 닙머크Nipmuck 등이 있다. 개척 초기 영국은 원주민과 우호적인 관계를 유지해 왔으나, 토지 소유권 문제로 인해 점차 관계가 악화되자 마침내 피코트 부족과 전쟁을 일으켜 피코트 부족을 거의 몰살하다시피 하였다. 이렇듯 영국 식민지 시기에는 영국인과 원주민 간의 크고 작은 마찰로 대부분의 부족이 구성원이 절멸하거나 본거주지에서 쫓겨났다. 결국 1800년대 중반, 미국 정부는 원주민과의 평화 정책을 추구하며 그들을 고향으로 이주시키고 보호구역을 만들어 제한적인 주권을 행사할 수 있게끔 하였다.

뉴잉글랜드에서는 대표적으로 피코트와 모히간 부족이 현재까지도 보호구

폭스우즈 카지노 리조트 (출처: ©Elfenbeinturm_Wikimedia Commons)

역 내에서 생활하고 있다. 그러나 원주민이 여전히 근대 문명을 거부하고 전통적인 모습으로 살아갈 것이라고 생각하면 오산이다. 코네티컷 남동 지역을 여행하다 보면 울창한 산림 사이에 주변 경관과 대비되는 초호화 리조트를 마주하게 된다. 카지노를 포함한 리조트인데, 두 부족 모두 카지노 리조트를 1년 365일 24시간, 쉬는 기간 없이 운영하여 이 곳은 이용객으로 문전성시를 이룬다. 피코트 부족은 폭스우즈 카지노Foxwoods Casino를, 모히간 부족은 모히간 선 카지노Mohegan Sun casino를 운영하고 있다. 이 중 피코트 부족이 운영하는 카지노는 개장 당시 단일 규모로는 미국 내 최대였다. 고급 음식점과 명품관을 포함한 쇼핑시설이 즐비하고, 실내 공연장과 운동 경기장에서는 각종 행사를 유치하여 특히 크리스마스 연휴에는 많은 사람으로 붐빈다. 보호구역 외부의 미국인과 외국인이 주 고객이며, 보호구역 내의 세금도 따로 부과하여 부족 내의 주 수입원이다.

뉴잉글랜드에서는 북아메리카 원주민, 유럽 열강의 침략, 식민지, 독립전쟁, 그리고 현재에 이르는 역사의 지층을 느낄 수 있다. 백인들의 정착과정에서 원주민의 거주지는 보호구역 내로 한정되었다. 이제는 그들의 거주지에 카지노가 설치되고 그들의 마을이 관광 매력물로서 외지인을 불러들인다. 그 광경이 조금은 씁쓸하다.

송효진 고려대 대학원 지리학과 졸업

제10장 중남아메리카

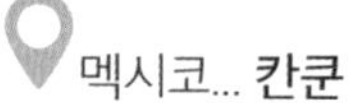

태양이 작열하는 휴양지 ... 생태관광

카리브해의 낙원, 칸쿤

최근 우리나라에서 신혼여행으로 많이 가기도 하는 칸쿤은 멕시코의, 산이 거의 없고 평평한 유카탄반도에 위치한 유명 관광지이다. 쪽빛 카리브해 바다에 위치한데다 햇볕이 좋고 기후가 상쾌하여 미국의 젊은이들이 가장 선호하는 외국 관광지로, 핫한 나이트클럽이 많기로도 유명하다. 칸쿤은 예전에는 에네켄henequén 산업으로 유명했지만, 지금은 관광업이 주된 산업이다. 한 해에 칸쿤 공항을 이용하는 여행객이 1천만 명이 넘는다고 한다.

원래 칸쿤은 사람이 거의 살지 않는 곳이었지만 아카풀코Acapulco를 대신할 관광지로 계획 조성되었다. 이후 남쪽으로 플라야 델 카르멘Playa del Carmen 지역과 코스멜Cozumel 지역에 관광지가 추가로 조성되면서 멕시코 국제관광의 중심지로 성장하였다. 칸쿤을 방문하는 관광객이 주로 머무는 지역은 해안가에 일렬로 늘어선 호텔지구인데, 해안을 따라 늘어선 호텔지구의 길이가 5km가 넘는다. 세계적으로 유명한 호텔이 거의 다 입지해 있다고 한다. 사주 위로 난 길을 따라 지나다니면서 호텔 구경을 하는 것도 큰 재미이다. 이 지역의 호텔들은 앞쪽으로는 카리브해를, 뒤쪽으로는 담수호인 니춥테Nichupté호를 바라보게 된다. 호텔지구 전체가 긴 사주 위에 조성되었기 때문이다.

칸쿤의 자연환경은 굉장히 매력적이다. 호텔 방에서 내려다보는 해안의 풍경은 우리가 달력이나 광고에서 봤던 쪽빛 바다 그 자체였다. 우리가 머문 호텔은 칸쿤의 호텔 중에서도 가장 안쪽, 사주의 끝자락에 자리하고 있었다. 사주를 따라 길게 늘어선 호텔 앞에는 시내버스가 자주 다니는데, 관광객과 호텔에 종사하는 현지인이 같이 이용한다. 시내버스에는 2인조 마리아치들이 타는데, 멋진 옷을 입지는 않았지만 열정적인 그들의 노래 덕에 더욱 낭만적인 마실이 된다.

돈으로 면죄부를 사는 여행, 생태관광

10월 중순이 넘어갔지만 칸쿤의 햇볕은 아직 뜨거웠고 공기도 기분 좋게 따듯했다. 유럽이나 북미 사람들이 카리브해를 좋아하는 이유를 알 것 같았다. 칸쿤은 유카탄반도에서 번영했던 마야 문명의 유적지와도 가까이 위치하고 있다. 호텔에 머물면서 하루는 치첸이트사를 방문하는 프로그램과 코바 유적지 및 팍첸 마을을 방문하는 프로그램을 구입했다.

1인당 120달러나 주고 참여한 생태관광 프로그램은 시작부터 매우 소박했

생태 관광객에게 마야식 주술 의식을 해 주는 모습

다. 호텔에 우리를 데리러 온 차는 회사 마크가 새겨진 작은 버스, 일명 봉고였다. 우리를 태우러 온 운전기사 겸 가이드는 멕시코시티 출신으로 영어가 유창했다. 역사학을 전공했다는 그는 끊임없이 우리에게 마야 지역의 역사와 문화에 대해 설명해 주었다. 아침 일찍 출발했지만 유카탄반도의 햇볕은 눈부시게 밝고 따가웠다. 평평한 벌판으로 끊임없이 숲과 밭이 펼쳐져 있었다.

원주민의 우물에서 관광객의 수영장이 된 세노테

칸쿤이 위치한 유카탄반도는 석회암 지형이다. 따라서 지형이 물이 잘 녹고 지하에 동굴이 형성되기 쉽다. 비가 많이 오는 유카탄 지역에서는 지하동굴에 물이 고여서 일종의 거대한 지하 우물을 이루는데, 이를 세노테cenote라고 한다. 우리가 참가한 프로그램의 일정 중에는 세노테에 들어가서 튜브를 타고 노는 프로그램이 있었다. 한참 동안 가이드의 끊임없는 설명을 들으며 열대우림 지역을 관찰한 후 간단한 샤워를 하고 세노테에 들어갔다. 우리가 들렀던 세노테는 꽤 커서 혼자 힘으로는 들어갈 수 없었다. 생태관광 프로그램 회사에 속한 직원들이 우리를 줄에 매달아 내려 주고 올려 주는 시스템이었다. 나보다 체구가 작아 보이는 직원들이 커다란 미국 아줌마 아저씨를 힘겹게 들어 올리고 내려 줬다. 평소 원주민에 대해 가르치고 연구하는 사람들로서, 차

예전에는 식수원이었던 세노테

마야 유적지 중 하나인 코바 피라미드

마 그 사람들이 힘겹게 들어 올리고 내리는 그 도르래를 탈 수가 없었다. 심지어 많은 마을에서 세노테는 식수원이다.

세노테에 들렀다가 점심을 먹으러 갔다. 원주민이 먹는 식사라고 해서 큰 기대를 했는데, 우리가 먹는 음식과 별반 다르지 않았다. 고로쇠 같은 나무즙을 주는 게 달랐다면 달랐을까. 지금 생각해 보니 나도 원주민에 대해 편견이 있었던 것 같다. 원주민은 〈아마존의 눈물〉에 나오는 조에족 같을 거라는 그런 편견. 멕시코시티에 살 때 자주 봤던 동네 가사 도우미 아주머니도, 버스 기사 아저씨도, 지하철에서 종종 마주쳤던 사람들도 원주민이었다. 물론 이 유카탄에는 더 많은 원주민이 살고 있지만 말이다. 그들에게 원주민은 좀 더 깡촌에 사는 시골 사람들과 별반 다르지 않은 존재였다. 오후에는 코바 유적지를 보고 호텔로 돌아왔다. 마야 시대의 도시 유적지도 인상 깊었지만, 두고 두고 생각 나는 건 유카탄의 햇볕이다. 내가 본 그 어느 곳의 햇볕도 그렇게 뜨겁게 느껴진 적이 없는 것 같다.

애니깽의 슬픈 역사를 지닌 유카탄반도

유카탄은 우리나라 최초의 단체 이민이 이루어진 곳이다. 19세기 후반 세계적으로 교역이 증가하면서 선박을 이용한 화물 수송량이 급증하였고, 지금 처럼 컨테이너가 있지 않았던 그 시절에는 상품을 포대에 싣고 밧줄을 이용해 하역 작업을 하였다. 이 포대와 밧줄을 만드는 재료가 에네켄 즉, 애니깽이었다. 커다란 용설란처럼 생긴 에네켄에서 섬유질을 추출해서 밧줄도 만들고 포대도 만들었다. 19세기 후반 유카탄반도의 에네켄 농장들에서 밀어닥치는 수요를 감당할 수가 없자 노동력을 모집하던 중간 책임자들은 인구가 많은 아시아로 눈을 돌렸다. 그러나 에네켄 농장의 고된 노동과 열악한 환경을 이미 알고 있던 중국과 일본에서는 모집이 되지 않았다. 그들은 조선에 "살기 좋은 선진국, 멕시코에서의 풍요로운 삶"이라는 거짓 광고를 냈다. 외국 사정에 어둡고, 무엇보다도 국내 정치와 경제 상황이 열악했던 조선에서는 많은 사람이 새로운 삶에 대한 희망을 품고 외국으로의 이주를 선택했다. 이들 중에는 가족 단위도 많았고 평민뿐 아니라 양반 출신도 있었다고 한다. 지구 건너 선진국에서의 더 나은 삶을 꿈꾸었던 도전자들을 기다리고 있던 것은 숨이 턱턱 막히는 열대의 태양 아래서 가시가 돋은 에네켄을 하루 종일 베는, 극한의 노동 현장이었다.

5년간의 계약 기간 동안 악착같이 살아남았던 이들은 이제 돌아갈 수 있는 자유가 주어졌지만 고국으로 돌아갈 수 없었다고 한다. 그들이 이곳에 있는 동안 그들의 조국 조선이 없어졌기 때문이었다. 사람들은 고국으로 돌아가지 못하고 멕시코 곳곳으로 흩어졌다. 이 중 일부가 유카탄반도에서 가까운 쿠바로 이주하였다. 차창 밖으로 보이는 아시엔다들을 보며 마음이 참 착잡했다. 100여 년 전, 그들은 얼마나 절망적이었을까. 광활한 유카탄반도의 평원을 보면서 내가 마치 그 한가운데 서 있는 듯한 느낌이 들었다. 작열하는 태양 아래 한 손에는 마체테를 들고 하루 작업량 2500대의 에네켄을 베면서.

김희순 고려대 대학원 지리학과 졸업

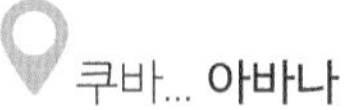

쿠바... 아바나

실재했던 보물섬 ... 역사관광

실존했던 보물섬, 쿠바

보물섬이라는 말은 참 신비롭다. 어릴 적 즐겨 읽었던 소년 만화잡지 이름도 《보물섬》이었고, 〈보물섬〉이라는 만화영화를 보며 자랐다. 영화 〈캐리비안의 해적〉 시리즈에서는 보물섬과 해적이 남긴 보물을 찾으려는 주인공이 무척이나 고생을 한다. 누구나 찾고 싶고 그 이름만 들어도 설레는 보물섬….

보물섬은 실재했다. 물론 영화나 만화영화에서처럼 은밀하게 보물이 숨겨진 곳들도 말이다. 300여 년의 스페인의 식민지배 기간 동안 라틴아메리카의 많은 부가 집중되었던 진짜 보물섬은 쿠바였다. 그래서인지 많은 사람은 쿠바에 대한 막연한 환상을 갖는다. 체 게바라의 나라라는 점도 세계 젊은이들의 마음을 뛰게 하기에 충분하지만 말이다. 체 게바라는 쿠바를 위해 혁명에 뛰어들었지만 아르헨티나 사람이다. 그의 자녀들은 아직도 쿠바에 살고 있다.

쿠바는 우리나라와 수교를 맺고 있지 않지만 입국에는 전혀 지장이 없다. 쿠바는 입국 도장을 여권에 찍어 주지 않고 별도의 종이에 준다. 따라서 쿠바에 아무리 다녀와도 여권에 흔적이 남지 않는다. 1959년 카스트로 혁명 이후 관광업을 배척했던 쿠바는 1993년 개방 이후 관광산업에 투자하고 있다.

카리브족이 살던 조용한 섬 쿠바는 1492년 콜럼버스의 첫 번째 항해에서 세계사에 등장한 이후 끊임없이 누군가에게는 매우 중요한 곳이었다. 그러나 콜럼버스가 스페인 여왕 이사벨의 투자를 받아 새로운 땅을 발견했을 때만 해도 스페인도 콜럼버스도 그가 발견한 그 섬이 무엇인지 몰랐다. 그래서 콜럼버스는 그가 처음으로 발견한 카리브해의 섬들, 히스파니올라와 쿠바 등지에서 대부분의 시간을 보냈다. 콜럼버스뿐 아니라 대부분의 초기 정복자는 아메리카를 탐색하고 정복하기 위한 거점을 쿠바 아바나에 두었다. 아바나는 본래 쿠바의 남동쪽에 위치하던 도시였다. 유럽과 아메리카 간의 중간 지점을 원했던 스페인은 이후 다섯 번이나 아바나를 옮겨서 현재의 위치, 섬의 북서쪽에 두었다. 아바나가 중요해진 것은 해류 때문이었다. 아바나와 플로리다반도 사이에서 흘러나가는 멕시코만류를 타면 빠르고 쉽게 유럽에 도착할 수 있었기 때문이다. 게다가 배들이 오랜 기간 정박해도 안전한 커다란 주머니 모양의 만을 지닌 아바나는 스페인의 식민지 경영에서 주요한 중심지로 떠올랐다. 스페인은 쿠바와 필리핀, 푸에르토리코, 괌을 1898년 미서전쟁에 패할 때까지 놓아주지 않았다.

카리브해 해적의 최종 목적지, 아바나

스페인이 신세계에서 발견한 부는 실로 어마어마한 것이었다. 게다가 스페인은 필리핀을 통해 중국 상인과의 직거래를 시작하여 아시아의 비단, 도자기, 향신료 등 값비싼 물건을 들여왔다. 마닐라를 통한 거래와 아메리카에서 나는 금, 은, 코치닐 등은 유럽 각국의 질투를 사기에 충분한 행운이었다. 스페인이 행운을 맞은 16세기 중반부터 영국, 프랑스, 네덜란드 등 주변 국가는 스페인의 부를 탐내기 시작했다. 그들은 스페인으로 향하는 보물을 실은 상선들을 공격했다. 이들을 카리브해의 해적이라고 한다. 영국 등 일부 국가에서는 해적을 장려했다. 당시 패기에 찬 젊은이들이 직업을 해적으로 삼았다. 〈보물섬〉 같은 만화영화를 보면 해적임에도 굉장히 신사적이고 아는 것이 많은 인물들이 나온다. 그들은 불법 행위를 하는 도적이 아니라 스페인의 보물을 빼앗아 조국에 바치는 일종의 충성스러운 존재들이었다. 이들을 돕는 사람들은 자국의 해군이었다. 영화 〈캐리비안의 해적〉을 보면 잭 스패로우가 영국 군인들과 친밀하게 지내는 것을 볼 수 있다. 스페인과 정면 대결이 부담스럽지만 그들의 보물은 탐이 났던 영국, 프랑스, 네덜란드가 해적을 내세워 스페인의 보물을 빼앗았던 것이다. 해적 중에는 나중에 자국 해군의 높은 지위에 오르는 사람도 있었다고 한다.

해적의 공격을 막아 내기 위해 스페인 상선은 1년에 단 두 번만 자국을 오갔으며, 항해 시에는 스페인의 무적함대가 이들을 호위했다. 이 호송 전함 체제를 플로타flota라고 한다. 아메리카의 플로타 출발지는 아바나였고 목적지는 스페인의 세비야였다. 유럽에서 오는 상선도 무적함대의 호위를 받으며 세비야를 떠나야 했으며 아메리카의 최종 목적지는 아바나였다. 따라서 해적들의 최종 목표는 아바나 함락이었다. 아바나를 차지하면 엄청난 양의 보물을 차지할 수 있을 뿐 아니라 자국에서도 높은 지위에 오를 수 있었기 때문이다.

이에 아바나는 해적에 대한 대비를 철저히 하였다. 아바나만 입구에는 엘 모로El Morro라는 요새가 세워졌다. 엘 모로가 세워진 좁은 입구를 지나면 거대한 만이 있기 때문에 대부분의 배는 이 만에 정박했고, 만에 들어가기 위해서는 반드시 모로 앞의 입구를 지나야 했다. 스페인은 이 모로 앞의 수로에 커다란 쇠사슬을 장치해서 해적들이 이 입구를 지날 때면 쇠사슬을 들어 올려 배를 파손시켰다. 모로 건너편 아바나 시가지 앞에는 레알푸에르사 요새Castillo de la Real Fuerza가 건설되어 있다. 아바나 시가지를 지키는 요새로, 매우 튼튼하게 지어졌다. 레알푸에르사 뒤편이 아바나의 중심 광장인 아르마다 광장이다. 엘 모로 뒤편이자 레알푸에르사 맞은편에는 커다란 요새인 캄포 델 라 카바나Campo de la Cabana가 건설되어 있다. 이 요새는 큰 규모의 군대가 주둔해 있을 수 있을 만큼 크기도 컸다. 이 요새 역시 아바나만 입구에서 해적들을 막아 내

↑엘 모로
↓레알푸에르사

기 위해 지어졌다. 해적들이 끊임없이 공격해 오자 스페인은 아바나 시가지를 성곽으로 에워쌌다. 스페인이 라틴아메리카에 건설한 도시들은 대부분 성곽이 없는데, 카리브해의 해적과 관련된 아바나, 베라크루스, 샌 어거스틴만이 성곽이 건설되었다. 아바나의 성곽은 지금 대부분 무너졌지만, 아바나 기차역 부근에 남아 있다.

인류의 유산, 아바나 구시가지

레알푸에르사 뒤편이 아바나 구시가지, 즉 문화역사지구이다. 이곳에는 옛날 총독이 살았던 궁전과 은행거리, 스페인인의 주거지가 빼곡히 들어서 있다. 성곽이 건설되었기 때문에 아바나 구시가지는 밀도가 높아졌다. 즉 건물이 빽빽이 지어지고 층은 높이 올라갔다. 덕분에 우리는 아름다운 유럽풍 시

산타 마르타 터미널과 아바나만

훔볼트가 첫 번째 쿠바 방문 시
(1800년 12월부터 1801년 3월까지) 머물렀던 집

가지를 좁은 구역 내에서 모두 볼 수 있다. 아바나 시가지는 1985년 세계문화유산으로 지정되었으며, 낡은 시설들은 유네스코의 지원을 받아 계속해서 다시 지어지고 있었다. 새로 지어진 집들은 호텔이나 식당, 상점 등으로 사용되었다. 아바나는 헤밍웨이가 사랑했던 도시로도 유명한데, 그가 머물렀다는 호텔과 그가 즐겨 찾았다는 플로리디타나 보데기타라는 술집을 쉽게 찾을 수 있다. 또한 훔볼트가 쿠바에 대한 연구를 했던 집도 보존되어 있다.

아바나 구시가지를 걷다 보면 오래된 유럽풍의 집을 계속해서 볼 수 있다. 새로이 지어진 집도 있지만 상당수의 집이 아직 낡은 채로 남아 있고, 그 안에 사람이 거주한다. 깨끗하게 단장을 마친 집도 멋지지만, 아직 주민들이 살고 있는 집이 보고 싶어서 여행안내서에는 소개되지 않은 골목골목을 헤매고 다녔다. 쿠바는 안전하다. 라틴아메리카의 도시들은 대부분 이런 노후한 주거지에 외부인이 들어가기 어려운데, 아바나는 안전한 덕에 이러한 시가지를 실컷 볼 수 있었다.

김희순 고려대 대학원 지리학과 졸업

세인트루시아... **수프리에르, 데너리**

행복한 나라의 한여름 크리스마스 ... 휴양관광

카리브해의 대표 관광지, 세인트루시아

남북아메리카 사이에 자리한 카리브해 제도는 코발트 빛깔의 바다, 새하얀 모래로 뒤덮인 낭만적인 해변과 중남미 문화 특유의 뜨거운 열정을 지니고 있는 크고 작은 섬들로 이루어진 지역이다. 그중에서도 이름조차 생소한 세인트루시아는 소앤틸리스 제도Lesser Antilles에 위치하여 자메이카, 도미니카공화국, 쿠바 등 비교적 친숙한 국가들이 자리한 대앤틸리스 제도Greater Antilles에서 멀찍이 떨어져 남미 대륙과 인접해 있다.

제주도의 3분의 1 정도의 면적을 가진 작은 섬나라, 세인트루시아는 우리에게는 지구 반대편에 위치한 머나먼 나라이지만 북미 대륙의 미국, 캐나다인과 유럽인에게는 겨울철 휴양지로 유명하다. 특히 할리우드 배우들이 이용했던 야외 결혼식 장소와 신혼 여행지로 각광받는다. 초대형 크루즈의 정박항으로 유명한 수도 캐스트리스Castries를 포함하여 주요 관광지는 서부 해안에 몰려 있다. 그중 쌍둥이 화산체인 그로스 피톤Gros Piton과 프티 피톤Petit Piton은 수프리에르Soufriere 근처에 우뚝 솟아 있으며, 화산지대의 영향으로 주변에 유황

세인트루시아의 상징인 쌍둥이 화산 피톤

온천이 발달하여 관광객으로 붐빈다. 이 쌍둥이 화산은 국기에 문양으로 새겨질 정도로 세인트루시아의 상징이며, 유네스코 세계자연유산으로 지정되어 있다. 또한 쌍둥이 화산에서 따온 피톤 맥주는 세인트루시아의 대표 맥주이다. 지형학적으로 피톤산은 화산 플러그Volcanic Plug에 속한다.

그러나 세인트루시아의 진면목은 동부 해안에서 느낄 수 있다. 관광업과 서비스업이 발달한 서부 해안과 달리 동부 연안은 농업과 어업 중심 기반으로 형성된 크고 작은 마을로 이루어져 세인트루시아 고유의 문화를 느끼기에 충분하다. 플랜틴 바나나Plantain를 포함한 바나나 생산과 수출이 세인트루시아 경제에서 단연 으뜸이다.

이국적인 한여름의 크리스마스

때마침 세인트루시아의 방문 일정이 크리스마스와 겹쳐서 한여름의 따뜻한 이색적인 크리스마스를 보낼 수 있었는데, 이 덕분에 세인트루시아 특유의 크리스마스 문화 또한 체험할 수 있었다. 여느 가톨릭 국가와 같이 세인트루시아 역시 크리스마스는 1년 중 가장 분주한 시기이다.

크리스마스 날 아침이 되면 각 가정에서는 손님맞이를 위해 음식을 한 상 가득 준비한다. 이 날만큼은 누구든지 들어올 수 있도록 모든 집의 문이 열려 있다. 누군가 찾아오면 집주인은 반갑게 맞이하며 접시를 내주어 음식을 대접한다. 가족, 친구들끼리 무리를 지어 집집마다 다니며 덕담을 나누고 각 가정의 별미를 즐기고 술을 마시며 크리스마스 분위기에 취한다. 마을 사람들은 몇 집만 거치면 이내 흥에 겨워 거리에 나와 한 손에는 피톤 맥주를 들고 노래를 부르며 춤을 춘다. 마을 거리는 금세 축제의 장이 된다.

생김새도 다르고 말도 잘 통하지 않는 우리 일행에게도 맛있는 음식과 술을 대접해 주었다. 한국이라는 나라가 어디 있는지도 모르지만 모두들 "굿 나잇"을 외치며 반갑게 맞이해 주고 그들 특유의 흥으로 분위기를 살린다. 세인트루시아에서는 저녁 이후에 사람들을 만나면 "굿 나잇"이라고 인사를 나눈단다. 이렇듯 세인트루시아는 모두가 행복하고 흥이 많은 나라이다. 우리가 머물렀던 마을만 하더라도 매주 화요일마다 레게 음악에 맞춰 춤을 추는 마을 축제가 열리며, 금요일마다 어촌 항구에서 마을 축제가 열린다.

노예무역의 본거지였던 식민지 섬

사실 행복의 이면에는 식민지 지배라는 슬픈 역사가 숨겨져 있다. 세인트루시아는 프랑스와 영국으로부터 오랜 기간 동안 식민지배를 받아 온 노예무역의 본거지 중 하나였다. 1979년에 마침내 영국으로부터 독립하여 현재는 영연방 왕국의 일원이 되었다. 그러나 여전히 그들의 문화는 생활 속에 뒤섞여 잔존해 있다. 대표적인 예로 현재 공용어는 영국의 영향을 받아 영어로 지정되어 있지만, 인구의 약 90% 이상은 프랑스어의 기반을 둔 세인트루시아 크리올어Creole를 사용하고 있다. 크리올어는 서로 다른 언어를 쓰는 사람들세인트루시아의 경우에는 각기 다른 부족에서 온 노예들 사이에서 사용하던 단순 의사소통 수단이 그 후손들로 인해 문법을 갖춘 언어의 형태로 발전되어 모어화된 언어를 지칭한다. 주로 식민 지역에서 몇 세대에 걸쳐 나타난다. 이와 함께 인구의 약 85%

이상이 아프리카계 흑인이라는 사실 또한 비극적인 역사의 결과물이다.

세인트루시아에 도착하기 전, 머릿속에는 가난하고 슬픈 역사를 지닌 작은 섬나라라는 생각으로 가득하였다. 실제로 우리가 살고 있는 환경에 비해 그들은 너무나도 열악한 상황에서 살고 있지만, 삶의 만족도는 우리와 비할 바가 아니었다. 모두가 주어진 환경에 만족하고 저마다 행복한 삶을 살고 있었다. 이 세상에 부와 명예보다 하루하루 자신의 삶을 즐기며 살아가는 세인트루시아인보다 더 행복한 사람들이 또 있을까?

송효진 고려대 대학원 지리학과 졸업

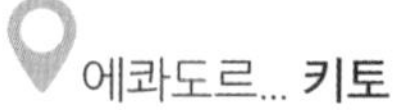

안데스와 아마존을 찾아서 ... 생태관광

남미 대륙은 누구나 한 번쯤 가고픈 꿈의 여행지다. 안전과 위생이라는 여행 수칙에 철저히 위배되는 곳, 그런데 사람들은 왜 남미 여행을 갈망하는가?

이 대륙은 그 자체가 원주민과 스페인 문화의 인문적 집합체이며, 신생대 활화산이 즐비한 안데스산맥과 아마존강은 인간을 압도하는 억겁의 세월을 견뎌 낸 경이로운 자연의 선물세트이다. 산맥과 강과 사람들은 근대 이후 착취의 세월과 운명을 잘 견뎌 내고 인디오와 스페인 문화의 독특한 융합체를 이루고 있다. 따라서 여러 가지 여행의 악조건에도 불구하고 남미 여행은 사람들에게 하나의 도전이며 로망이 된 것이다.

2017년 4월 14일, 나는 남들처럼 평소에 꿈꾸던 어쩌면 가장 남미다운 나라의 한 부분을 경험했다. 라틴아메리카 지역 전문가와 동행한 목적지는 적도를 관통하는 나라 에콰도르였다. 남미에서 적도를 중심으로 북반구와 남반구에 걸쳐 있는 안데스 산지의 나라 에콰도르는 북쪽의 콜롬비아, 베네수엘라 등 치안이 불안하고 경제가 파산 상태인 국가들과는 달리 최근 비교적 정국이 안정되어 있었다. 출발 약 2주 전에 국립의료원에서 황열병 예방 주사까지 맞고 나름 위생에 세심히 주의를 기울였다.

이 나라 민족은 스페인계 백인과 인디오의 혼혈인 메스티소 민족이 약 72%로 구성되어 있다. 그러나 수도 키토에는 스페인계 백인이 잘 눈에 띄지 않았다. 그야말로 메스티소의 나라 한복판에 온 것이다. 총 인구는 약 1764만 명, 면적은 한반도보다 넓은 25만 km^2이다. 국토의 동부는 안데스 산지 지역이며, 중앙은 평원, 서부는 좁은 해안평야로 구성되어 있다. 이 나라의 국민소득은 2017년 지구촌 국가들의 평균치에 이르는 1인당 약 6300달러가량이다. 또한 자국 화폐 수크레의 엄청난 급락을 겪고 수크레 대신 2014년 US달러를 법정화폐로 선택했다. 비록 현재의 경제는 취약하지만 안데스, 아마존 그리고 갈라파고스라는 생태관광자원을 감안하면 엄청난 관광 잠재국이다.

안데스의 아침

4월 15일 토요일, 시가지와 동떨어진 키토의 수크레 공항은 열대림이 우거진 고원 지역에 위치하고 있었다. 안데스의 고산도시 키토의 첫 아침이라는 생각 하나만으로도 흥분과 설레임에 몸이 떨렸다. 공항 호텔 앞에는 수직으로 깎아지른 높고 평평한 장대한 지형이 펼쳐졌다. 해발고도 2000m가 넘는 고원 위에 다시 거대한 지판을 올려놓은 듯한 수직의 옥상옥 형태의 고원 지역이다. 목장들이 조성된 대관령이 연상되는 지형이었다. 고원의 상쾌한 아침 공기와 열대의 빛나는 녹음은 숲과 나무를 좋아하는 이들에게 내리는 경이롭고도 가슴 벅찬 감동적인 선물이었다. 라틴아메리카 중 콜롬비아의 보고타, 페루의 쿠스코, 그리고 키토는 상춘常春기후가 나타나는 도시로 유명하다. 책에서만 본 남미의 상춘기후 도시에 드디어 도착했다!

아침에 공항 호텔을 나와서 키토 구시가지에 예약한 이사벨 호텔로 향했다. 이사벨 호텔 주변은 중산층 거주 지역으로 비교적 거리가 청결하다. 키토 시민들은 한국 기준으로 보면 상당수가 과체중이다. 거리의 벽화에 등장하는 인물도 골반이 크고 약간 배가 나온 모습이었다. 메스티소나 원주민은 맨발이 대부분이고 옷차림은 다양하였다. 스커트에 모자를 쓰고 한껏 치장한 전통 복장의 여성들도 가끔 눈에 띄었다. 맨발의 메스티소, 가난에 대한 당당함이 그리고 자유함이 문득 마음속에 들어왔다.

키토의 구시가지

풍부한 임산자원, 지하자원 그리고 안데스와 아마존 서쪽의 그 유명한 갈라파고스 등 풍부한 관광자원을 소유하고 있는 나라인데 국민소득은 1인당 약 6300달러로 경제성장이 더딘 편이다. 이것이 소위 '자원의 저주'인가? 그러나 그들의 저개발로 인한 상대적으로 낮은 환율 덕분에 부유한 나라에서 온 관광객은 안도한다. '아! 물가가 싸구나'.

밤의 구시가지 산책은 500년 전의 스페인 속으로 타임머신을 타고 들어가는 가상현실 같았다. 콘크리트 벽채의 전부가 유화 캔버스이다. 색채들이 절묘한 조화를 이루는 오랜 석조건축물 옆에서 키토 시민들은 주말마다 축제를 벌인다. 수백 년 된 가톨릭 성당 본채와 그 처마에 해당되는 ㄷ자형 회랑으로 둘러싸인 대형 광장은 키토 시민들의 소통의 공간이다. 그들은 함께 먹고 마시고 춤추고 노래하고 팬플루트를 분다.

4월 16일 일요일에는 시티투어 티켓을 구입하여 시내를 한 바퀴 돌았다. 키토는 열대고산 지역이어서 항상 봄날처럼 온화한 줄 알았는데 투어 중에 비가 내렸다. 마치 열대우림 지역의 스콜 같다. 2층의 시티투어 버스는 키토의 도심에서 약간만 벗어나 산정까지 확산된 무수히 작은 서민 주택촌 바리오•를 통과한다. 키토의 바리오 사람들은 가난하게 살면서도 계층 이동을 꿈꾸지 않는다고 한다. 대부분의 라틴아메리카 사회처럼 에콰도르도 상위 계층으로의 이동이 어려우며, 전문직도 대부분 자식들에게 세습된다고 한다. 시티투어 버스는 산정의 철광석으로 된 대형 구조물, 키토의 상징인 성모 마리아상을 향하

키토의 중심
라 플라자 그란데

여 달린다. 성모 마리아상조차도 부촌인 북쪽을 향하고 있어 남쪽의 빈촌 사람들은 성모 마리아가 그들을 등지고 있다고 생각한다고 한다.

산정에서 본 키토시의 전경은 아름다웠으나 바리오 지역 사람들의 주택지대가 끝나는 지역부터 산들의 숲이 제거되고 초원으로 이루어진 곳에 목장이 조성되어 있었다. 지나친 목축이 사막화 원인인데 저 삼림들을 베어 낸 곳의 토지가 침식되어 토양이 키토 시가지를 덮치지 않을까 걱정이 되었다. 버스는 산정에서 내려와 16세기 스페인풍의 건축물이 가득 찬 키토 구시가지를 서서히 달린다. 구시가지 전체가 유네스코 지정 세계문화유산이다. 그러나 1540년 이전 인디오가 세웠던 문명의 흔적이 보이지 않는다. 기원후부터 계산하더라도 1500년이나 된 인디오 문명이 500년 역사의 스페인 문명 속에 영원히 흡수된 것인가?

● 바리오는 에콰도르의 빈민촌이다. 브라질에서 이 비슷한 빈민촌을 '파벨라'라고 부르는데 초기에는 가난하고 평범한 사람들이 살았지만 점차 마약, 절도 등 브라질 범죄의 온상이 되고 있다. 키토의 바리오도 안전한 지역이 아닌 것으로 알려져 있어 여행자들이 단독 산책은 위험하다고 한다. 소위 라틴아메리카의 빈곤 문화가 세습되고 있는 장소이다. 그러나 과거 한국전쟁 이후 서울이나 부산에 들어선 판자촌과는 달리 도로는 정비되어 있다. 최근 정부가 상하수도시설 설비 등 생활환경 개선에 노력을 기울인다. 그러나 여전히 빈곤 문화의 상징으로 일컬어지곤 한다. 대체로 상하수도시설이 없어 수인성 전염병의 온상이 되기도 한다.

에코투어리즘의 시작!

4월 17일, 드디어 아마존의 상류 나포강 연안에 입지한 생태관광 도시 테나 Tena로 간다. 새벽 아마조네스 거리를 통과하는 택시를 약 25분간 타고 도시 남쪽의 퀴툼베 남부 버스터미널로 향했다. 터미널에서 생태관광의 관문도시인 테나까지 시외버스를 탔다. 먼 거리는 아니었지만 마을마다 서는 버스여서 약 5시간 30분 걸렸다. 안데스 산길을 달리다 내려다본 차창 밖은 천 길 낭떠러지였다. 초행의 여행자로서는 아찔한 순간이 한두 번이 아니었는데 옆 좌석의 사람들 표정은 그저 무심하였다. 그러나 열대의 낯선 특이한 식생, 동물, 안데스 장년기 지형의 첨예한 산봉우리 계곡, 시골 마을의 아름다움에 넋이 빠져 버렸다. 택시를 타고 테나시의 버스터미널에서 생태 관광지 숙소로 갔다. 시멘트 블록이 그대로 노출된 작은 미완성 주택, 목장 그리고 경작지가 연이어져 그림 같은 파노라마를 이루었다. 숙소 쿠야베노 리버 로지Cuyabeno River Rodge가 있는 아마존 상류 나포강에 도착하니 아마존이 보여 주는 신비의 안데스 식물, 낯선 동물, 그리고 예측 못할 지형 등에 대한 경외감으로 몸이 저려왔다.

테나 강변의 단층 로지에 조용히 앉아 시간을 보내는 동안 여기가 천국인가 아니면 선계인가 하는 생각이 들었다. 물아일체의 시간! 숙소는 친환경 생태 숙소답게 창문이 없고 지붕은 짚으로 조성되었으나 실내는 양식 구조였다. 강물 흐르는 소리, 열대의 새가 노래하는 소리, 그리고 식물을 흔들며 지나가는 바람 소리만 가득하였다.

셋째 날에 아마존 밀림의 초입에 진입하였다. 옥외 식당에서 아침 식사를 마친 후 조심스레 원주민 마을을 엿보았다. 원주민 주택은 의외로 집집마다 정성스레 가꾼 소박한 정원이 있었고 깨끗하였다. 주류 원주민 케추아족의 아이들을 위한 초·중등학교는 그 자체가 즐거운 놀이터 같았다. 조심스레 초등학교 복도를 지나서 교실을 쳐다보니 순한 눈으로 웃으며 쳐다본다. 행복한 얼굴들이었다.

열대 지방이지만 강의 상류라 낮 기온이 서늘한 편이어서 걸어도 땀이 나지 않아 쾌적하였다. 가이드의 안내로 나비 박물관을 찾아갔다. 쿠야베노 리버 로지는 야생 보호에 관심이 많은 스위스인의 투자로 건립되었는데 그는 로지 이외에도 엄청난 비용을 투자하여 나비 박물관을 만들었다고 한다. 지구촌의 온갖 나비를 수집하여 바나나 등 열대과일을 먹이며 알부터 애벌레, 번데기 단계까지 체계적으로 키우는 모습이 생물학 실험실 같았다.

나비 박물관을 본 후 길에서 밭벼를 보아서 반가웠다. 작은 밭벼가 한국의 시골을 연상시켰다. 나포강에서 멀리 보이는 아마존 밀림의 일부는 원시림이 제거된 후 다시 발생한 2차 식생이라고 한다. 그러나 강에서도 멀고 교통수단이 없는 저 검은 밀림에는 원주민도 경험자가 아니면 진입하기 여전히 어려우며 각종 신비와 위험이 만연하다고 한다. 아마존 탐험의 초창기, 즉 지리상의 발견 시대의 사람들은 밀림 속의 육식동물들이 인간을 위협하고 각종 알 수 없는 동식물이 질병을 가져오며 심지어 토양조차도 척박하여 곡물이 잘 자랄 수 없다고 생각했다. 아마존은 영국 포병장교 출신의 극지 탐험가 퍼시 포셋이 아마존에 실재한다고 믿어졌던 신비의 고대도시 엘도라도EL Dorado 탐사를 시도하면서 서구에서 유명해졌다. 퍼시 포셋은 1925년 아마존에서 실종되었는데, 포셋을 찾으러 아마존에 갔다가 역시 실종된 사람이 100여 명이나 된다고 한다.

거대한 아마존 밀림의 일부만 보았지만 무한히 계속되는 숙소 앞의 저 미지의 숲의 세계는 내게 밤하늘의 은하수처럼 멀리 느껴졌다.

협궤열차 여행

4월 18일, 협궤열차를 타고 안데스 산지를 관광했다. 에콰도르는 시외버스가 장·단거리의 주요 교통수단이다. 산지 지형이라 국토 전체가 굴곡이 심하여 기차로 속도를 내기 어렵기 때문이다. 그러나 속도가 중요하지 않은 느릿한 안데스 관광열차를 타고 아름다운 산천 경관을 감상하면서 이따금 정차하는 작은 도시들에 내려 잠깐 걸어도 보는 철도 여행도 무척 즐거운 경험이었다. 여정 중 마을의 빈려견들이 유난히 눈에 띄었다. 개들이 긴장도 않고 어슬렁거리는 모양새가 그들의 주인만큼이나 여유로웠다. 묶이지 않은 개들은 종일 거리에서 자유롭게 지내다가 저녁이나 배고플 때 각기 알아서 귀가하는 것 같았다. 아름다운 담황색 몸체와 미모의 레트리버나 기타 중형견 들은 여행자들을 보아도 아무 경계심도 없고 무관심하였다. 기차는 두어 시간 뒤 세계적 활화산 침보라소 부근을 달렸다. 책으로만 알아 온 그 옛날 신생대에 분출한 저 유명한 활화산이 멀리 눈에 들어온다. 기차는 잠깐 라마 목장 부근에 정차했다. 라마는 목장주들의 주요 수입원이라 주민들은 라마를 무척 아끼며 보호한다. 그러나 청결할 수 없는 것이 목장의 실정이다 보니 솔직히 시에서 흔히 묘사되는 목장의 낭만은 없었다. 그럼에도 협궤열차 여행은 에콰도르 여행의 백미 중 백미였다.

여행 마지막 날은 쇼핑데이였다. 이 안데스 산지의 도시 키토에도 깨끗한 쇼핑몰이 있어 여행객은 불편한 점이 거의 없다. 그러나 나에게 가장 매력적인 쇼핑 장소는 허름한 도심 뒷골목의 산타마리아마켓이었다. 공항에 비해 커피 등의 물가가 40% 정도는 저렴하였다. 특히 오이나 애호박은 1달러에 한 무더기였다. 선물용 커피, 홍차 등을 약간 구입하였다. 키토 여행자 모두에게 추천할 만한 마켓이다.

안데스 산지 국가를 떠나는 날 아담하고 예쁜 마리스칼 수크레 국제공항이 편안하여 떠나기가 못내 아쉬웠다. 이 감동적 여행의 끝에는 아무것도 없는지 모른다. 그러나 나의 두뇌가 몸의 경험을 담아 둘 것이다.

김양자 고려대 대학원 지리학과 졸업

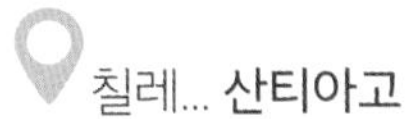

은행의 도시 ... 도시관광

산티아고라는 지명은 스페인과 라틴아메리카에서는 비교적 많이 나타난다. 스페인의 산티아고 가는 길은 유명한 순례길이기도 하다. 칠레의 수도 산티아고는 1541년 스페인의 정복자 발디비아가 세웠다. 산티아고는 남북으로 긴 칠레의 중간쯤에 자리 잡고 있으며, 해안으로 뻗은 산맥과 안데스산맥 중간의 넓은 구조곡에 위치하고 있다. 해발 530m 정도로 라틴아메리카의 안데스산맥의 도시 중 고도가 낮은 편이다.

칠레는 우리나라와 대척점에 있다. 우스갯소리로 우리나라 땅을 열심히 파서 지구를 통과하면 칠레에 도착할 거라고도 한다. 따라서 시차도 딱 12시간이다. 칠레로 가는 길은 그 어느 곳보다도 고되다. 태평양쪽으로 가도 대서양쪽으로 가도 꼬박 24시간은 비행기를 타야 하고, 경유하는 시간까지 합치면 이틀은 기본, 사흘도 걸린다. 우리와는 세상에서 가장 먼 곳이다.

은행의 도시, 산티아고

칠레는 우리에게 포도나 포도주의 원산지로 익숙하지만, 라틴아메리카의 대표적인 부국이다. 전 세계에서 가장 많은 국가와 FTA를 맺고 있으며 라틴아메리카에서 가장 먼저1976년 신자유주의 체제로 전환했다. 광물과 농산물이 풍부하기도 하지만 라틴아메리카의 주요 항구인 발파라이소가 산티아고에서 두 시간 거리에 있으며, 식민 시대부터 스페인 식민제국의 화폐를 발행하는 주조창이 건설되었다. 그 영향으로 산티아고에는 수많은 은행 본사와 지사가 들어서 있다. 18세기 말 건설되어 조폐창으로 사용되던 건물은 현재 대통령궁으로 사용되고 있으며 그 이름도 돈의 궁전이라는 의미의 팔라시오 데 라 모네다Palacio de la Moneda, 혹은 모네다라고 부른다. 은행가에서 일하는 산티아고 사람은 대부분 세련되고 부유해 보인다. 칠레의 중산층이 사는 신도시지구는 유럽이나 미국의 중산층 동네와 전혀 다르지 않다.

산티아고는 여러 면에서 라틴아메리카의 여느 도시와 다르다. 물론 중앙광장인 소칼로가 있고 격자상의 도로망이 건설되어 있다는 점에서는 비슷하다. 그러나 소칼로 주변 건물과 모네다 등이 여러 차례의 지진으로 붕괴된 이후 재건되었고, 소칼로 주변 건물에는 이주 노동자의 주거지가 대거 형성되어 있다. 중앙광장 주변에 위치한 모네다궁 주변에 많은 수의 은행이 자리 잡고 있지만 새로이 형성된 부촌인 라스콘데스 주변이나 로스 레오네스 주변에도 많은 은행 건물이 있다. 은행가의 특징은 같은 거리에 똑같은 은행이 여러 개 자리하고 있다는 점이다. 물론 다양한 은행이 있지만 말이다.

모네다궁 근처의 은행 거리

은행가와 인접한, 도심의 외국인 노동자 지구

아콩카과를 넘어 팜파로

산티아고에 머물다가 중간에 안데스를 넘어 아르헨티나의 멘도사에 가기로 했다. 갈 때는 안데스를 넘는 버스를 타고 가기로 했기 때문에 아침 일찍 우버 택시를 타고 센트로의 버스터미널로 향했다. 택시 기사는 자신이 아는 가장 안 막히는 길로 들어섰고, 관공서 뒤편 길에서는 몇 블록에 걸쳐 길게 늘어선 사람들의 줄을 볼 수 있었다. 택시 기사는 그들이 체류 허가를 연장하기 위해 이민청을 방문하는 외국인들이라고 알려 줬다. 허가를 받으려는 사람이 워낙 많기 때문에 아침 일찍 줄을 서도 오랜 시간 기다려야 한다고 했다. 우버 택시의 기사와 이야기를 나누다 보니 기사는 도미니카공화국 출신이었다. 기사의 말에 의하면 경제적으로 부유한 칠레에는 라틴아메리카의 많은 국가에서 일을 하러 온다고 한다. 자신도 돈을 벌기 위해 칠레로 왔노라고 했다. 칠레에 온 지 여섯 달 정도 되었다는 기사는 아직 길이 서툴렀지만 소매치기를 조심하라고 신신당부하며 터미널에 내려 줬다.

국경을 넘는 버스를 타고 멘도사로 향했다. 산티아고에서 멘도사로 가는 길은 안데스를 넘어 가는데, 안데스에서도 높이 6959m로 가장 높은 봉우리인

안데스에서 가장 높은 아콩카과

아콩카과Acongcagua 근처를 지난다. 고도가 높아서 고산병이 있을까 봐 한국에서 사 간 멀미약을 귀밑에 붙이고 안데스에서 가장 높은 국경을 넘었다. 신기하게 멀미도, 고산병도 없었다. 교과서에서 보던 지형들을 바로 눈앞에서 보니 얼떨떨했다.

멘도사에서 산티아고로 돌아오는 길에는 비행기를 타고 다시 산티아고 공항에 도착했다. 공항에서 탄 택시는 칠레의 일반 택시로, 기사 아저씨는 칠레 사람이었다. 숙소로 오는 동안 기사 아저씨는 라틴아메리카를 공부하는 동양인 여자가 지구를 반 바퀴나 돌아서 왔다는 것에 매우 놀라셨다. 칠레는 라틴아메리카의 경제대국이라며 자랑스러워 하시면서 지나가는 거리를 설명해 주기도 하셨다. 버스터미널에 맡겨 놓은 짐을 찾으러 갈 때도 같이 가 주시며 소매치기를 조심하라고 당부하셨다.

지구 반대편에서 더욱 뜨거운 한류의 열기

멘도사에 가기 전에는 산티아고의 구도심 지역에 머물렀지만 이후에는 신시가지인 코스타네라 근처에 머물렀다. 비교적 오래된 건물이 많아 외국인 노동자 밀집지구를 이루는 구도심 지역과 달리 코스타네라 지구는 부유한 칠레인이 거주하는 지역이다. 동네는 깨끗하고 상점은 고급스럽고 교통도 편리했다. 라 코스타네라 쇼핑센터의 타워는 라틴아메리카에서 가장 높다. 멀리서 보면 마치 우리나라의 롯데타워처럼 보이는데, 산티아고를 한눈에 볼 수 있는 전망

라틴아메리카에서 제일 높은 건물인 라 코스타네라

대가 있었다. 칠레의 물가는 비싸다. 칠레 페소화가 강하기 때문인데, 전망대를 올라가는 입장료도 우리나라 돈으로 2만 원이 넘었다. 전망대를 올라가는 고속 엘리베이터는 멋진 가이드가 같이 타고 올라가면서 간단한 설명을 해 준다. 전망대에 올라가면 멀리 동쪽으로 안데스산맥을 볼 수 있고, 격자형 가로망을 뚜렷하게 볼 수 있다.

전망대에 올라가려고 엘리베이터를 기다리고 있는데 매표소에서 한 무리의 한국 남학생들이 표를 끊고 있었다. 왁자지껄한 모습을 보고, 어느 학교 학생들인가 싶었다. 스페인어를 공부하는 학생들이 칠레산티아고대학에 교환학생이나 어학연수를 많이 가기 때문이었다. 전망대에서 산티아고 시내를 실컷 구경하고 내려가는 엘리베이터를 타려고 줄을 섰다. 내 앞에는 라틴아메리카계의 젊은 아기 엄마와 아기, 비슷한 또래의 다른 젊은 여성이 서 있었다. 엘리베이터를 기다리는 동안 아까 그 한국 남학생들이 안데스산맥을 배경으로 사진을 찍으며 즐거워하고 있었다. 혹시 수업을 들었던 학생들일까 싶어 바라보고 있노라니 어디선가 본 얼굴들이었다. 어디서 봤는지 한참 생각하니 세계적으로 유명한 아이돌 가수들이었다. 같이 엘리베이터를 타고 내려오는데, 한국 사람이 없는 곳이라 생각해서인지 마음껏 떠들고 웃는 모습이 수학여행 온 학생들 같았다. 전망대에서 내려와 인터넷을 찾아보니 그들이 속한 회사가 라틴아메리카투어를 하고 있단다.

칠레의 한류 열기는 뜨거웠다. 칠레에 도착해서 텔레비전을 켜니 우리나라 배우들이 유창한 스페인어를 하는 드라마가 방영되고 있었다. 물론 스페인어 더빙이었다. 드라마뿐 아니라 한국 아이돌 가수들의 뮤직비디오를 계속 방영해 주고, 그들에 대해 심각한 토론을 벌이는 프로그램도 방영하고 있었다. 우리나라에 그렇게 많은 아이돌 가수가 있는 줄 몰랐다. 한류의 인기는 공항에서도 느낄 수 있었다. 비행기 수속을 위해 항공사 앞에서 줄을 서고 있는데, 뒤에 서 있던 젊은 여성들이 내 초록색 여권을 보고는 갑자기 흥분하기 시작했다. 아마도 그녀들의 '오빠의 나라'에서 온 내게 말이라도 한마디 붙여 보고 싶었으리라. 그러나 난 그들에게 해 줄 말이 없었다. 아마도 그들이 나보다도 우리나라 아이돌에 대해 훨씬 더 잘 알고 있었을테니 말이다.

외국인 노동자의 도시, 산티아고

귀국하기 위해 공항으로 오는 길에도 우버 택시를 탔다. 그 택시의 기사는 베네수엘라 출신의 젊은 기사였다. 이제 대학을 졸업했을 것 같은 앳된 젊은이는 미국, 멕시코, 콜롬비아, 에콰도르, 페루 등 여러 나라에서 일을 했다고 했다. 자신이 칠레에 온 지도 두 달 정도밖에 안 되었다는 것이다. 베네수엘라의 경제적 상황과 정치적 상황이 악화되면서 가족이 모두 다른 나라로 흩어져 살고 있다고 했다. 최종 목표는 누나가 살고 있는 스페인으로 가는 것이라고 했다. 부유했던 베네수엘라 사람들이 최근에는 칠레나 여러 나라에서 매우 고통스럽게 살아가고 있다며 분통을 터뜨렸다.

라틴아메리카의 빈곤한 국가의 사람들은 이웃한 국가로 돈을 벌러 간다. 운이 좋으면 미국이나 유럽에 가서 좀 더 많은 돈을 벌어 집으로 송금한다. 그들이 보낸 송금은 남겨진 가족에게는 무척이나 중요한 생계 수단이다. 가족은 이 돈으로 집을 짓기도 하고 아이들을 가르치기도 한다. 산티아고에서 만난 우버 택시 기사들처럼 다른 나라에서 열심히 일하고 치열하게 살고 있는 많은 이에게 오늘도 행운이 따르기를, 그래서 그들이 원하는 바처럼 가족과 함께 평안한 삶을 살기를 바란다.

김희순 고려대 대학원 지리학과 졸업

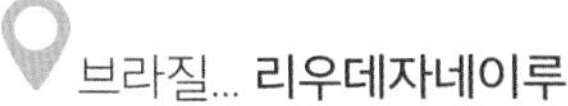

브라질... 리우데자네이루

세계적인 빈민촌, 파벨라를 가다 ... 슬럼관광

버려진 이들의 마을, 파벨라

브라질 리우데자네이루는 남아메리카 여행에서 아웃할 도시였다. 그래서인지 이틀의 시간을 알차게 활용하려 바삐 움직였다. 우연히 일행이 가지고 있던 여행책 브라질 쪽을 읽다가 파벨라투어 회사가 있다는 것을 알게 되었다. 호기심이 생겼고 반신반의하며 투어 회사에 예약을 했다.

파벨라는 대도시 지역의 빈민가를 총칭하는 말로 농촌에서 도시로 몰려든 빈민들이 거주하고 있는 산비탈에 자리 잡은 공간이다. 우리나라로 따지면 달동네라고 할 수 있겠다. 그러나 리우의 파벨라는 하루에 4000건이 넘는 살인, 폭력, 절도, 총격이 벌어지는 무법지대이다. 이곳은 많은 범죄자가 조직을 이루어 지역을 장악하고 있고, 정부의 부정부패 속에서 방치되고 있다. 또한 매우 폐쇄적이어서 낯선 외부인이 파벨라에 들어오면 범죄의 표적이 되기도 한다. 우리도 파벨라의 위험성에 대해 익히 알고 있어 파벨라투어가 어떤 식으로 이루어질지 매우 궁금했고 예약 시간에 맞춰 투어 회사로 찾아갔다.

출발하기 전 가이드는 몇 가지 주의 사항을 말했다. 첫째, 혼자 다니지 말고

파벨라의 전경

아이들을 위한 놀이터

반드시 가이드를 따라다닐 것. 둘째, 사진도 찍으라는 방향만 찍을 것. 셋째, 마을 사람들에게 말을 걸지 말 것…. 우리는 가이드의 으름장에 마음을 굳게 먹은 후 봉고차를 타고 파벨라 안으로 들어갔다.

그곳에도 사람이 살고 있었다

파벨라는 생각보다도 더 웅장했고, 더 넓았으며, 더 무서웠다. 그 안은 복잡

에쁘게 채색한 파벨라에 위치한 집

한 미로 같았는데 혼자 다니래도 못 다닐 정도여서 가이드만 졸졸 쫓아다녔다. 가이드는 몇 곳의 포인트에 멈춰 서서 간단한 설명과 사진을 찍을 시간을 주었다. 그중 파벨라의 거의 정상에서 내려다본 경관이 기억에 남는다. 파벨라는 기반암이 화강암인 곳에 거주지가 만들어져 우뚝 솟은 돌 봉우리가 곳곳에 보인다. 높은 곳에서 바라보는 경관이 특색 있고 시원해서 이곳이 빈민촌인 것을 잊게 할 정도였다. 또한 파벨라에 사는 아이들을 위한 공간이 있다는 점도 신기했다. 학교와 놀이터도 조그맣지만 모두 갖추고 있었고, 무서운 범죄에 노출되어 있으면서도 작은 공동체가 운영되는 것이 놀라웠다.

투어의 끝 무렵엔 가이드가 파벨라의 긍정적인 변화에 대해 설명해 주었다. 파벨라의 주민들이 자신의 주거지에 자부심을 갖고 하나의 특색 있는 공간으로 받아들이고 있다는 내용이었다. 이 변화에 맞추어 정부에서도 파벨라에 대한 지원을 하고 있다고 한다. 너무 낡은 집들은 수리 보수하거나 예쁜 색을 칠해 파벨라에 대한 혐오감, 무서움과 같은 극단적 이미지들을 지우기 위해 노력한다고 가이드는 목청 높여 얘기했다.

두 시간 정도의 코스였는데 결론적으로는 아주 만족했다. 내가 여행했던 당시에는 파벨라투어 회사가 한 곳밖에 없었지만 지금은 꽤 많은 업체가 생긴 듯하다. 당시 가이드의 말처럼 파벨라도 발전하고 있나 보다.

박선영 고려대 대학원 지리학과 졸업

볼리비아... 우유니

눈이 덮인 사막? 반짝이는 소금사막 ... 지질관광

세계에서 제일 높은 수도, 라파스

남미의 해안선을 따라 도는 일정에 볼리비아를 굳이 넣었다. 세계 몇 대 절경이라느니, 죽기 전에 가 봐야 한다느니 하는 우유니 소금사막을 가기 위해서였다. 우리는 페루에서 볼리비아의 수도 라파스를 야간버스를 타고 이동했

라파스 전경

는데 점점 고도가 높아져 가는 내내 나는 누워 있었다. 알고 보니 고산증의 일종이라던데 다행히 도착해선 숨이 가쁜 것 말고는 좋아졌다.

볼리비아의 수도 라파스는 고도 약 3600m에 지어진 도시이다. 도착 첫날은 시내 구경을 하며 내일부터 있을 2박 3일의 우유니투어를 위해 컨디션을 조절했다. 우유니투어는 처음부터 소금사막만을 보는 것이 아니다. 가는 길에 특색 있는 몇 곳을 들러 광활한 지평면만을 달리는 지루함을 달래 주는 코스가 있다. 먼저 도착한 곳은 알티플라노고원 사막 위에 버려진 옛날 기차들이 모여 있는 기차의 무덤이었다. 이 기차들은 은광을 캐던 포토시 광산에서 사용되었는데 광산이 쇠퇴하면서 기차도 쓸모없어지자 버려지게 된 것이다. 사실 기차는 몇 대 없지만 사진이 잘 나와 관광객에게 입소문을 타면서 투어의 필수 스폿이 되었다고 한다. 나도 지나치기 아쉬워 사진을 마구 찍었다.

안데스 산지의 설원, 소금사막

한참을 달려 우유니 소금사막에 도착했다. 날도 좋고 발목까지 오는 찰랑거리는 물의 감촉도 너무 좋아서 아무것도 없는 하얀 소금 평지에서 정신없이 사진을 찍고 뛰어다녔다. 우유니 소금사막은 신생대 조산운동으로 안데스 산

기차의 무덤

눈이 아닌 소금사막에서

지가 형성될 때 산지 가운데가 단층으로 가라앉아 거대하게 생긴 구조분지이다. 과거 빙기에는 거대한 호수였지만 후빙기 융기 이후 바람의지 사면에 위치하여 물은 점차 증발하고 염분은 축적된 것이다. 그 규모가 어찌나 큰지 구글어스에서 남미 부분을 전체로 놓고 보아도 눈에 띈다. 소금사막 가운데에는 소금 호텔이 있다. 그 주변에서 다들 투어 차량이 준비해 온 식사를 하며 휴식을 취했는데 각국의 국기를 꽂아 놓은 포토존이 있었다. 태극기도 있어서 의외의 애국심으로 사진을 찍었다.

처음에는 경관에 취해서 알지 못했는데 오래 머물다 보니 몇 가지가 눈에 들어왔다. 첫째는 소금을 채취하고 있는 원주민이 주변에 있다는 것이다. 관광객이 많아 오염되어 관광지로만 활용하는 줄 알았는데 소금을 채취하는 모습을 자주 봤다. 하긴 워낙 넓어서 깨끗한 소금이 더 많긴 할 것이다. 둘째로 물이 고이지 않은 마른 땅에는 소금 자체의 결정 모양으로 바닥에 무늬를 그리고 있다는 것이다. 이것도 또 다른 신기한 느낌으로 다가왔다.

이후 몇 군데 더 들러 우유니투어를 마쳤다. 칠레로 넘어가기 마지막 밤, 우리는 쏟아지는 밤하늘의 별을 보기 위해 모두 밖으로 나왔다. 별을 보며 누구는 소원을 빌었고, 누구는 삼각대를 세워 사진에 담으려 노력했고, 누구는 말

소금을 채취하는 원주민

없이 감동을 온몸으로 느끼는 시간을 가졌다.

한국에 도착해서 우유니의 모습이 가장 기억에 오래 남았다. 잊고 싶지 않아 SNS에 소금사막 사진들을 올렸는데, 친구 한 명이 답글을 달았다. "여기 어디야?", "남미의 우유니 소금사막이야", "그런데 이상하다. 눈이 저렇게 많은데 왜 옷이 얇은 것 같지?", "이그~ 소금이라고!" 아무래도 이곳은 지리교사와 여행자들만 아는 곳 같다.

박선영 고려대 대학원 지리학과 졸업

5. 아프리카, 오세아니아, 남극

제11장 아프리카

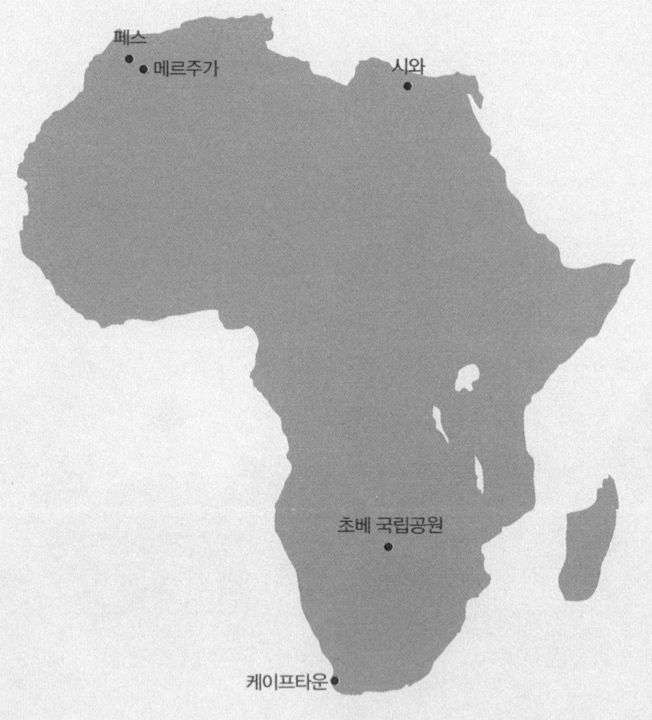

모래바다 위의 섬, 오아시스 마을 ... 농촌관광

사막의 오지 마을, 시와

시와Siwa 오아시스는 이집트 북서부 사하라사막에 위치한 오아시스 마을로 리비아 국경에서 약 50km, 카이로에서 약 560km 떨어진 곳에 위치한다. 시와는 바다 표면보다 19m 정도 낮은 분지지형으로 그 크기는 길이 80km, 폭 20km에 이른다. 오아시스는 여러 원인으로 발달하나 대부분은 수만년 전 지하에 스며든 지하수가 여러 가지 지형적인 이유로 밖으로 드러난 것이다. 분지지형인 시와에는 4개의 큰 소금 호수와 200개 이상의 샘물이 있으며, 이를 이용한 대추야자, 올리브 재배가 이 지역의 주요 산업이다.

시와는 오래된 캐러밴 루트 위에 위치해 있어 사막을 오가는 대상들의 교역 거점으로 역할을 해 왔으나, 사막 한가운데 위치해 지리적으로 고립된 장소였고 의도적으로 찾는 사람을 제외하면 잘 알려지지 않은 미지의 장소였다. 1790년대 이후부터 유럽인이 이곳에 도착하기 시작했고 제1·2차 세계대전을 치르며 영국 및 독일 군의 지배를 받았으며 1980년대에 들어서야 시와로 통하는 현대적인 도로가 놓였다. 시와의 존재가 알려지기 시작한 후 이국적인 오아시스 마을은 관광지로 각광받기 시작했다. 사막 마을의 독특한 문화, 오아시스 고유의 이국적 경관, 진흙벽돌 건물과 사막 한가운데의 맑은 샘물은 여러 여행자를 매료시키기에 충분했다.

사막 한가운데의 오아시스

특히, 이집트 리비아사막의 거대한 모래바다를 경험하기 위해 시와는 필수적으로 들러야 하는 장소이다. 시와에서 차로 10여 분 남짓만 멀어지면 작은 덤불 하나 존재하지 않는 모래사막이 나타난다. 강렬한 태양 아래 끝없이 펼쳐진 모래사막을 한참 달리다 보면 마치 동화책에서나 보았을 것 같은 사막 한가운데의 오아시스가 나타난다. 마치 모래바다 위의 외딴 섬처럼 갑자기 나타난 오아시스, 그리고 사구 위에서의 석양과 하늘 가득 쏟아지는 은하수는 거대한 사막 한가운데에서만 볼 수 있는 이국적 풍경이다.

시와에는 네 개의 큰 소금 호수가 있는데 이들은 우리가 막연히 생각하는 오아시스의 이미지와 다르다. 마을에서 도보로 20분 정도 떨어진 곳에 위치한 시와 호수는 폭이 10km에 이르는 거대한 크기로, 주변에 많은 샘물이 솟아나 야자나무 숲이 울창하게 우거져 있다. 마치 바다처럼 보이는 호수와 야자나무 숲, 그 너머의 사막 풍경은 신선하게 다가온다.

시와에 살고 있는 주민들은 고유의 생활방식을 지키며 환경오염 및 파괴를 최소화하여 오아시스를 보존하고 있다. 한정된 자원과 척박한 자연환경 속에서 환경친화적 개발방식을 택했고 이를 잘 보여 주는 것이 아드레레 아멜랄 호텔이다. 카이로 출신의 이브라임 라마즈가 설계한 이 호텔은 주민들의 아이디어를 바탕으로 완벽하게 사막 생태를 반영한 건축물이다. 사막의 기후를 고려해 소금과 진흙으로 건축되었으며 암염과 야자나무, 올리브 목재 등 시와에서 나는 모든 자연 재료를 사용하였다. 지역 주민이 만든 러그와 소금으로 만든 가구까지 모든 것이 주민들의 아이디어에서 시작되었으며, 호텔 스태프 또한 현지 주민을 채용하여 지역경제에 깊이 관여하고 있다.

리비아사막

시와 호수

시와 마을 전경

시간이 천천히 흐르는 마을

시와 구시가지 중심에는 샬리Shali 요새가 있다. 흙과 암염으로 만들어진 요새는 700년이 넘는 시간 동안 시와 주민들의 삶의 터전이었으나, 1926년 시와에 내린 기록적인 폭우로 요새가 녹아내려 붕괴되었고 지금은 샬리 하부의 일부 구역에만 사람이 살고 있다. 샬리 꼭대기에 오르면 시와 전체를 조망할 수 있는데, 여전히 흙벽돌과 대추야자 나무를 사용해 전통적 방식으로 지어진 집들이 만들어 낸 풍경은 이곳의 느린 삶의 방식을 가감 없이 보여 준다. 마을에서는 당나귀 수레를 끌고 이동하는 사람들을 볼 수 있고, 여행자들은 자전거를 빌려 가볍게 마을을 한 바퀴 돌아보곤 한다. 누구 하나 바삐 움직이지 않으며 자연 그대로의 평온함에 익숙한 시와 사람들의 하루는 천천히 흐른다.

고립된 사막 속에서 오랜 세월 지켜진 자연과 문화 그리고 주민들의 커뮤니티는 번잡한 현대인의 삶과 대조되며 시와를 여행하는 관광객에게 새로운 방식의 여행을 보여 준다. 여행을 통해 자신의 시간으로 삶을 영위하고자 하는 '느림'의 철학과 '슬로우' 문화가 각광받는 요즈음, 느린 도시, 느린 삶, 느린 여행을 시와에서 만날 수 있을 것이다.

유인희 고려대 도시재생협동과정

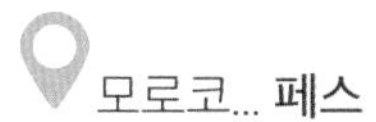

모로코... 페스

세상에서 가장 복잡한 미로의 도시 ... 문화유산관광

모로코의 문화 수도, 페스

페스의 메디나Medina of Fez는 1981년 세계문화유산으로 선정되었다. 모로코에서 가장 먼저다. 유네스코는 페스 메디나가 12~15세기 지중해 동부 도시의 모습을 잘 보여 주고 있다고 평가했다. 특히 건축물이나 주요 예술품이 독특하고 남다르다고 한다. 그리고 이들의 문화적 전통이 북아프리카, 안달루시아, 사하라사막 이남 아프리카까지 영향을 미쳤다고 한다.

페스는 모로코 중앙에 위치한 도시이다. 모로코의 수도는 라바트Rabat이고, 가장 잘 알려진 도시는 카사블랑카Casablanca다. 라바트를 행정 수도, 카사블랑카를 경제 수도라 한다면 페스는 문화 수도에 해당한다. 모로코의 정체성을 제대로 보여 주는 곳이 페스이고, 그 정체성의 진수가 페스 메디나에 있다 해도 과언이 아니다.

페스의 역사는 9세기로 거슬러 올라간다. 페스강을 중심으로 안달루시안 구역과 카이로우안 구역으로 나뉘었던 지역이, 11세기에 성벽을 쌓으면서 하나로 병합되었다. 이후 도시 성장이 이어지며 12~13세기 알모하드Almohad 왕조

때 이미 오늘날의 메디나의 모습을 갖추었다. 13~15세기 메리니스 왕조 때는 메디나 외곽에 신도시를 건설하였다. 왕궁과 군사시설, 시장 등을 갖춘 이 구역은 페즈 엘-제디드Fez el-Jdid라 불렸는데, '신도시'를 의미한다. 그 외곽 지역에는 프랑스 식민지 시절 건설된 시가지가 위치한다. 그리고 그 외곽에 최근에 주변 지역에서 이주한 이들의 거주공간이 분포한다. 오늘날의 페스는 이러한 세 지역으로 구분된다.

페스 북쪽은 지중해이고 남쪽은 아틀라스산맥이다. 때문에 아프리카에 위치하지만 지중해성기후가 나타난다. 기온은 9~25도이고 연강수량은 700mm 내외이지만, 강수는 겨울에 집중되어 여름에는 사막처럼 덥고 건조하다. 큰 하천이 남쪽의 아틀라스산맥에서 북쪽 지중해로 흐른다. 이용할 수 있는 용수가 아프리카 다른 지역에 비해 넉넉한 편이다.

교육의 중심지, 페스

페스 메디나에서 가장 주목할 만한 경관은 대학과 교육기관이다. 메디나 안은 아직도 인구밀도가 높고 상업·주거·수공업 시설이 혼재하여 입지한다. 그래서 길이 매우 좁고 복잡하다. 그럼에도 불구하고 대학과 교육기관이 입지하고 있다는 사실은 매우 놀랍다. 메디나 안에 위치한 알카라윈대학교는 859년에 설립되어 무려 1160년의 전통을 자랑한다. 세계에서 가장 오래된 대학이기도 하다. 이슬람의 경전을 연구하는 종교학과 종교법을 연구하는 법학의 전통이 강하다고 한다. 물론 프랑스어나 영어를 비롯한 어문학 전공도 개설되었다고는 하나 비중은 미미하다고 한다. 메디나 안에는 알카라윈대학교를 위시하여 다양한 규모의 교육기관마드라사, madrasa이 존재한다. 이들은 모두 이슬람의 원리를 가르치고 훈육하는 기능을 한다. 마드라사에 입교한 13~30세의 젊은 이들은 합숙하며 종교를 일상으로 체화하는 생활을 훈련한다. 모로코 국내뿐 아니라 주변 이슬람 국가에서 상당한 젊은이가 이러한 생활을 익히기 위해 페스를 찾아오고 있다. 더욱 놀라운 사실은 이 시설이 메디나 안팎의 재정적 도

이슬람교 교육시설
내의 여성기숙사

움을 바탕으로 운영되어 왔다는 점이다. 공동체의 미래를 위해 공동체 전체가 그 부담을 함께 짊어지고 있는 셈이다.

이슬람의 원형을 지키고 전파하는 종교의 중심지에서 거대한 돔 지붕의 모스크 하나 보이지 않는다는 점은 아이러니다. 하지만 메디나 골목에 골목을 끼고 돌면 어김없이 모스크를 발견할 수 있다. 일단 종교 교육시설인 마드라사가 모스크의 기능을 담당한다. 기도 시간이 되면 이내 종교시설의 면모를 보인다. 목욕탕 굴뚝인 줄 알았던 3~5층 높이의 각진 첨탑은 기도 시간을 알리는 스피커를 품고 있다. 스피커가 없던 시절 무슬림 사제가 첨탑에 올라가 소리치며 기도 시간을 알렸다고 한다. 기도 시간은 하루 다섯 번인데 해가 뜨고 질 때, 그리고 아침, 점심, 저녁 시간이다. 정확하게 정해진 시간은 없고 낮 길이에 따라 그때그때 변한다고 한다. 그러고 보니 메디나에서 시계를 보지 못한 것 같다. 벽시계도 시계방도 좌판의 전자시계도 없었다. 1000년 이상 메디나의 일상은 첨탑에서 발하는 사제의 소리에 귀를 기울여 왔다.

이교도는 모스크에 들어갈 수 없다. 밖에서 기웃거리며 살피다 보니 호기심이 하나 들었다. 건조 지역인데도 물이 풍부하다는 것이다. 그리고 모든 물이 흐르고 있었다. 분수에서 수로로, 연못을 거쳐 다시 수로로, 모스크 전체에 생명을 공급하듯 물이 흘렀다. 질문을 하자 안내원은 모스크 앞 건물로 인도했다. 좁은 문을 통과하니 우리네 옛 목욕탕 같은 곳이 나왔다. 화장실이란다. 모스크는 신성한 공간이기 때문에 몸을 정결히 한 후 들어가야 한다는 것이다. 흐르는 물에 몸을 씻고 모스크에 들어가서도 맨발로 다녀야 한다고 한다. 오른발은 선을, 왼발은 악을 의미하니, 화장실에는 왼발을 먼저 모스크에서는 반대를 먼저 내디딘단다. 마드라사의 수련생이 아니더라도 무슬림의 일상에는 종교가 깊이 스며들어 있었다.

상업의 중심지, 페스

엄격한 종교 생활에도 불구하고 페스 메디나에 생동감이 넘치는 이유는 골목골목 상점이 즐비하기 때문이다. 메디나는 하나의 거대한 시장이다. 예상과 달리 농산물이 매우 많다. 거래도 활발하다. 토마토, 고추, 양파, 무 같이 눈에 익은 채소들이 많았다. 레몬과 오렌지도 어김없이 한자리를 점하고 있다. 물론 가격은 상상할 수 없을 정도로 저렴했다. 술을 마실 수 없기 때문인지 포도는 없었다. 푸줏간도 성황이었다. 냉장시스템이 일반화되지 않아 당일 판매 생고기가 일반적이었고, 신선함을 어필하려는지 판매하는 자리에서 바로 고기를 잘라 주었다. 닭장도 매대 앞으로 나와 있었다. 그 자리에서 낳은 알을 바로 판매했다. 그야말로 신선한 충격이었다. 지중해기후의 혜택을 모두 진열한 페스 메디나의 골목은 활기로 가득했다.

상업 중심지로서의 페스의 전통은 매우 깊어 원거리 교역을 도모하는 상인의 집결지가 되어 왔다고 한다. 메디나 중심에 있는 무어풍의 인테리어로 꾸

페스 시장

며진, 펀둑이라 불리는 건물은 상인들이 이용하던 숙박시설이었다. 규모가 상당히 커 모스크에 견줄만 했다. 사막을 건너는 상인들에게 폭염을 피하고 수분과 영양을 보충할 수 있는 쉼터를 제공했던 것이다. 낙타를 건물 안까지 들일 수 있었다고 한다. 그 까닭에 1층의 층고가 높다. 지금은 박물관으로 이용하고 있다.

건조기후를 극복하는 지혜, 공동화덕

페스 메디나에서 가장 인상적이었던 것은 메디나 거주민이 샘물과 화덕을 공유했다는 점이다. 기후와 종교의 영향으로 수자원을 안정적이고 효율적으로 이용해야 하는 것은 중요한 과제일 수 있다. 그런데 공동화덕이라니…. 궁금증이 쉬 가시지 않았다. 숙소에 도착할 즈음 양들이 풀을 뜯는 모습을 보고 나서야 깨달음이 있었다.

공동화덕에서 굽는 빵

메디나와 그 주변 지역에는 땔감이 부족했다. 목재가 충분하지 않아 건축재도 진흙과 벽돌을 사용하는 판국에 땔감을 안정적으로 공급하는 것은 큰 숙제이면서 사치일 수 있다. 공동화덕을 이용하면 연료를 효율적으로 이용할 수 있을 뿐더러 공터와 마당이 없는 메디나에서 공동체 회합의 구심점 역할을 할 수도 있었으리라. 그러나 집집에 가스가 설비된 지금에도 공동화덕을 운영하는 것은 새로운 미스터리이다.

현대와 과거가 공존하는 마을

페스에는 가죽염색 공장 테네리가 있다. 악취로 보아 근처에 있는 것 같은데 도무지 찾을 수가 없었다. 주민의 도움으로, 또 민트 잎의 도움으로 테네리

가죽염색 공장 페스 테네리 앞에서

가 한눈에 들어오는 옆집 옥상에 올랐다. 목양의 전통을 이어 온 이 지역은 수제 염색으로 유명세를 타고 있다. 가죽제품을 사려는 사람보다 가죽을 물들이는 광경을 보려는 관광객으로 골목이 들썩였다. 이드 알아드하Eid al-Adha와 같은 이슬람 절기를 지키려다 보니 전통 목축업의 명맥도 유지되고 있다. 이날은 한 사람이 양 한 마리를 희생제물로 삼아 3분의 1은 자신이 먹고 나머지는 주변에 나누는 날이다. 종교의 절기는 1000년 전이나 1년 전이나 동일했다.

메디나에서의 경험은 부조화의 연속이었다. 아직도 가장 유용한 교통수단이 당나귀임에도 배달 주문은 최신 휴대전화로 받는 모습이나, 직접 짠 양젖으로 만든 치즈 요리를 맛본 소감을 SNS에 꼭 올려 달라던 식당 주인의 당부는 '나는 누구? 여긴 어디?'를 되뇌게 했다. 1000년 이상 이어 온 이들의 문화는 함께 모여, 양을 함께 먹고, 주변과 나누는 전통에 강한 뿌리를 내리고 있다. 그래서 외부의 변화에 조응하지만 마음에는 큰 동요가 없을 수 있는 듯했다. 태어나면서부터 시작된 경쟁을 숙명으로 받아들이고, 승자의 것만을 미덕으로 받아들이는 현대 사회의 모습을 이곳에선 찾아보기 힘들었다. 도시를 떠나기만 해도 치료되는 아토피처럼. 그래서 페스는 살아 있는 문화유산이구나! 유네스코의 혜안에 무릎을 쳤다.

장규진 고려대 대학원 지리학과 졸업

모로코... 메르주가

사하라사막의 베이스캠프 ... 사막관광

사하라사막으로 출발!

"아틀라스를 못 넘어요, 안 돼요!"

2박 3일로 떠나는 투어를 제쳐 두고 지프를 빌린 이유는 빨리 사하라를 맛보고 싶은 욕심에서였다. 아틀라스산맥을 두 번이나 넘어야 하는 험한 길이라서 새벽에 출발해야 해지기 전 메르주가Merzouga 캠프에 도착할 것이었다. 고민을 많이 한 결정임에도 호텔 직원은 극구 말렸다. 안 그래도 초행이라 굳게 마음먹은 것이었는데…. 동공이 흔들렸지만 이내 마음을 다잡았다. 사막으로 떠나는 길은 처음부터 삐걱거렸다.

모로코 사막투어는 보통 마라케시Marrakech나 페스에서 시작한다. 메르주가와 자고라Zagora에 사막투어를 진행하는 캠프가 몰려 있다. 마라케시에서 메르주가는 대략 600km, 자고라는 350km 거리에 있다. 사막투어를 신청하는데 큰 노력은 필요 없다. 마라케시 광장에서 10분만 두리번거리면 호객꾼이 몰린다. 그리고 열에 아홉은 메르주가 캠프를 소개한다. 흔히 머릿속에 그리는 모래사막이 메르주가에 있기 때문이다.자고라는 암석사막에 가깝다고 한다.

마라케시에서 출발하는 버스는 사막까지 1박 2일 일정으로 움직인다. 길이 무척 험하다. 북부아프리카를 관통하는 아틀라스산맥을 넘어야 하기 때문이다. 아틀라스산맥은 대서양에 접한 모로코 서해안에서 알제리, 튀니지를 거쳐 지중해에 이르기까지 총 2500km 길이다. 이 중 모로코 중앙을 가로지르는 하이아틀라스는 해발 4000m 이상의 고봉이 이어진 험준한 산지이고, 바로 아래 안티아틀라스도 3000m를 넘나든다. 이곳을 넘어야 사하라사막의 초입이다.

눈앞에 펼쳐진 지형학 교과서, 아틀라스산맥

아침부터 서둘렀지만 이런저런 문제들을 해결하니 10시에야 마라케시를 등질 수 있었다. 급한 마음에 속도를 높여 보려 했지만, 도로 상태가 여의치 않았다. 현지 경찰이 엄하다는 훈계도 귓가에 맴돌아 속만 탈 뿐이었다. 한 시간쯤 달리니 드디어 아틀라스산맥, 계곡을 따라 굽이굽이 도로가 춤을 춘다. 길이 끊어진 흔적이 여기저기 보였다. 10분 정도 달리면 어김없이 공사 중이었다. 거북이걸음 중인 차량엔 기념품을 파는 주민들이 달려들어 흠칫흠칫 놀라기 일쑤였다.

모로코를 관통하는 아틀라스산맥

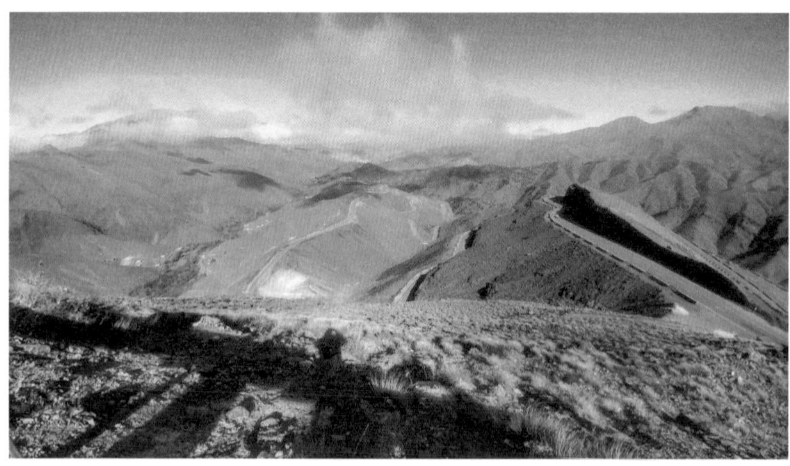

운전하기 힘들었지만 아틀라스는 기대 이상이었다. 식생이 두텁지 않아 지형의 변화를 유추하기 좋았다. 도로 옆 경사지에는 뚜렷하게 구분되는 지층들이 변화무쌍하게 등장했다. '지형학' 시험 이후 머릿속을 떠나 있던 용어들을 20여 년 만에 소환하였다. 무엇보다 경관 변화가 인상적이었다. 두 개의 산맥을 넘으며 급격한 식생의 변화를 경험할 수 있었다. 하이아틀라스의 북사면은 올리브나무가 많은 지중해성기후의 경관이 뚜렷했지만, 남사면의 비탈은 양과 염소가 위태롭게 풀을 뜯고 있었다. 그리고 안티아틀라스를 넘으니 초록의 기운은 간데없고 텁텁한 모래 향이 전부였다. 아, 여긴가 보다.

사구 사이에 위치한 사하라 캠프

착각이었다. 다섯 시간을 더 달려서야 겨우 캠프에 도착했다. 우리 캠프인 하실라비드Hassilabied는 메르주가에서 5km 정도 떨어진 마을로 인구는 2000명 정도이다. 공식적인 정보는 아니고 현지 토박이인 하싼 말에 의하면 그렇다. 사구가 바다처럼 이어진 에르그erg chebby에 가장 가까운 마을로 최근 사막투어가 입소문을 타면서 규모가 커지고 있다고 한다. 투어는 1~3일 정도로 진행된다. 프로그램은 지극히 단순해서 낙타 타고 사구 안쪽으로 들어가 아침 먹고 모래 언덕에서 뒹굴고, 점심 먹고 모래 언덕에서 사진 찍고, 저녁 먹고 노래 부르다 별 보는 게 전부다. 일정을 연장하는 이들도 많은데 다음 날도 거의 같은 활동과 동선을 유지하게 된다고 한다.

전날 저녁 늦게 도착한 우리는 체력을 보충한 뒤 오후에 출발하기로 했다. 11월에서 2월까지는 이 지역도 겨울이다. 일교차가 심한 사막을 겨울에 방문하여 사막 한가운데에서 잠자리를 가지려 한다면 여유 있는 일정을 마련해야 했다.

출발 시간이 임박했다. 땀을 잘 흡수하고 빠르게 말려 준다는 스포츠 이너웨어 위에 경량패딩을 입고, 하싼이 준비해 준 젤라바djellaba를 껴입었다. 롱패딩과 붙이는 핫팩도 단단히 준비했다.

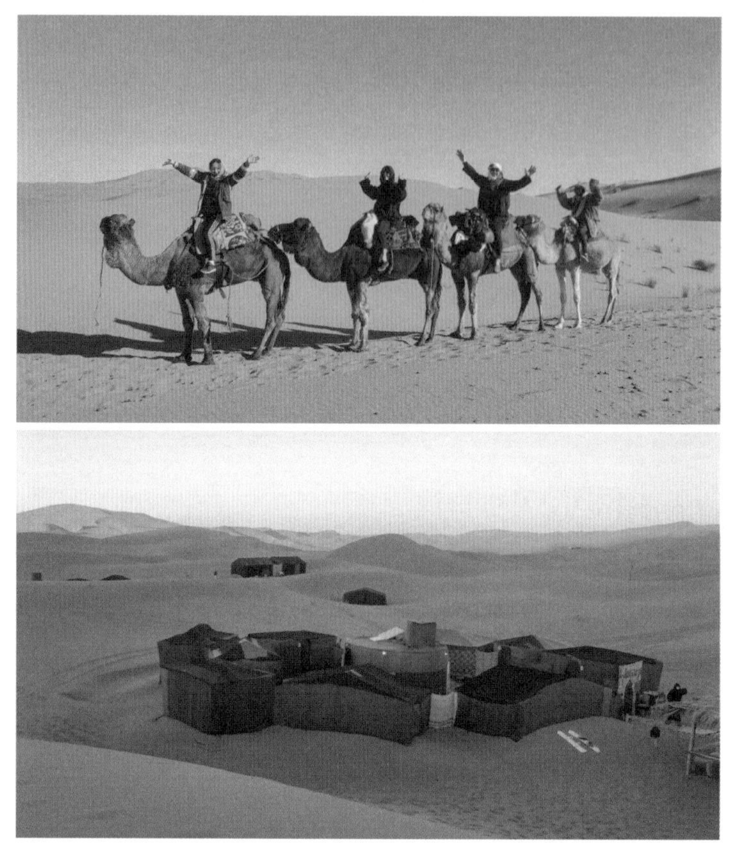

↑사막 카멜투어 ↓사하라 캠프

낙타를 타고 베르베르인처럼

베르베르 전통의상으로 갈아입고 마당을 나서니 우리를 위한 낙타들이 준비되어 있었다. 낙타몰이꾼 오마르가 연신 기분을 묻는다. 오마르의 안내로 드디어 사하라사막에 첫발을 옮겼다. 낙타에 오르면 2m 이상의 시야를 갖게 된다. 조금 무서울 수도 있다. 떨어질까 두려워 허벅지에 힘이 많이 들어간다. 아내와 딸아이는 낙타에서 내리고서 허벅지 근육통을 호소하며 울상을 지었다. 그래도 낙타를 타는 경험은 신기하고 흥미로운 시간이었다. 오마르의 연출대로 만세를 부르고, 펄쩍 뛰고 구르기도 하며 연신 사진을 찍었다. 길게 이어진 낙타 행렬의 그림자를 보니 마치 실크로드를 오가던 대상이라도 된 것 같아 묘한 기분이었다.

사구를 한 개 두 개 넘다 보니 캠프가 눈에서 멀어졌다. 마을에서 가장 높은 모스크의 종탑이 사라지니 이제는 말 그대로 온통 모래뿐이었다. 그렇게 하고도 20분쯤 더 안으로 들어가 사막 안 숙소인, 버섯하우스처럼 생긴 텐트에 도착하였다. 하싼의 프로그램대로 모래 언덕을 뒹굴고 썰매 타고 사진 찍고 돌아다녔다. 머리부터 발끝까지 모래로 덮였다. 연신 바람이 불었지만 바람이 크게 부담스럽지 않았다. 젤라바의 위력은 대단했다. 바람은 막아 주고 땀은 나지 않았다. 사막에 최적이었다.

사막의 모래는 동해안 해수욕장의 모래와 달랐다. 입자가 훨씬 곱고 가볍다. 그래서 바람에 잘 날렸다. 건조기후에서는 모래가 샐테이션saltation으로 이동하는데 입자의 크기가 작아 이러한 이동이 용이하다. 또한 사구가 일정한 형태를 유지하는 것도 모래 입자가 고와 일정한 각을 유지하기가 쉽기 때문이다. 이를 안식각angle of repose이라고 한다. 딸들에게 이야기했다가 외면당한 내용이다.

캠프에서는 역시 캠프파이어

베르베르족 방식대로 저녁을 먹고 캠프파이어를 한다길래 모닥불 주변에 둘러앉았다. 두 명의 베르베르 청년이 타악기를 튕겨 대며 아프리카 리듬에 맞춰 노래를 불렀다. 같이 간 여대생들이 흥을 돋웠다. 박수 치고 소리 지르고 하다 보니 어느새 "아메리카노~ 좋아, 좋아~". 여대생들의 환호가 높아졌다. 베르베르 청년이 쇠로 만든 타악기를 건네며 아프리카 리듬을 알려 주겠다며 따라해 보란다. 길어졌다 짧아졌다 여간 어려운 것이 아니었다. '너도 당해 봐라'라는 마음으로 코리안 리듬이라며 굿거리장단을 따라해 보라 했다. 두 번만에 해내더라. '더러러러'는 나보다 잘했다.

한바탕 놀고 나니 금세 한밤이다. 10시도 안 되었지만 하늘엔 별이 가득, 그야말로 별천지였다. 이렇게 많은 별은 처음이다. 누워 보니 눈앞은 온통 별, 별, 별. 별자리가 이리 잘 보일 줄이야. 쏟아지는 별들 가운데에서 별 보는 일이 이리 감격스러울 수 있다는 사실을 깨달았다. 다음 날 하싼에게 이야기를 하니 운이 좋았다고 한다. 사막에서 별을 잘 보려면 세 가지 조건이 필요하다고 한다. 날이 맑아야 하고, 바람이 없어야 하고, 달이 없어야 한다고. 전날은 그믐에 겨울치고는 춥지 않았으며, 웬일인지 바람 하나 없었다. 하늘도 돕는다는 생각에 기분이 가벼워졌다.

다음 날 아침, 찌뿌둥하게 일어나 일출을 보고 낙타에 다시 올랐다. 함께 간 학생들은 하루 더 묵는다고 한다. 오마르와 함께 캠프로 돌아오는데, 4륜 오토바이가 굉음을 내지르며 옆을 지났다. 어제 아프리카 노래를 부르던 청년들이 짐을 챙겨 다시 올라가는 모양새다. 조금 허탈했다. 베르베르 청년들은 더 이상 낙타를 타지 않나 보다. 낙타는 관상용, 아니 관광용이었나. 생각해 보니 사막에서의 감탄은 해가 뜨고 지는, 별이 반짝이는, 바람이 불고, 햇볕이 내리쬐는, 그냥 100%의 자연이었다. 서울이 가지고 있지만 보여 주기 힘든 것들. 비행기를 타고 산들을 넘는 값비싼 대가를 들여야 순수의 자연을 만날 수 있다는 사실에, 새삼 서글펐다.

장규진 고려대 대학원 지리학과 졸업

보츠와나... **초베 국립공원**

야생동물의 낙원 ... 야생동물관광

보츠와나의 북부에는 남위 18도선이 지난다. 따라서 기후는 아열대기후에 해당하지만 내륙의 고원에 위치하므로 여름에는 덥고 겨울에는 기온이 몹시 낮아 서리도 내리며, 일교차가 큰 편이다. 평균 해발고도 약 1000m에 이르는 높은 산이 없는 지형으로 북부는 선단부의 고도가 약간 높은 편이고, 남부는 동쪽의 구릉지대에서 서쪽을 향하여 완만한 경사를 이루며 낮아진다.

코끼리가 사는 사파리로

초베 국립공원에 4륜 구동 사파리 차량을 타고 들어갔다. 초베 국립공원은 많은 야생동물 중 특히 12만 마리의 코끼리가 서식하는 세계 최대의 코끼리 서식지로 면적은 약 1만 1000km^{2}이다. 야생생물의 멸종을 방지하고 관광객을 유치하기 위해

초베 국립공원 사파리 차량

국립공원으로 지정되었으며, 네 개의 구역으로 나뉘어져 있고 각 구역마다 다른 사연환경 시스댐을 가지고 있다.

사파리투어 버스를 타고 인상 깊었던 것은 드넓은 평지에 정말 많은 수의 코끼리 떼를 곳곳에서 감상한 것이다. 특히 어미 코끼리가 아기 코끼리를 돌보는 모습, 집단으로 이동하는 코끼리들, 사파리투어 차량을 아랑곳하지 않는 자유로움, 코끼리 샤워 등 코끼리의 생활을 가까이서 관찰할 수 있었다. 그 외 임팔라, 이구아나, 거북이 등을 투어 중 만나면서 수풀 하나, 나무 하나, 습지 하나에도 각각의 삶이 있음을 느꼈다. 자연의 그 생동감을 온전히 배우는 시간이었다.

광활한 오카방고델타로

다음 날 보츠와나에서 다섯 번째로 큰 도시이자 관광 수도인 마운Maun에 도착하였다. 마운은 '키 작은 갈대의 장소'라는 뜻이며, 현대식 건물과 민속 오두막이 조화를 이루는 곳이다. 이곳은 오카방고델타의 사파리투어를 위해 많은 관광객이 몰려 작은 도시 규모에 비해 물가가 비싸다.

오카방고델타는 전 세계에서 내륙에 위치한 삼각주 중에 가장 크다. 호수, 라군, 수로가 얽혀 면적 2만 km^2의 규모를 자랑한다. 앙골라에서 시작된 지류들이 나미비아로 흘러들어 만들어진 오카방고강이 보츠와나로 흘러 퇴적물을 이곳으로 이동시킨다. 이후 지질 변화와 단층 운동으로 강물 유입이 중단되었고 이로 인해 강물이 역류하면서 오늘날의 오카방고델타가 되었다. 이 지역에서는 코끼리, 야생 개, 하마, 악어 등을 볼 수 있는데 대부분 11월~3월 우기에 이곳에 왔다가 건기에 다시 이동한다.

400종 이상의 야생동물이 서식하고 있는 오카방고델타에서 야생 체험을 하기 위해 모코로Mokoro투어를 신청했다. 모코로는 통나무를 파서 만든 전통 배로, 길다란 장대를 이용하여 바닥을 밀면서 이동한다. 이 배를 타고 수면 위를 미끄러지듯이 천천히 일대를 둘러보았다. 햇살이 매우 뜨겁고 그늘 한 점 없

투어 차량도 무서워하지 않는 코끼리

이구아나

개미집

모코로를 탄 뱃사공

어 생각보다 힘든 여정이었지만 습지에서만 볼 수 있는 악어, 연꽃, 이름 모를 동식물들을 발견하는 재미가 있었다.

박선영 고려대 대학원 지리학과 졸업

남아프리카공화국... **케이프타운**

세계에서 가장 아름다운 해안선을 가진 곳... 자연관광

남아프리카공화국은 아프리카 대륙 남부에 위치하며, 지대가 높은 고원으로 이루어져 있다. 오렌지강이 국토의 중앙을 가로지르며 대서양으로 흘러들어 간다. 하천 유역은 농업에 적합하다. 내륙은 반건조기후에 속하지만 지역별로 변화가 크다. 또한 남반구에 위치하여 우리나라와 계절이 반대이다. 내가 갔을 때는 1월 말, 2월 초경이었는데 낮기온이 25도가량 되었다. 덥긴 했지만 기온이 쉽게 떨어지는 산과 바다를 가벼운 옷차림으로 다니기 좋았다.

지구의 속살이 드러난 곳, 테이블마운틴

첫날은 테이블마운틴을 오르기로 했다. 테이블마운틴은 약 16억~17억 년 전 얕은 해저에 쌓인 두꺼운 퇴적층이 지반의 융기로 땅 위로 드러난 것이다. 이후 지각변동에 의해 수직 균열이 생겨 균열선을 따라 오랜 세월 침식되어 탁자 모양의 산이 된 것이다. 산을 오르는 방법은 직접 돌산을 등반하는 것과 케이블카를 타는 방법이 있다. 우리는 케이블카를 선택했고 정상에서의 환희를 맘껏 누렸다.

테이블마운틴의 정상 부근은 안개가 늘상 자욱하여 온전한 경관을 감상하기 어렵다고 한다. 안개가 끼는 이유는 내륙의 더운 공기와 해안가의 차가운 공기가 만나기 때문이다. 날씨가 좋다고 생각하여 올라가도 정상 부근은 좋지 않은 경우도 허다하다. 우리 또한 도착했을 땐 한 치 앞도 보이지 않다가 다행히 점차 안개가 사라져 깨끗한 경치를 감상할 수 있었다.

이곳에는 다양한 동식물이 산다. 우리도 대쉬Dash라 불리는 바위너구리를 찾았는데 절벽 틈에 붙어 자유자재로 이동하는 모습이 서커스를 보는 듯했다. 처음 보는 꽃잎과 풀잎을 가진 식물도 바위 틈에 붙어 자라고 있었다. 우리나라와 기후도 다르고 산에 자라는 식물들이라 평소 보지 못했던 신기한 형태가 많았다.

안개가 걷힌 뒤 테이블마운틴의 전경

아프리카의 남쪽 끝, 희망봉

다음 날은 물개섬, 희망봉, 볼더스비치를 다녀왔다. 물개섬은 호우트만에 위치한 곳으로 배를 타고 가야 한다. 과거에는 지금보다 훨씬 많은 수의 물개가 살았지만 현재 무자비한 남획과 살육으로 멸종위기 상태라고 한다. 우리도 상륙은 하지 못하고 배를 탄 채 바위 위에서 휴식을 취하는 물개와 만났다. 그래도 여기저기서 물개를 볼 수 있었는데 과거엔 이보다 더 많았다니 그 수를 짐작하기 어려울 정도였다.

다시 돌아와 차를 타고 희망봉으로 향했다. 희망봉은 대서양 해변에 있는 암석으로 이루어진 곶이다. 희망봉의 옛 이름은 폭풍의 곶으로 1488년 포르투갈의 항해가 바르톨로메우 디아스가 처음 발견하여 이름 붙였지만 후에 포르투갈 국왕에 의해 현재의 이름으로 바뀌었다. 1498년 포르투갈이 희망봉을 돌아 아시아 항로를 개척하였는데, 그 이유가 회귀선에서 수렴하는 강력한 남동풍이 희망봉에서부터 약해지기 때문이었다. 이때부터 이곳은 지리적으로 중요한 이정표로 자주 언급되었고, 관광명소가 되었다. 우리는 먼저 희망봉을 한눈에 볼 수 있는 전망대에 올랐다. 튀어나와 있는 암석의 곶이 멋진 풍경을 그려 내고 있었다. 어서 빨리 저곳을 직접 밟고 싶었다. 서둘러 도착했을 땐 희망봉을 의미하는 표지에서 모두들 사진을 찍고 있었다. 우리도 줄을 서서 기다린 끝에 멋진 사진들을 찍을 수 있었다.

아프리카에도 펭귄이 산다

이후 시몬스타운 인근 볼더스비치에 도착했다. 이곳은 자카스펭귄의 서식지이다. 직접 눈으로 보니 남극에만 있는 줄 알았던 펭귄이 해안가에서 헤엄치고 뒤뚱거리는 모습이 이색적이고 감탄이 끊이지 않았다. 어떻게 이곳에 무리 지어 살게 된 것일까? 궁금하여 찾아보았다. 정확한 내용은 없었지만 자카스펭귄 기원에 대한 설이 있었다. 첫 번째 설은 어떤 연구가가 1982년 두 쌍을 들여와 인공번식을 한 결과 현재의 대규모 집단이 되었다는 것이고 두 번째

↑ 배에서 바라본 물개
↓ 자카스펭귄과 엄마

희망봉 표지 앞에서 단체 사진 ↑
희망봉 ↓

설은 남극에서 먹이를 찾아 벵골만 한류를 따라 이곳에 정착해 적응하며 살기 시작했다는 설이다. 그러나 이곳의 펭귄은 남극의 펭귄과는 크기가 다르고 환경이 달라 아프리카 펭귄으로 따로 분류한다고 한다. 작고 귀여운 펭귄들은 관광객을 하도 봐서인지 가까이 가도 그리 두려워하지 않았다. 다만 우리가 물릴까 봐 겁이 났을 뿐….

박선영 고려대 대학원 지리학과 졸업

제12장 오세아니아

자연이 살아 숨 쉬는 도시 근교로 … 생태관광

7년 연속 살기 좋은 도시 1위를 기록했던 호주의 멜버른. 서울의 한강처럼 야라강이 도시의 중심에 흐르는 멜버른은 무료 트램을 타면 주요 관광지와 도심의 모습을 며칠이면 둘러볼 수 있다. 또 차를 타고 조금만 나가면 호주의 자랑 중 하나인 멋진 자연경관과 야생동물을 마음껏 볼 수 있다.

멜버른 근교 데이투어

데이투어를 이용해 그레이트 오션로드와 퍼핑빌리 필립 아일랜드를 관광하였다. 그레이트 오션로드는 죽기 전에 꼭 가 봐야 할 여행지로 손꼽히는 곳으로 깎아지른 듯한 아찔한 해안절벽과 기암괴석이 절경을 이룬다. 멜버른 도심에서 그레이트 오션로드 입구까지는 한 시간 반 정도면 되지만 유명한 12사도 전망대까지는 215km의 기다란 해안도로를 타고 두 시간가량 더 들어가야 한다. 제1차 세계대전 이후 귀향한 군인의 일자리 창출을 위해 건설된 이 도로의 입구에는 그들을 기리는 메모리얼 아치가 있다.

식사는 아폴로 베이라는 마을에서 했다. 푸드코트가 있어 피자나 피시앤칩

그레이트 오션로드

스 등 원하는 재료를 넣어서 먹을 수 있는 곳이었는데 가격은 저렴했지만 맛은 그저 그랬다.

식사를 마친 후 12사도를 보기 위해 두 시간 정도 이동했다. 12사도는 파도의 침식으로 인해 형성된 시 스택sea stack인데 그 크기가 어마어마하다. 지속적인 침식으로 현재는 열두 개가 아닌 여덟 개가 남아 있다. 그러나 그 여덟 개 마저도 한 번에 보는 것은 한계가 있다. 헬리콥터를 타면 비교적 여유롭게 12사도와 그 주변 절경을 감상할 수 있는데, 헬리콥터는 인당 145달러 정도이고 시간에 따라 가격 차이가 있다. 하늘 위에서 내려다본 그레이트 오션로드의 절경은 정말 숭고하다는 말로도 표현하기 버거웠다. 사진에 다 담을 수 없었던 그 절경과 느낌은 본 사람만이 알 수 있을 것이다. 헬리콥터에서 내려 로크아드 고지라는 곳에 가 모래해안을 밟으며 기암절벽을 감상했다. 로크아드 고지는 1878년 영국의 이민선 로크아드가 침몰했던 지역이라고 한다.

해식애와 시 스택, 시 아치sea arch 등 그레이트 오션로드에는 자연이 만들어 낸 여러 해안 지형이 잘 보존되어 있었다. 놀라운 점은 주변 환경 보존을 위해 아폴로 베이를 제외하고는 음식물을 파는 자판기나 상점이 전혀 없다는 것이었다. 자연을 소중히 보존하고자 하는 호주 사람들의 정성이 돋보이는 부분이었다. 해안도로 중간에는 야생 코알라와 앵무새의 서식지인 커넷 리버라는

전망대에서 바라본
12사도의 일부

곳이 있는데, 그곳에 들러 나무에서 잠을 자는 야생 코알라와 날아다니는 앵무새에게 먹이를 주었다. 앵무새는 동물원에서 많이 접해 봤지만 실제로 야생 코알라를 보는 것은 처음이었다. 가이드 분께서 코알라는 야행성 동물이라 보기가 어렵다고 하셨지만 운 좋게도 두 마리나 볼 수 있었다.

토마스와 친구들의 고향, 퍼핑빌리

멜버른 시내에서 한 시간 남짓 걸리는 퍼핑빌리는 어린이들의 만화 〈토마스와 친구들〉의 모티브가 된 증기기관차를 탈 수 있는 곳이다. 수백 종의 동식물이 서식하고 있는 단데농 국립공원에 위치한 퍼핑빌리의 레일은 모두 나무로 만들어져 있다. 과거 산사태로 모든 철길이 무너지자 1960년대에 자원봉사자들의 힘으로 나무 레일을 새로 만들었다고 한다. 지금도 자원봉사자에 의해 운영되고 있으며 증기기관차는 실제로 석탄을 태워 운행하고 있다. 다리를 뻗고 걸터앉는 독특한 방식의 증기기관차를 타고 단데농 국립공원의 경치를 감상할 수 있었다.

페어리펭귄의 필립 아일랜드

필립 아일랜드는 세계에서 가장 작은 페어리펭귄이 서식하는 곳이다. 이 펭

나무로 된 레일

실제 운행하는 증기기관차

권은 육지에 집을 짓고 사는데 새끼들은 집에 머물고 부모는 사냥을 하러 나간다. 밤이 되어 해가 저물면 사냥을 나간 부모가 새끼들이 있는 육지로 돌아오는데 이때 무리지어 나오는 펭귄을 실제로 보는 것을 '펭귄 퍼레이드'라고 한다. 아쉽게도 펭귄을 보호하기 위해 사진 찍는 것은 일체 금지되어 있으며 사람들은 관리자의 통제에 따라 숨죽여 앉아 펭귄을 감상할 수 있다.

펭귄 퍼레이드를 보기 전 야생 물개 서식지인 노비스센터를 방문하였다. 안타깝게도 물개를 실제로 접할 수는 없었지만 필립 아일랜드가 있는 남극해를 감상할 수 있었다.

노비스센터 옆에 넓게 펼쳐진 육지에는 펭귄이 집을 짓고 사는 모습을 볼 수 있었다. 펭귄이 만든 집도 있었지만 바다 바로 주변인지라 추운 날씨에 대비해 펭귄을 위해 지어진 인공 펭귄집도 볼 수 있었다. 야생동물을 보호하고 그들의 서식지를 보존하고자 하는 노력이 느껴졌다.

펭귄 퍼레이드를 볼 수 있는 곳에 도착하여 해가 저물자 바다에서 펭귄들이 나오기 시작했다. 하루 종일 사냥을 위해 바다로 나갔다가 육지에 있는 새끼들을 위해 먼 거리를 뒤뚱거리며 집에 찾아가는 펭귄의 모습이 매우 인상적이었다. 야생동물 보호를 위해 소리도 내서는 안 되고 한 점의 불빛조차도 허용되지 않는 순간이었다.

남극해

노비스센터의 펭귄을 위한 인공 집

필립 아일랜드 투어는 해가 진 뒤 펭귄 퍼레이드를 보는 것이 주 목적이기 때문에 오후 3시가 넘어서 집결을 한다. 이곳 역시 멜버른 근처이긴 하지만 다른 근교 관광지에 비해 세 시간 정도의 시간이 소요된다.

이처럼 멜버른은 도시에서 차를 타고 한 시간, 혹은 두 시간이면 멋진 자연 경관을 조망할 수 있는 관광지가 많이 존재한다. 그곳은 모두 호주가 자랑하는 자연 그대로의 모습을 보존, 보호하고 있으며 관광을 하는 데에 있어서도 훼손을 최소화하고자 한다. 삭막한 도시 생활에 지친 현대인에게 맑은 공기와 깨끗한 자연을 누릴 수 있는 기회로 멜버른 근교 여행을 떠나 보는 것을 추천한다.

김난희 고려대 지리교육과 졸업

지나고 나니 더욱 생각나는 휴양도시 ... 체험관광

이름처럼 아름다운 골드코스트

1959년 1월 1일, 일본의 작은 도시 고로모挙母는 깜짝 발표를 한다. 도시명을 도요타豊田로 바꾼다는 것이다. 나고야에 더부살이하는 작은 도시가 대기업 명성에 기대어 전후의 어수선한 분위기를 재정비하겠다는 속내를 드러냈을 때 세간은 코웃음을 쳤다. 그런데 두 세대가 지난 지금 고로모의 선택은 신의 한 수라 불린다. 도요타시가 긴 불황의 그늘에서도 꿋꿋하게 자신의 입지를 강화해 왔기 때문이다. 도시 혁신의 모델로 부각되면서 두루 회자되고 있으니, 이름을 정한다는 게 얼마나 쉽고도 어려운 일인지 모르겠다.

골드코스트 역시 이해와 오해를 동시에 불러일으키는 곳이다. 이름만 들어도 끝없이 이어진 모래사장과 작열하는 태양에 부서지는 파도가 머릿속에 그려진다. 아름다운 해변에서 물놀이를 즐길 수 있는, 멀리 떨어진 해수욕장으로 생각될 수도 있다.

오스트레일리아 동부에 자리한 퀸즐랜드는 아름답고 긴 해안을 자랑한다. 퀸즐랜드 주도인 브리즈번은 북쪽과 남쪽에 대표적인 해안을 가지고 있는데,

북쪽의 선샤인코스트와 남쪽의 골드코스트가 그곳이다. 비슷한 환경이지만 명성은 골드코스트가 훨씬 높다. 해안 저지대를 중심으로 개발이 이루어지던 1950년대에, 부동산 투자와 관광객 모객에 혈안이 된 비즈니스맨들은 그럴싸한 이야기로 외지인을 유혹했다. 이때 사용된 수많은 미사여구 중 말하는 이와 듣는 이 모두에게 인상을 준 단어가 바로 골드코스트였다. 결국 비즈니스맨들의 언어가 언론에 인용되기 시작하였고, 이 지역을 이르는 별명으로 전국적으로 알려졌다. 급기야 공식 도시명으로 채택되면서, 브리즈번의 남쪽 해안 저지대는 이제 오스트레일리아에서 여섯 번째로 큰 도시에 이름을 올리고 있다.

현지인처럼 여행해 보기

골드코스트 여행의 큰 주제는 '현지인처럼 쉬어 보기'였다. 그들처럼 여행하기 위해 캠핑카를 빌렸다. 관광버스와 같은 크기인 캠핑카는 넉넉한 엔진 덕분에 언덕을 오르고 고속도로를 달리는 데 거침없었다. 실내 공간도 여유 있어 거실과 부엌에 화장실을 갖추었고, 더블 침대도 두 개나 있었다. 동시에 네 가지 요리를 할 수 있는 인덕션에, 광파 오븐, 냉장고, 식기세척기까지 갖추었다. 위성방송이 수신되는 TV와 밤새도록 온기를 공급하는 히터, 따뜻한 물이 콸콸 나오는 욕실까지 정말 집이나 다름없었다. 그런데 이런 혜택을 누리려면 전기와 수도가 안정적으로 연결되어야 한다는 사실을 잊어선 안 된다.

골드코스트에는 이를 위한 캠핑사이트가 엄청나게 많았다. 경치가 좋고 놀거리와 볼거리가 풍부한 곳에는 어김없이 캠퍼들을 위한 공간이 마련되어 있었다. 오스트레일리아 전역에 캠핑사이트가 많이 존재하지만 골드코스트에는 더욱 풍부했다. 캠핑을 즐기는 방식도 다채로웠다. 전기와 수도가 공급되는 캠핑카 공간과 함께, 텐트만 칠 수 있는 공간, 오두막 같이 사용하는 캐빈, 모든 것이 설비된 호텔까지 다양한 숙박 형태가 준비되어 있었다. 캠핑사이트가 우리에게 원하는 것은 편하게, 오래 머물다가 가라는 것뿐이었다. 그래서인지

서퍼스 파라다이스

해수욕장 안에 있는 저류지

최소 숙박일을 2~3일 이상 지정해 놓은 곳도 많았다. 캐나다에서 온 그렉 부부는 15일째 한자리에서 캠핑 중이었다.

골드코스트의 중심 해변은 서퍼스 파라다이스다. 남북으로 길게 뻗은 해변이 5km 이상 이어진다. 일광욕을 즐기는 사람도 많고 물놀이에 한창인 사람도 많다. 서퍼들의 천국이니만큼 서핑을 체험하기로 했다. 해변 앞 쇼핑센터 입구에 서핑 장비를 대여해 주는 곳이 즐비하다. 서핑을 처음 한다니 직원이 서핑클래스를 권하였다. 서핑클래스를 수강하면 장비 대여가 무료란다. 서핑클래스는 보드를 다루는 법부터, 파도를 타는 법, 주의 사항과 안전 조치 방법, 주변 위험요소와 해류 이동까지 상세하게 가르쳐 준다. 그리고 두 시간 동안 배운 내용을 한나절 동안 실습한다. 어떻게 지났는지 모르게 하루가 홀딱 지났다.

관광에 의한, 관광을 위한 도시, 골드코스트

강아지용 공공 클린 백

골드코스트에는 쇼핑시설이 즐비하다. 대형마트와 대형아웃렛, 쇼핑센터와 기념품 상점이 관광객을 유혹한다. 숙소 옆에는 대형마트가 있었다. 오스트레일리아는 농산물의 가격이 비교적 저렴하다. 육류 가격도 상상 이상으로 저렴하다. 매일 오후 마트에 들러 고기와 채소를 구입하여 저녁을 차렸다. 고기를 굽고 채소를 다듬는 장소는 공용이다. 이용하는 데 비용이 들지 않는다. 사용한 후 정리만 깨끗하게 하면 그걸로 끝인데, 시설 관리가 굉장히 잘 되어 있어 놀랐다. 모두가 자기 부엌처럼 말끔하게 정리를 한다.

생각해 보면 골드코스트에서 더럽다는 인상을 받은 적이 한 번도 없다. 공공화장실을 자주 이용하였는데, 매우 청결하게 관리되고 있었고 비품도 제대로 구비되어 있었다. 무엇보다도 공공화장실을 찾는 것이 어렵게 느껴지지 않을 정도로 충분하게 공급되어 있었다. 비단 공공화장실뿐 아니라 공원의 벤치나 펜스, 운동기구와 편의시설 들이 양호한 상태를 유지하고 있었다. 강아지용 공공 클린 백 또한 거리 곳곳에 준비되어 있을 정도였다.

골드코스트는 대표적인 관광도시이다. 1년에 1000만 명 이상 이 황금 해안을 찾는다. 해외 관광객이 100만 명 수준이고, 900만 명 내외의 국내 관광객이 찾는다고 한다. 골드코스트시의 인구가 2016년을 기준으로 고작 63만 명인 것을 감안하면, 관광산업의 규모가 어마어마하다는 것을 알 수 있다. 관광산업은 골드코스트의 주력 산업으로 시 경제 규모에서 5조 원가량을 차지하고 있다. 숙박업, 요식업, 소매업과 관광산업을 비롯하여 유관산업에 이르기까지 파급효과를 불러오며 퀸즐랜드에서 가장 빠르게 성장하는 지역으로 부각되고 있다. 당연히 실업률도 오스트레일리아 평균에 비해 현저히 낮다고 한다.

50년 전만 해도 골드코스트는 오스트레일리아 동부의 여느 해변 마을과 다를 것이 없었다. 1950년대 거주환경을 개선하기 위하여 물길을 정비한 것이 도시 개발의 시발점이었다. 지금도 골드코스트의 워터포인트는 오스트레일리아 사람들이 살고 싶어 하는 마을로 명성이 높다. 이후 관광도시로서의 면모를 세우기 위한 사회간접자본 투자에 공을 들였고, 민간 부문의 성장과 공공부문의 투자가 궤를 같이하면서 도시환경이 급속하게 개선되었다.

골드코스트의 관광객 구성을 보면 1000만 명의 관광객 절반 이상이 당일 여행으로 이 지역을 찾는다는 점을 주목할 만하다. 한 번 방문하는 것이 아니라, 주기적으로, 습관적으로, 자주, 항상 찾아온다는 것이다. 골드코스트가 가지고 있는 자연환경의 우수성이 주변 지역과 비교해 유난히 드러난다고 보기는 어렵다. 동부 해안의 해수욕장은 2000km 이상 이어져 있고, 기후 조건도 주변과 크게 다를 것이 없기 때문이다.

그렇다면 당일 여행의 동력은 무엇일까? 골드코스트가 제공하는 것은 잘 다듬어진 자연 서비스인 셈이다. 삶의 질이 중시되는 사회에서 적절히 소비하고 제대로 누리는 것은 이제 하나의 미덕이다. 도덕적 범주 안이라면 이는 권장되는 생활 양식이다. 도시 생활이 짙어질수록 자연에 대한 동경은 커져 가지만, 깔끔하게 정돈된 환경에 길들여진 도시인에게 '날 것 그대로의 자연'은 받아들이기 힘든 거부감을 동반할 수 있다. 야생의 거침을 솎아 내고 천연의 떫음을 덜어 내면, 도시인들의 부담은 훨씬 적어진다. 공공의 힘, 관리의 힘에 접근성의 매력이 더해질 때 어떤 마력을 발휘하는지 골드코스트가 말해 주는 것 같다. 이제 도시인에게 다듬어진 야생을 찾는 일은 다반사가 되었다. 그렇다면 이건 관광이 아니라 일상이고, 여행이 아니라 생활이다.

장규진 고려대 대학원 지리학과 졸업

고기가 맛있긴 하지만… …농촌관광

'설렘'이 설레는 이유는 두려움과 호기심을 동반하기 때문이다. 오스트레일리아 여행이 그랬다. 기대되면서도 두렵고 그렇지만 쉽게 포기할 수 없는 복잡다단한 감정이었다. '오스트레일리아'라는 이름에 이미 마수가 엿보인다. 이 거대한 '남쪽에 있는 미지의 땅Terra Australis Incognita'은 우리를 유혹하고 도전을 재촉하면서 한 걸음 더 들어오라 손짓한다. 대륙이면서 섬이고, 사막이면서 풍요로운 이율배반이 가득한 곳으로 떠난 여정은 그런 젊은 다짐으로 시작되었다.

캠핑카를 타고 자연으로

오스트레일리아 여행자들은 유독 캠핑을 즐긴다. 넓은 땅 때문에 그렇고 풍요로운 자연 때문에 그렇다. 그래서 우리도 캠핑을 감행하였다. 이동거리가 길고 이동범위가 넓은 까닭에 교통과 숙박을 함께 해결할 수 있는 방법을 찾다가 캠핑카를 선택하였다. 캠핑사이트는 크게 세 가지로 분류되는데, 물과 전기를 제공하는 곳, 물만 제공하는 곳, 물과 전기를 제공하지 않는 곳이다. 캠핑카는 숙박 기능을 강조한 교통수단이기 때문에 물과 전기가 안정적으로 공급되어야 한다. 그리하여 한국의 겁 많은 캠핑 초보들은 물과 전기가 부족함 없이 공급되는 가장 도시적이라 할 수 있는 캠핑장을 선택하였다.

여행을 함께한 캠핑카

캠핑카 빌릴 때 가장 강조한 것은 물이다. 어떤 물을 받아야 하고, 사용한 물을 어떻게 처리해야 하는지를 꼼꼼하게 일러 주었다. 특히 부엌과 화장실에서 나온 허드렛물을 처리하는 방법에 대해서는 두 번 세 번 이야기하며 가르쳐 주었다. 그리고 탬워스 캠핑장에서 그 이유를 깨달았다.

탬워스는 시드니와 브리즈번의 중간에 자리한 작은 도시이다. 뉴사우스웨일스주 북부 내륙, 그레이트디바이딩산맥 서사면에 위치한다. 해발고도는 약 400m이고, 달링강의 지류인 필강이 도시를 관통한다. 2016년 기준 약 6만 명이 거주한다고 한다. 오스트레일리아에서는 이 지역을 뉴잉글랜드라 부르는데, 탬워스가 이 지역의 거점 도시에 해당한다. 인구에 비해 비즈니스 서비스 기능이 강한 탬워스 시내에는 부동산 업체와 금융기관, 자동차 대리점 등이 다수 분포한다. 탬워스가 배후 지역인 뉴잉글랜드 지역의 중심지 역할을 하고 있기 때문이다. 주변 지역을 아울러 약 20만 명에게 서비스를 제공하고 있는 셈이다.

캠핑의 꽃, 바비큐 파티

탬워스에 도착해 캠핑장이 캠핑카로 가득 찬 모습을 보고 흠씬 놀랐다. 일요일 저녁인데도 바비큐장이 사람들로 빼곡해 빈자리가 없었다. 자연과 캠핑이 일상인 사람들, 여유와 웃음이 가득한 그들이 여간 부러운 것이 아니었다.

짐을 풀자마자 캠핑장 인근 마트로 갔다. 이 최신식 동네마트를 한마디로 정

캠핑장 내 바비큐시설

리하면 '탬워스판 푸줏간'이다. 소, 양을 비롯해서 닭, 오리, 말, 캥거루 고기까지 또 연어도 고등어도, 생고기든 양념된 것이든, 모두 살 수 있었다! 그야말로 고기천국이다. 게다가 가격마저 저렴하다니, 검은 머리 육식주의자에게는 지상낙원이 따로 없었다.

주지하다시피 오스트레일리아는 세계적인 농산물 수출국이다. 특히 육우 수출은 국내 총생산의 많은 부분을 차지할 정도이고, 수출량에 있어서도 세계 3위 수준이다. 우리나라는 미국 일본에 이어 오스트레일리아 소고기의 3대 수입국이다. 탬워스 일대는 오스트레일리아의 농업 중심지 역할을 충실히 담당하고 있다. 밀재배·축산업·낙농업의 점유율이 높다. 특히 '오스트레일리아 말의 중심도시'라고 불릴 정도로 말 산업이 흥하다.

탬워스의 생명의 근원, 지하수

장을 보고 돌아오니 아내가 심드렁한 얼굴이다. 캠핑카에 수도를 연결해 놓질 않아 아무것도 못했다는 것이다. 탬워스 캠핑장에서는 수도를 연결할 때 주의할 점이 있다. 사용할 물의 용도를 파악해서 연결해야 한다. 식수로 사용하는 물과 그 외 용도의 물이 구분되어 있기 때문에 수도꼭지를 잘 살펴야 한다. 아무 표시가 없는 식수용 수도 옆에 'BORE WATER지하수'라 적힌 수도꼭지가 함께 있다. 지하수는 세차나 청소 등에 사용할 수 있다. 탬워스 캠핑장에서는 수영장 물도 지하수로 채워 놓았다. 수영장 이용에 큰 문제는 없었지만 물은 좀 짰다. 물론 바닷물보다는 덜 짜다.

대한민국 면적의 77배에 달하는 오스트레일리아는 연평균 강수량이

465mm에 불과하다. 건조한 나라에 속한다. 상당수 내륙의 면적은 사막과 스텝이다. 물이 귀한 나라인 만큼 수자원 이용에 엄격한 기준이 적용되고 있다. 불행 중 다행으로 오스트레일리아는 지하수가 풍부한 편이다. 동부 산지와 연결된 투수층이 스텝기후 지역까지 뻗어 있어 이를 이용한 관개 농업이 일찍부터 발달하였다. 관개 농업을 가능하게 한 것이 바로 이 지하수이다. 그런데 이 지하수의 수준이 매우 다양하다. 투수층의 두께와 지층구조에 따라 염도와 오염도가 다르기 때문이다.

탬워스 캠핑장의 수도시설

아웃백 지역의 지하수는 관개 농업이 본격화되고 경작지가 늘어나면서 점차 그 사용량이 늘어났다. 경작지가 확대되었다는 것은 스텝기후에 적응하여 정착했던 식물을 밀과 같은 식량 작물로 대체하였다는 것을 의미한다. 초기 정착 식물은 건기를 견디기 위해 땅속 깊게 뿌리를 내려야 했고, 우기 때 수분을 충분히 흡수하여 지하수 수위가 상승하지 않도록 하였다. 그러나 이를 대체한 농작물은 뿌리가 얕아 우기 때 공급된 강수를 흡수하지 못했고, 이는 지하수 수위의 상승으로 이어졌다. 결국 본래 안정적 수질을 유지하던 지하수는 표층의 염분과 오염물질에 노출되면서 더 이상 수질을 담보할 수 없게 되었다. 오스트레일리아의 지하수 관리가 엄격한 이유가 바로 여기에 있다.

지하수의 염류화로 인한 폐해는 탬워스의 여러 농장에서도 관찰할 수 있었다. 방목지 곳곳에 주위가 하얗게 변한 찬정을 발견할 수 있었다. 토양 속 염분이 지하수와 함께 지표로 유출되었다가 침착한 것이다. 그러나 탬워스는 도시를 관통하는 외래 하천인 필강이 존재하고 그레이트디바이딩산맥 사면에 의지하여 저지대에 비해 건조도가 낮아 토양의 염류화가 빠르게 진행되는 것 같지는 않았다.

기후가 온화하고 토양도 비옥하며, 관개를 통해 안정적 농업 발전을 이뤄 온

농장의 관개시설

탬워스가 이러한 천혜의 장점을 활용하여 농업 중심으로 자리매김한 것은 분명 의미가 있다. 밀농사와 목축업을 토대로 한 지역성은 남다른 정체성을 형성하고 있다. 세계에서 두 번째로 큰 컨트리뮤직 축제를 매년 성공적으로 개최하고 있다는 사실도 미지의 땅에 뿌리내리려 노력하는 이주민들의 지난한 땀의 결과라고 생각한다. 그럼에도 불구하고 이 새로운 자연이 인간의 욕심으로 인해 그 균형을 잃지 않을까 하는 노파심은 감출 수 없다. 탬워스가 오스트레일리아의 더스트볼Dust Bowl이 되지 않게 하기 위해서는 자연이 발하는 목소리에 귀를 기울일 필요가 있을 것 같다.

장규진 고려대 대학원 지리학과 졸업

뉴질랜드... **북섬**

과거의 유산을 몸으로 느끼다 ... 생태관광

뉴질랜드New Zealand의 국가 이름은 네덜란드의 지도 제작자가 부여한 이름으로 '새로운 바다 땅new sea land'이라는 뜻을 가진다. 한편, 해당 지역의 마오리족은 아오테아로아Aotearoa라고 부르는데, 이는 '긴 흰 구름의 땅'이라는 뜻이다. 뉴질랜드는 환태평양조산대에 속하는 섬나라로서 지형이 험준하고 화산과 지진이 많다. 그러나 웅장한 자연과 잘 보존된 역사와 전통으로 뒤덮인 뉴질랜드는 존재 자체로 호기심을 불러일으키는 신비한 땅이다.

뉴질랜드의 매력들

● 타우포호

타우포호는 뉴질랜드 북섬 중앙에 있는 호수로, 뉴질랜드에서 가장 큰 호수이다. 표면적이 무려 606km^{2}로, 이 바다 같은 호수의 둘레를 따라 드라이브를 해도 족히 두 시간이 걸린다.

처음에는 길을 잃을 뻔했다. 타우포호가 너무 광활하여 바다로 오인하였기 때문이다. 맑은 하늘과 타우포호가 만나는 지점을 한참 넋 놓고 바라봤다. 그

타우포 호수

동안 정신없이 바빴던 나날이 잊히고, 묶혀 있던 모든 고민도 내려가는 것 같았다. 사진에서 보이는 나무는 영화 〈아바타〉의 감독이 영화를 제작할 당시 영감을 받은 나무라고 한다. 예술의 예 자도 모르는 나도 영감이 절로 생기는 정말 아름다운 나무다. 더욱 신기했던 점은 뉴질랜드에 방문했던 시기가 겨울이었는데, 꽤 많은 사람이 호수에서 수영을 즐기고 있었다. 인간을 포함한 모든 자연이 한데 어우러져 조화를 이루는 모습이 한 폭의 경이로운 작품이었다.

● 후카폭포

후카폭포는 타우포호에서 내려오는 와이카토강이 좁은 너비의 협곡에 접어들면서 형성된 폭포이다. 몇 개의 폭포로 이루어지며 높이는 20m 정도이다. 후카는 마오리어로 거품이라는 뜻이다. 세차게 쏟아져 내리는 모습이 거품처럼 보이기 때문에 후카폭포란 이름이 붙었다. 이름처럼 정말 멀리서 보면 강물이 아닌 거품이라고 오인도 가능하다.

후카폭포

사진만 봐도 대략적인 유속을 가늠할 수 있다. 폭포 양쪽에는 난간이 설치되어 있음에도 엄청난 유량 속으로 빨려 들어갈 것만 같아 매우 짜릿하고 떨리는 느낌이다. 게다가 물의 색깔도 정말 미묘하고 몽환적인 에메랄드 빛으로 정말 바라보는 것만으로도 자연의 웅장함을 온몸으로 경험할 수 있었다. 후카폭포에서도 급류를 타는 등 다양한 액티비티를 즐길 수 있으나, 늦게 방문한 데다가 겨울이었기에 액티비티는 다음을 기약하기로 했다.

● 레드우드 수목원

레드우드 수목원

레드우드 수목원은 붉은 삼목이 즐비한 공원이다. 나무가 빨간 덕분에 그 토양도 빨개진 것인지, 나무도 토양도 정말 이름대로 신기하게 붉었다. 150년이 넘은 침엽수림이 서로 경쟁이라도 하는 듯이 하늘을 향해 높이 솟아 있었고, 그 두께 또한 매우 두꺼웠다. 높이는 고개를 들어도 끝이 보이지 않을 만큼으로 대략 30m 정도 돼 보였고, 나무의 둘레는 두 사람이 양손으로 서로 껴안아야 품어질 정도였다. 이렇게 튼튼한 나무들은 건축재나 가구재로 많이 사용된다고 한다. 뉴질랜드에서 차를 타고 관광지를 이동하는 도중에 정말 두껍고 거대한 잘라진 나무들을 싣고 가는 트럭이 굉장히 많길래, 저 나무들의 본래 모습과 용도가 매우 궁금했는데, 모든 의문이 풀리는 순간이었다. 또한 이 장소는 영화 〈쥬라기 공원〉의 촬영지였다. 정말 순간 공룡이 뛰어나온다 해도 놀랍지가 않을 만큼 자연의 웅장함이 고스란히 느껴졌다. 바쁘고 정신없는 도시를 벗어나 오직 자연에만 눈길을 돌려 유황의 냄새를 맡고 부드러운 흙길을 밟으면서 상쾌한 공기를 마시니 절로 콧노래가 나왔다. 뉴질랜드를 대표하는 산림욕장답게 그 규모와 신선함은 매우 인상적이었다.

● 로터루아

로터루아는 화산지대로 간헐천이 매우 많아 뉴질랜드에서 손꼽히는 관광지 중 하나이다. 화카레와레와Whakarewarewa는 로터루아 남부의 광대한 삼림공원 지역으로 간헐천과 함께 마오리족의 문화연구소가 있다. 로터루아에 가면

로터루아의 간헐천

도착하는 순간 느껴지는 유황 냄새로 나도 모르게 눈을 질끈 감게 된다. 왜냐하면 이 지역은 활화산지대이고, 그로 인해 부글부글 끓는 진흙 못과 간헐천으로 공기 중에 유황 냄새가 코를 톡 쏘게 하기 때문이다. 아름다운 관광명소이지만 모두를 파괴할 수도 있을 것 같은 무시무시한 관광지이기도 하다는 사실을 느낄 수 있다.

로터루아는 자연지리학적 관점뿐만 아니라 역사적으로도 매우 유서가 깊은 지역이다. 예로부터 마오리족의 거주지로 지금도 인구의 20% 이상이 마오리족이며 그들은 여전히 자신들의 전통을 이어 가고 있다.

마오리족은 이곳의 지구열학적 특징을 잘 이용해 왔다. 대표적인 예가 항기hangi 요리이다. 이는 일종의 돌찜구이로, 로터루아에서 쉽게 맛볼 수 있는 마오리족의 전통음식이다. 땅속에 구멍을 파고 뜨겁게 달군 돌멩이 위에 식재료를 나뭇잎으로 싸서 얹고 흙으로 덮어 두면 달군 돌의 열이 재료의 수분을 데우면서 익히는 원리이다. 새로운 조리법인 만큼 색다른 기분으로 즐길 수 있다. 자연을 이용하되, 자연의 섭리대로 살아가는 마오리족의 지혜가 진정 돋보이는 요리인 셈이다.

유예진 고려대 지리교육과 졸업

제13장 남극

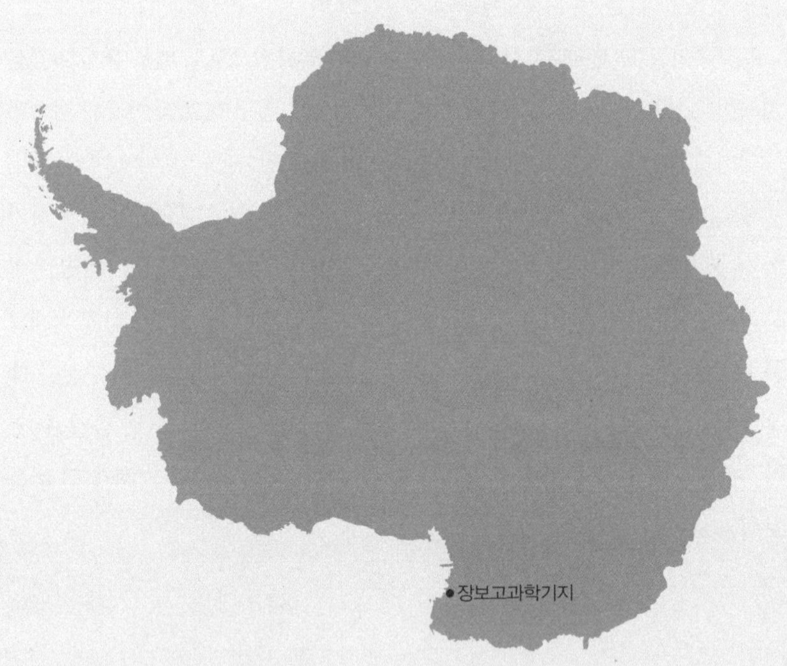

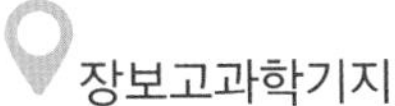

극열이 만든 땅과 극한이 만든 얼음의 세계

… 학술관광

기후변화의 리트머스지, 남극

1841년 1월 영국 왕립 로스탐험대는 남쪽으로 더 남쪽으로 항해를 하던 도중 거대한 얼음 장벽에 의해 항해가 막혀 버렸다. 이 탐험대의 대장이었던 로스James Clark Ross는 자신들의 탐험을 막아선 장벽의 가혹함에 경외하며, 이 웅장하고 신비로운 얼음벽을 Great Ice Barrier라고 불렀다.

약 반세기가 지난 1900년대 초, 세계 최초의 남극점 진출을 노리는 탐험대는 이 지역을 탐험의 전초기지로 삼았다. 그래서 곳곳에는 탐험 캠프의 흔적이 남아 있다. 이 지역 주변의 바다는 이후에 최초로 발견한 로스의 이름을 따 로스해Ross Sea라고 부르게 되었으며, 얼음 장벽은 그 정체가 빙붕이라는 것이 밝혀져 로스 빙붕Ross Ice Shelf이라 부르게 되었다.

시간이 지나며 남극점 도달에 성공한 탐험대뿐만이 아닌 수많은 탐험대가 남극의 여러 지역을 탐험하는 데 성공하게 되었다. 이후 항공·선박·위성 기술이 발달하여 직접적인 탐험과 간접적인 조사의 데이터가 합쳐지며, 주변의 강력한 남극순환해류에 의해 고립되어 있던 빙하·지질·생물·해양 등 남극

대륙의 고유한 환경이 세상에 알려졌다.

남극 지역이 지구의 기후변화에 가장 민감하게 반응한다는 점이 밝혀지며, 수많은 연구팀이 세계 최대의 빙붕인 로스 빙붕이 있는 로스해로 모여들게 되었다. 특히 2016년에는 라르센Larsen C 빙붕이, 그리고 2017년에는 난센Nansen 빙붕이 무너지면서 남극의 기후변화와 빙하의 거동에 많은 관심이 쏟아졌다.

2014년 첫 번째 답사

● 아라온호를 타고 로스해로

2014년 12월, 극지연구소의 고환경연구부 팀과의 공동연구를 위해 첫 남극 답사를 가게 되었다. 남반구는 이 즈음에 여름이 되며 기온이 올라가고 해빙이 녹고 극야가 끝나기 때문에 야외활동과 항공 및 선박 운항이 가능해진다. 로스 빙붕이 기후변화에 따라 전진하고 후퇴하며 해저에 남긴 해양퇴적물 채취를 위해 연구쇄빙선 아라온호를 탑승하였다. 아라온호를 이용해 연구 항해를 하거나 대량의 보급품 전달을 위해 남극에 접근할 경우 크게 두 가지의 해양 경로를 통해 남극을 들어가게 된다.

로스해의 경우 호주의 호바트나 뉴질랜드의 크라이스트처치에서 출발하여 테라노바베이Terra Nova Bay의 장보고과학기지 방향으로 가는 방법이 있다. 반대로 남극반도 방향이나 세종과학기지로 접근할 경우에는 칠레의 푼타아레나스에서 출발하여 입남극을 한다. 만약 기지 방문이 항해 목적에 포함되지 않을 경우에는 각 거점 항구에서 출발하여 남극 해역으로 직접 향하는 경우도 있으며, 입남극과 출남극의 거점 항구가 다른 경우도 있다.

아라온호는 먼저 연구장비를 싣고 한국을 출발하여 뉴질랜드 크라이스트처치 리틀턴항에서 장보고과학기지로 보급할 물건을 싣고 있었다. 우리는 일반 항공편을 이용해 인천에서 뉴질랜드의 크라이스트처치까지 이동하였다. 3일 정도 대기 후, 리틀턴항에서 아라온호를 타고 출발하여 약 두 달여간 남빙양과 로스해를 누비고 다녔다.

● 아라온호 위에서의 생활과 연구활동

장기적인 선박 탑승과 남극의 강한 바람이 만드는 파랑에 의한 뱃멀미가 걱정되었지만, 로스해 내에서는 해빙이 파랑의 형성과 전달을 막아 큰 흔들림은 발생하지 않았다. 오히려 출발한 지 3일이 지나 로스해로 들어가기 위해 남빙양을 거치며 강력한 남극순환해류를 타자 배가 좌우로, 때때로 앞뒤로 급격히 기울었고, 복도를 걸어 다니기도 힘들 정도로 흔들리길 반복했다.

약 이틀간 극심한 흔들림에 시달리고 나니 몸이 적응이 되어 뱃멀미는 더 이상 나지 않게 되었다. 태풍으로 인해 피항이 필요하여 남극순환해류 내에서 이틀 더 대기하게 되었는데, 배의 3층 창문까지 파도가 치는데도 우리는 1층 식당에서 고기를 구우며 파티를 할 수 있었다. 태풍이 지나간 후 안전하게 로스해로 입남극을 하여 잔잔한 바다에서 많은 작업을 하였다. 작업 도중 태풍을 피하기 위해 만내로 들어갔다가 해빙이 밀려들어 와 갇히는 바람에 열 시간 넘게 한자리에서 탈출 쇄빙을 반복하기도 했다.

다중채널탄성파, 멀티빔 등의 자료를 수집하며 해저의 지형과 퇴적 상태를 조사하고 다녔고, 수십 개의 해양퇴적물 코어를 채취하였다. 백야 기간인데다

드라이갈스키 빙설 주변에서의 작업 모습

가 배는 항상 운항, 활동이 가능하기 때문에 24시간 내내 이동 항해를 제외하고는 작업이 이루어졌다. 테라노바베이의 장보고과학기지에 보급품을 전달하기 위해 하루를 상륙했던 것을 제외하고는 모든 작업과 생활이 아라온호에서 이루어졌다. 복귀 역시 리틀턴항으로 아라온호를 타고 돌아와, 크라이스트처치에서 인천으로 일반 항공편을 이용해 돌아왔다.

2017년 두 번째 답사

● 장보고기지에서의 육상 답사

두 번째 남극 답사는 2017년 11월에 이루어졌다. 연구 주제와 지역이 좀 더 지형학에 가깝게 육상 빙하성 퇴적물의 채취로 변경되었고, 육상 답사가 주목적이었기 때문에 아라온호의 장기적 이용이 필요하지 않은 상황이었다. 따라서 입남극을 위한 시간과 경로를 절약하기 위해 항공편을 이용해 남극에 접근하였다.

항공편을 이용한 입남극 역시 선박과 마찬가지로 칠레의 푼타아레나스와 뉴질랜드의 크라이스트처치에서 출발하는 두 가지 경로가 있다. 세종과학기지로 향할 경우, 공군기를 타고 남셰틀랜드 군도의 킹조지섬에 착륙한 후, 고무보트를 이용해 기지로 이동한다. 장보고과학기지로 향할 경우, 이탈리아의 수송기를 타고 테라노바베이의 제를라슈 인렛Gerlache Inlet의 해빙활주로에 착륙한 후, 헬기나 차량을 이용해 기지로 이동할 수 있다.

우선 뉴질랜드의 크라이스트처치까지는 이전과 같은 일반 항공편을 이용하여 접근하였다. 이후의 입남극 과정에서 이탈리아의 수송기를 타고 들어가게 되었고, 크라이스트처치에서 출발하여 약 일곱 시간의 비행을 거쳐 테라노바베이의 마리오주켈리Mario Zucchelli기지의 해빙활주로에 착륙하였다. 착륙 후 장비와 짐을 챙겨 차량을 이용해 해빙 위를 건너 기지까지 도착하였다.

약 한 달간의 답사 기간 동안 모두 장보고과학기지에서 숙식하였으며, 정해진 일과 시간 내에만 기지 밖으로 나가 필요한 연구활동을 할 수 있었다. 하계

이탈리아 수송기(C-130)
해빙 위 도보 이동
헬리콥터

연구쇄빙선 아라온호
스키두
조디악 고무보트

기간 중에는 대부분 백야 현상이 나타나 하루 종일 일조가 있는 상태지만, 오직 일과 시간에만 연구활동을 할 수 있었다. 연구활동 종료 후에는 해빙이 많이 녹아 해빙활주로를 이용할 수 없어 항공편으로 돌아갈 수는 없었다. 반대로 해빙이 녹아 접근이 용이해진 아라온호가 장보고과학기지로 첫 보급항해를 왔다가 뉴질랜드로 돌아나가는 시기에 맞춰 12월 중순에 출남극을 할 수 있었다.

인익스프레서블섬의 아델리 펭귄 서식지

● 캠벨빙하 답사

장보고과학기지에서 가장 가까이 있는 캠벨Campbell빙하를 가장 먼저 연구 지역으로 선정하였다. 스키두를 이용해 눈과 얼음으로 뒤덮인 산으로 접근하였고, 도보로 올라가 퇴적물을 채취하였다. 정상에서부터 샘플을 채취하며 내려오다 야외활동 시에 보급되는 샌드위치 도시락과 커피를 한잔하며 주변을 바라보면 모든 힘든 것이 잊힐 정도로 아름다운 장관이 펼쳐진다. 하얀 얼음과 검은 바다, 그리고 새파란 하늘이 이어지는 것을 볼 수 있다.

남극은 시야를 방해하는 장애물이 거의 없기 때문에 수 킬로미터 멀리까지도 볼 수 있지만, 동시에 방향 감각과 거리 감각이 사라져 버리는 곳이기도 하다. 계절도 여름이기 때문에 태양이 높게 나와 있는 시간에는 영하 6도까지도 올라가 추위가 덜했지만 빙하의 바로 옆에서 활동하며 활강풍을 맞아 체감온도는 영하 22도까지 떨어졌다.

● 인익스프레서블섬 답사

인익스프레서블섬Inexpressible Island의 경우, 거리가 멀고 접근하기 어렵고 위험한 해빙, 빙하, 산지가 많아 헬기를 이용해 접근하였다. 특히 이 섬은 프리슬리Priestley 빙원과 리브Reeves 빙원에서 냉각되어 아주 강하게 불어오는 활강풍의 통로인 프리슬리 빙하와 리브 빙하 사이에 있어, 바람이 약한 날이 아니면 헬기를 이용한 접근이 힘든 곳이다.

연구 지역의 빙하와 빙하지형

실제로 이 섬으로 세 번의 답사를 나갔는데, 두 번은 바람이 너무 강해 헬기를 비스듬히 기울여 가는데도 수차례씩 급강하를 하곤 했다. 이 섬의 동쪽에 있는 작은 빙하의 이름이 헬게이트인 이유는 바로 이 강력한 바람 때문이라고 한다. 하지만 이곳에는 아델리펭귄이 하계에 서식하는 곳이 있어 펭귄을 직접 가까이서에서 볼 수 있는 매력적인 지역이었다.

가장 먼 지역인 데이비드David 빙하는 위의 두 큰 빙하의 말단부와 더불어 난센Nansen 빙붕을 지나가야 했기 때문에 기상 상황이 좋았던 하루밖에 답사를 하지 못하였다. 난센 빙붕은 위에서 보면 파란색으로 보이는데, 이는 활강풍이 너무 강력하여 눈이 쌓이지 못하고 제거되기 때문이라고 한다.

헬기로 처음 착륙했던 가장 높은 프리슬리산은 약 1500m 높이로 이곳에서 서쪽을 보면 끝없는 하얀 빙원이 펼쳐져 있고, 남쪽을 보면 파란 얼음이 덮인 산들, 그리고 동쪽을 보면 새까만 바다와 새하얀 드라이갈스키Drygalski 빙설이 펼쳐진 장관을 볼 수 있다.

높은 지역은 최종 빙기 당시에도 빙하가 뒤덮지 못하였기 때문에 빙하성 퇴적물이 아닌 풍화된 기반암으로 뒤덮여 단조로운 색이 나타난다. 그것도 아주 강력한 물리적 풍화에 의해 뜯어진 날카로운 암괴만이 아찔한 절벽과 권곡을 이루며 나타난다.

노출되어 있는 산 사이사이로 작은 규모의 빙하가 흐르고 있는데 크레바스의 위험과 빙하 자체의 급경사로 인해 건너갈 수가 없었다. 작은 빙하를 건너 건너편의 산으로 가기 위해서는 헬기를 띄울 수밖에 없는데 뜨는 순간부터 강한 활강풍을 타고 헬기가 순식간에 멀리 날아가기 때문에 크게 돌아서 접근해야 했다. 특히 데이비드 빙하와 맞닿아 있는 사면은 빙하에 의해 크게 침식되어 수백 미터 높이의 검은 절벽과 측퇴석, 그리고 절벽에서 떨어진 스크리들만이 남아 접근하기 무서울 정도의 아찔한 경관을 보여 준다.

남극에 갈 수 있는 두 가지 방법

남극을 두 차례 다녀오고 난 후 많이 들었던 질문은 '어떻게 하면 남극을 갈 수 있는가?'와 '개인이 관광으로 남극을 갈 수 있는가?'였다. 기본적으로 남극에 가기 위해서는 외교부 장관 승인 절차를 거쳐야 한다. 특히 방문 목적에 대한 상세한 계획과, 남극 환경에 영향을 미치는지 여부에 대한 평가 등을 까다

장보고과학기지

롭게 거쳐야만 승인을 받을 수 있다. 하지만 개인 관광의 경우 특정 남극 전문 관광사를 통해서 가기 때문에 허가를 받지 않고도 자유롭게 갈 수 있다.

관광 목적으로 갈 경우 칠레를 거쳐 남극반도만을 갈 수 있다. 항공편으로 가면 칠레에서 남극까지 공군 수송기를 이용할 수 있으나, 기상 조건이 열악할 경우 비상착륙도 힘들어 회항할 수밖에 없으며, 비용이 수만 달러 이상 든다. 크루즈 여행으로 가면 항공편에 비해 저렴하긴 하지만 여전히 비용은 막대하다. 또한 남극순환해류를 뚫고 가는 구간에서 뱃멀미를 심하게 할 수밖에 없다.

크루즈는 칠레에서 출발해 남극권의 서남극반도 지역만 훑고 나가기 때문에 남극을 다녀왔다 하기에 부족한 느낌이 든다고 한다. 하지만 남극 대륙에서 고위도로 갈수록 바다 아니면 빙하밖에 볼 것이 없기 때문에 펭귄과 함께 육지와 빙하가 어우러져 나타나는 남극반도 정도가 관광 목적으로는 오히려 좋다.

연구 목적의 경우 극지연구소와 공동연구를 통해 지원을 받아 부담을 줄이고 갈 수 있지만 자원이 제한적이기 때문에 경쟁이 심하다. 또한 인간의 영향이 미치지 않는 곳을 대부분 연구하려 하는데, 이는 환경 교란을 야기할 수 있기 때문에 허가를 받기가 매우 까다롭다. 승인이 되어도 건강 검진과 안전·생존 훈련 등을 받아야 하고, 연구 분야 및 활동 지역에 따라 해양·잠수 활동, 빙하·해빙 탐사, 항공기·설상 차량 활용 등 세부적인 교육훈련을 받아야 한다.

하계대와 별도로 1년 내내 기지에서 머무르는 월동대가 따로 있는데, 외부 모집 인원과 극지연구소 인원 등으로 구성되어 있다. 외부 모집은 연구 분야와 더불어 전기, 시설, 발전 등 기지 유지 등에 필요한 인력을 매년 모집한다. 남극에서는 겨울이 되면 햇볕도 들지 않는 극야와 영하 30~40도에 육박하는 추위가 찾아오며 힘든 월동이 시작된다. 많은 국가가 월동 환경의 고역과 지속적인 관리가 힘들어 하계에만 기지를 운영한다. 그럼에도 불구하고 이러한 고생을 해 주는 월동대가 있기에, 한국의 극지연구는 꾸준한 지원 유지와 발전이 가능할 것이다.

이현희 고려대 대학원 지리학과 박사과정 수료

세상에 이런 여행

초판 1쇄 발행 2021년 2월 17일

엮은이 김부성 · 김희순

펴낸이 김선기

펴낸곳 (주)푸른길

출판등록 1996년 4월 12일 제16-1292호

주소 (08377) 서울시 구로구 디지털로 33길 48 대륭포스트타워 7차 1008호

전화 02-523-2907, 6942-9570~2

팩스 02-523-2951

이메일 purungilbook@naver.com

홈페이지 www.purungil.co.kr

ISBN 978-89-6291-893-9 03980